U0309442

航天科技图书出版基金资助出版

运载火箭液氧煤油增压输送

张卫东 著

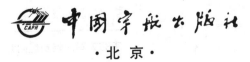

中国宇航出版社
·北京·

图书在版编目(CIP)数据

运载火箭液氧煤油增压输送/张卫东著 . -- 北京：
中国宇航出版社，2016.5
　　ISBN 978 - 7 - 5159 - 1113 - 7

Ⅰ.①运… Ⅱ.①张… Ⅲ.①运载火箭-液体推进剂
火箭发动机 Ⅳ.①V434

中国版本图书馆 CIP 数据核字(2016)第 100093 号

责任编辑	侯丽平		
责任校对	祝延萍	**封面设计**	宇星文化

出　版	**中国宇航出版社**		
发　行			

		版　次	2016 年 5 月第 1 版
社　址	北京市阜成路 8 号　**邮　编**　100830		2016 年 5 月第 1 次印刷
	(010)60286808　　(010)68768548	规　格	787×1092
网　址	www.caphbook.com	开　本	1/16
经　销	新华书店	印　张	17.25
发行部	(010)60286888　　(010)68371900	字　数	430 千字
	(010)60286887　　(010)60286804(传真)	书　号	ISBN 978 - 7 - 5159 - 1113 - 7
零售店	读者服务部	定　价	180.00 元
	(010)68371105		
承　印	北京画中画印刷有限公司		

本书如有印装质量问题，可与发行部联系调换

航天科技图书出版基金简介

航天科技图书出版基金是由中国航天科技集团公司于 2007 年设立的，旨在鼓励航天科技人员著书立说，不断积累和传承航天科技知识，为航天事业提供知识储备和技术支持，繁荣航天科技图书出版工作，促进航天事业又好又快地发展。基金资助项目由航天科技图书出版基金评审委员会审定，由中国宇航出版社出版。

申请出版基金资助的项目包括航天基础理论著作，航天工程技术著作，航天科技工具书，航天型号管理经验与管理思想集萃，世界航天各学科前沿技术发展译著以及有代表性的科研生产、经营管理译著，向社会公众普及航天知识、宣传航天文化的优秀读物等。出版基金每年评审 1～2 次，资助 10～20 项。

欢迎广大作者积极申请航天科技图书出版基金。可以登录中国宇航出版社网站，点击"出版基金"专栏查询详情并下载基金申请表；也可以通过电话、信函索取申报指南和基金申请表。

网址：http://www.caphbook.com

电话：(010) 68767205，68768904

序

20世纪后半叶以来，航天技术日趋成熟并快速发展，提升进入空间与开发利用空间的能力已成为各航天大国的国家空间战略。运载火箭将各类飞行器送入空间轨道，代表了进入空间的能力，决定了空间活动的规模，是实现国家空间战略的基础和保障。

我国现役长征系列运载火箭具有可靠性高、性价比高等特点，已实施200多次发射，成功保障了我国卫星发射、载人航天与月球探测等重大工程的实施，并进入国际商业发射服务市场。随着无毒无污染推进剂的广泛应用，新一代运载火箭系列在我国得到了飞速发展，其动力系统全面改进，运载能力和可靠性都得到提升。为了进一步总结运载火箭研制成果，尤其是新一代运载火箭研制经验及突破的关键技术、建立和应用的设计方法等，有必要开展相关书籍的编写和出版，以指导后续运载火箭的研制工作。

运载火箭动力系统的主要功能是为运载火箭发射一定的有效载荷达到预定目标提供必要的推力。动力系统又主要由增压输送系统和发动机系统组成，新一代运载火箭主要采用液氧煤油发动机，使用液氧和煤油作为新的推进剂，增压输送系统与现役火箭有了很大的区别。尤其是增压系统气液相变、输送系统的低温两相流动、发动机预冷以及相关管路、阀门等单机设计都有较大的变化，对增压输送系统设计提出了新的要求，因此，方法要创新，技术要进步，才能研制出新一代运载火箭。

现有运载火箭增压输送系统方面的书籍主要基于现役运载火箭研制基础，对新一代无毒无污染的低温推进剂引起的动力系统重大变化描述较少，尤其是与液氧煤油火箭总体设计相关的增压输送系统部分描述不多。本书结合我国新一代运载火箭的工程研制实践，围绕以液氧煤油为推进剂的增压输送系统进行了总结和提炼。

2011年发布的《2011年中国的航天》白皮书中明确提出要加强航天运输系统建设，不断完善运载火箭型谱，提升进入空间的能力。这对我国运载火箭的运载能力和可靠性等都提出了新的需求。《运载火箭液氧煤油增压输送》这部著作正是在航天事业蓬勃发展、对新一代运载火箭需求旺盛的背景下编写的。本书凝练了新一代运载火箭研制过程中的创新成果和实践经验，为运载火箭增压输送系统的后续发展提供了支持。

希望随着我国新一代运载火箭研制的推进，有更多的著作出版。

2016 年 4 月

前　言

从 20 世纪开始，美国、欧洲等航天强国以采用无毒推进剂、提高火箭性能、降低成本等作为主要设计原则，成功研发了多种新型低温火箭。高比冲、高可靠性、模块化、通用化、系列化、低成本的大推力火箭是近些年运载火箭发展的方向。我国面向 21 世纪的航天发展战略和规划中，关于运载火箭的一条重要目标是"开发新一代无毒、无污染、高性能和低成本的运载火箭"。新一代运载火箭是通用化、组合化、系列化的全新系列运载火箭产品，使用液氧煤油发动机为主动力的新型动力系统是火箭研制的核心关键技术。

国外现役主力火箭大都采用液氧煤油发动机和液氢液氧发动机作为主动力，如宇宙神系列、猎鹰、天顶号、联盟系列等。我国现役火箭中，只有 CZ-3 系列的三级使用液氢液氧推进剂，其他火箭或子级的主动力均使用偏二甲肼/四氧化二氮为推进剂。近年来，随着液氧煤油动力系统研制关键技术的突破，液氧煤油也将成为我国后续新一代运载火箭的主流推进剂。

对于低温发动机的设计、研制及应用已有相应的文献资料和书籍，对使用常规推进剂的增压输送系统也有相应专著，但对于使用液氧煤油发动机的增压输送系统的相关专著未见，文献很少或比较分散。国外先后进行了大量低温推进剂的增压输送系统的研究与试验，但其报道资料也比较零散，相关文献也以总体设计为主。本书是在新一代运载火箭研制的背景下，结合编写人员长期工程经验，系统而详尽地描述了液氧煤油发动机增压输送系统的设计过程，对液氧煤油增压输送系统中的系统方案选择、氧箱低温增压计算、低温发动机预冷、低温推进剂纵向耦合振动（POGO）以及管路、低温阀门等多个方面进行了深入研究，对相应课题和成果进行了汇编，形成了一套相对完整的液氧煤油增压输送系统设计理论体系、关键技术和主要产品等的系统论述。

全书共 9 章，第 1 章绪论，对增压输送系统进行总的概述，介绍了运载火箭增压输送系统的一般分类、组成及发展历程和趋势；第 2 章液氧自生增压系统，介绍了液氧自生增压系统的特点、关键技术；第 3 章氦气增压系统，对运载火箭多种氦气增压方案进行了分析和建模；第 4 章液氧煤油发动机预冷系统，对液氧煤油发动机预冷系统的原理、预冷方案及预冷仿真模型进行了论述，提出了多种预冷方法；第 5 章增压输送系统总装设计，对动力系统布局及管路系统的设计进行了介绍；第 6 章增压输送系统仿真分析，对液氧贮箱内三维增压模型进行了分析和全系统仿真建模；第 7 章低温推进剂 POGO 抑制设计，对低温推进剂的 POGO 振动原理、抑制方法和试验进行了分析；第 8 章阀门设计、分析与试验，对增压输送系统的阀门附件研制进行了描述；第 9 章增压输送系统可靠性设计，主要针对使用低温推进剂的运载火箭可靠性设计模型提出了新的方法。

下列人员在本书的创作过程中做出了重要贡献：第 1 章张亮；第 2 章张浩、胡峥；第 3 章张亮、姚娜、李会萍；第 4 章孙礼杰、张亮、尚锐；第 5 章张浩、张荣荣、缪五兵、王振剑；第 6 章赵栋梁、程光平、金鑫；第 7 章刘锦凡、吴雪蛟；第 8 章石玉鹏、滕浩、臧辉、王文彬；第 9 章吕箴、张华、李军、李杨。

本书在编写过程中，得到了上海宇航系统工程研究所廖少英、顾仁年和上海交通大学王文教授等人的热心指导，成稿后得到了樊宏湍、洪刚、李程刚等的评阅，在此一并致谢。

由于作者水平、经验有限，书中疏漏和不妥之处在所难免，敬请广大读者批评指正。

作　者

2016 年 1 月

目　　录

符　号

a——加速度,m/s^2

A——面积,m^2

A_v——气泡的横截面积,m^2

A_T——管路或流体的截面积,m^2

B,C——常系数

c——比热,J/(kg·K)

C_0——速度分布系数

C_a——蓄压器的柔性

C_d——流量系数

C_D——拖拽系数

C_1——气泡间距修正系数

C_p——泵的柔性

c_p——定压比热,J/(kg·K)

c_v——定容比热,J/(kg·K)

d——导管内径,m

D——贮箱直径,m;管路直径,m

D_e——水力直径,m

D^*——无量纲直径

E——总能量,J;弹性模量,Pa

f——摩擦系数

F——驱动力,N;压力,N

$F_\gamma(2f+2,2s)$——$F(2f+2,2s)$分布的γ分位数

G——单位面积质量流速,kg/(m^2·s);垫片载荷,N

g——重力加速度,m/s^2

h——比焓,J/kg

H——高度,m;换热系数,W/(m^2·K);焓,J

j^*——弹状流向环状流转变的主控准则数(小直径管路)

J——热功当量;流体的表观速度,m/s

k——热导率,W/(m·K);绝热指数;安全系数

K——气泡上升速度系数;系数;密封圈刚度,N/m

K_B——Bankoff 流动系数

Ku——弹状流向环状流转变的主控准则数(大直径管路)

L——长度,m

L_a——蓄压器的液感,kg/m^4

L_s——气泡长度,m

M——摩尔质量,kg/mol;动量,kg·m/s;力矩,N

m——质量,kg;分布指数

n——分布指数;波纹数

n_x——过载系数

P——压力,Pa

Pr——普朗特数

Q——热量,J;体积流量,m^3/s

q——热流密度,W/m^2

r——恢复系数;半径,m;失效数

R——气体常数,J/(kg·K);半径,m;管路流阻系数

R_a——蓄压器的液阻,kg/(m^4·s)

Re——雷诺数

s——拉普拉斯算子;标准差

S——滑速比

S_F——形状因子

t——时间,s;厚度,m

T——温度,K;推力,N;脉动干扰力,N

u——速度,m/s;比内能,J/kg

u_γ——标准正态分布的 γ 分位数

U——相速度(矢量),m/s;内能,J

v——比体积,m^3/kg

V——体积,m^3

V_a——火箭速度,m/s

W——质量流量,kg/s;截面抗弯模量,m^3

$\overline{W}$——螺栓总载荷,N

x——绝热指数;含气率

$\dot{x}_t$——贮箱底部纵向振动速度,m/s

$\ddot{x}_t$——贮箱底部纵向振动加速度,m/s^2

y——气体的摩尔百分比;
　　　离管道内壁面的距离,m

Y——气体的质量百分比

z——轴向坐标

Z——压缩因子

α——换热系数,$W/(m^2 \cdot K)$;空泡份额;转
　　　角,rad

α_{BS}——泡状流—弹状流临界空泡份额

α_{SA}——弹状流—环状流临界空泡份额

α_{AM}——环状流—雾状流临界空泡份额

β——热膨胀系数,1/K 流动体积份额;编织
　　　系数

γ——置信度;比热比

δ——壁厚,m

η——等效任务数

θ——角度,rad;故障平均间隔时间,s

λ——蒸发潜热,J/kg;导热系数,$W/(m \cdot K)$;失效率

μ——动力粘性系数,$Pa \cdot s$

ξ——局部阻力系数

ξ_a——蓄压器的阻尼比

ξ_n——结构系统的模态阻尼比

ρ——密度,kg/m^3

ρ_{up}——上行管内推进剂密度,kg/m^3

ρ_{down}——下行管内推进剂密度,kg/m^3

σ——表面张力,N/m

σ_b——材料拉伸强度极限最小值,Pa

$[\sigma]$——许用应力,N/m^2

τ——时间,s;切应力,N/m^2

ϕ——钢丝网套焊接系数

$\Phi(\cdot)$——标准正态分布函数

$\chi^2_\gamma(2Z)$——自由度为 $2Z$ 的 χ^2 分布的 γ 分
　　　位数

ω_a——蓄压器的自振频率,Hz

ω_n——结构系统的固有频率,Hz

下标的含义:

0——初始状态

a——空气或组分 a;环境

b——组分 b

c——冷凝或临界参数;流道中心;声速

CHF——临界热流密度

DNB——偏离泡核沸腾

e——入口参数;热力学平衡

E——夹带

FDB——充展沸腾

g——气体

H——均相

i——时间步长计数;初始状态

j——空间部分计数

k——比热比

l——液体

m——均值;混合相

max——最大值

min——最小值

n——气瓶气体

o——出口参数

ONB——泡核沸腾起始

r——对比

s——静态;表面;饱和

sub——欠热

t——贮箱或全部

v——蒸气

w——贮箱壁;气瓶壁;管壁

第1章 绪 论

1.1 引言

运载火箭是指自身携带全部推进剂，依靠火箭发动机喷射工质产生推力，摆脱地球引力，将人造卫星、飞船及其他飞行器等有效载荷送入地球轨道或其他轨道的运载工具。

运载火箭箭上系统可分为结构系统、动力系统、控制系统和测量系统等。动力系统主要包括增压输送系统和发动机系统，是火箭中最重要的分系统之一，其主要功能是为运载火箭发射一定的有效载荷达到预定目标提供必要的推力。动力系统的工作过程主要是为发动机提供启动条件，发动机启动后，由增压输送系统将贮箱内的推进剂供应给发动机，并维持发动机所需的供配气需要，直至发动机关机。

据美国对早期在十几年中所发射的上千枚中程、远程导弹和运载火箭的飞行故障统计，由于动力系统故障所引起的飞行失败约占 28％[1]。由此可见，动力系统是新一代运载火箭非常重要的系统，直接影响到运载火箭的性能和飞行可靠性。因此，在新一代运载火箭的方案设计时，应尽可能选择系统简单、结构重量轻、技术先进、工作可靠性高的动力系统。

国外在进行运载火箭系统划分时，动力系统也称推进系统，即包含发动机、增压系统、输送系统、贮箱等产品。国内在运载火箭系统划分时，与国外稍有区别，即明确提出了增压输送系统[1]，主要负责除发动机外的所有推进系统工作。我国在 2000 年明确提出了新一代运载火箭研制，其中重大关键技术就是新型高压补燃液氧煤油发动机和液氧煤油增压输送技术。

1.2 增压输送系统

增压输送系统的主要作用是：在火箭飞行前，满足火箭推进系统的推进剂加注和泄出；在火箭飞行期间，将一定流量、一定压力的推进剂输送到发动机入口；在火箭全流程工作中，能够满足推进剂贮箱结构刚度要求的贮箱压力[1]；对于使用低温发动机的火箭，还需保证低温推进剂进入发动机的推进剂温度满足发动机预冷要求。

增压输送系统根据发动机推进剂供应方式的不同可分为挤压式和泵压式两大类。挤压式增压输送系统是用一定压力的气体将推进剂直接从贮箱挤压到推力室，保证挤压式发动机的推力室进口压力和流量要求。挤压式增压输送系统中，由于贮箱增压压力较高，因而贮箱及输送管壁较厚，系统质量较大，所需增压气体用量也较多，挤压效率较低。但挤压式增压输送系统结构比较简单，技术成熟，工作可靠，适合于总冲量不大的辅助动力系统或火箭上面级使用。泵压式增压输送系统是利用涡轮泵将推进剂从贮箱抽出，通过泵将推进剂压力提高后送到推力室。泵压式增压输送系统的主要任务是保证泵压式发动机的泵入口的压力和流量要求。在泵压式增压输送系统中，贮箱增压主要是为了保证泵工作时不发生汽蚀，因此所需要的贮箱增压压力相对较低，贮箱和输送管壁较薄，所需增压气体用量也较少。与挤压式增压输送系统相比，泵压式增压输送系统建压反应较慢，不适合脉冲工作形式，通常应用于发动机总冲比较大的推进系统，比较适用于中、大型运载火箭。

增压输送系统可笼统地分为增压和输送两大部分，结合具体箭上实物，又可以细化分为增压系统、输送系统和相关系统，各系统之间既独立又包容。增压系统包括箭上增压系统、预增压系统；输送系统包括输送管路、防漩防塌装置、POGO抑制装置等；相关系统包括发动机预冷系统、加注系统、动力测发控系统、排放系统等。其中，相关系统根据火箭构型及使用的主动力不同，可能还会包括吹除供配气、动力测发控等从属系统。

增压输送系统的设计应围绕有效载荷和发动机展开，既要满足任务的性能要求、可靠性要求，又能满足计划要求，降低成本。通常，增压输送系统设计在火箭研制初期，就必须参与论证，与火箭研制同步进行，不断迭代。一般来说，增压输送系统方案选择，既与火箭总体要求相关，又与设计团队的技术水平和研制计划紧密联系。尽量选择系统简单、工作可靠、技术难度小，但又具备一定先进性的方案。根据火箭总体构型和发动机型号，对增压输送系统进行可行性论证、方案选择、增压计算、动力系统布局等工作，并与发动机进行参数和接口协调工作，在多轮迭代后，最终确定增压输送系统方案。

增压输送系统论证流程见图1-1。增压输送系统在经过初步设计、增压计算后，可以得到一个主体框架，按照框架再对整个增压输送系统进行详细设计。在设计时，还需考虑其他辅助模块，如预增压系统、补压系统、发动机预冷系统、加注系统、排气系统、动力测控系统等子系统的设计工作。这些都属于动力系统的一部分，受火箭总体构型及性能、

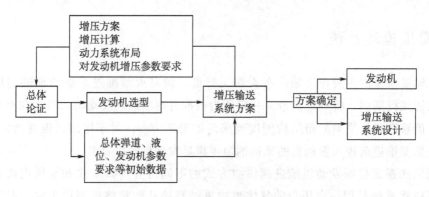

图1-1　增压输送系统论证流程

发射场设施等限制。需要将所有单机、模块整合起来，形成一个整体。在这个整体上，再对各个单机和系统提出相应的技术要求。

在初步确定总体初始数据和增压输送系统初步设计参数条件下，需要对增压输送系统参数进行进一步的细化计算，并根据计算结果，确定是否需要补压和确定增压用气瓶数量等情况，进一步确定增压输送系统设计合理性。

增压输送系统设计主要包括系统方案设计、增压计算、动力总装、阀门附件设计、单机试验、动力系统测发流程确定、关键技术攻关试验、地面试验验证等工作，流程见图1-2。增压计算的主要内容包括：增压计算用初始数据清理、推进剂输送管路流阻计算、满足发动机入口压力需要的贮箱最小增压压力计算、贮箱安全阀打开压力计算、贮箱增压计算。其中，贮箱增压计算根据增压计算精度要求和关注重点不同，可以采用集总参数法进行系统计算，关键部位可采用二维或三维仿真手段进行分析。

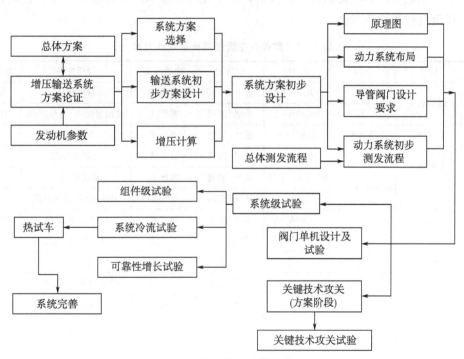

图1-2 增压输送系统设计流程

1.3 增压系统概述

综合国内外火箭的动力系统方案，液体火箭的增压方案通常根据增压气体的种类主要分为惰性气体增压系统和自生增压系统两大类，主要增压方案种类见图1-3，国内外主流低温火箭增压方案见表1-1。随着近年来氦气的广泛应用及增压系统高精度的要求，现役火箭均采用氦气取代早期的氮气进行增压。

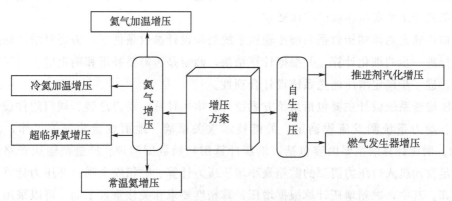

图 1-3　主要增压方案种类

对于使用液氧作为氧化剂的低温火箭，由于氮气在液氧中非常容易溶解[1]，通常都采用氦气或氧气作为增压气体。

表 1-1　国内外主流低温火箭增压方案

国家	型号	级别	发动机	推进剂	输送方式	增压方案	增压气体
美国	德尔它 4	1	RS-68	液氧/液氢	泵压式	自生增压	O_2/H_2
		2	RL10B-2	液氧/液氢	泵压式	常温氦增压/自生增压	He/H_2
	宇宙神 2	基础级	MA-5A	液氧/煤油	泵压式	氦气增压	He
	宇宙神 5	1	RD-180	液氧/煤油	泵压式	常温氦加温	He
		2	RL10A-4-2	液氧/液氢	泵压式	常温氦增压	He
	土星 1	1	H1	液氧/煤油	泵压式	自生增压/氦气增压	O_2/N_2
		2	RL10A-3	液氧/液氢	泵压式	自生增压	O_2/H_2
	土星 5	1	F-1	液氧/煤油	泵压式	自生增压/冷氦加温	O_2/He
		2	J-2	液氧/液氢	泵压式	自生增压	O_2/H_2
		3	J-2	液氧/液氢	泵压式	冷氦加温/自生增压	He/H_2
	猎鹰 9 (v1.1)	1	Merlin-1D	液氧/煤油	泵压式	氦气增压	He
		2	Merlin-1D Vacuum	液氧/煤油	泵压式	氦气增压	He
	阿瑞斯 1	上面级	J-2X	液氧/液氢	泵压式	冷氦增压/自生增压	He/H_2
欧空局	阿里安 5ECA	1	Vulcain2	液氧/液氢	泵压式	超临界氦加温/自生增压	He/H_2
		2	HM-7B	液氧/液氢	挤压式	冷氦增压/自生增压	He/H_2
苏联/俄罗斯/乌克兰	天顶号 3	1	RD-170/171/173	液氧/煤油	泵压式	冷氦加温/冷氦	He
		2	RD-120	液氧/煤油	泵压式	冷氦加温/冷氦	He
		3	11D58M	液氧/煤油	挤压式	自生增压+冷氦/冷氦	O_2+He/He
	能源号	0	RD-170	液氧/煤油	泵压式	冷氦加温	He
		1	RD-0120	液氧/液氢	泵压式	冷氦加温/自生增压	He/H_2

续表

国家	型号	级别	发动机	推进剂	输送方式	增压方案	增压气体
苏联/俄罗斯/乌克兰	联盟 FG	0	RD-117	液氧/煤油	泵压式	氮气增压	N_2
		1	RD-118	液氧/煤油	泵压式	氮气增压	N_2
		2	RD-0110	液氧/煤油	泵压式	自生增压	O_2/燃气
	联盟号 2-1b	0	RD-117	液氧/煤油	泵压式	氮气增压	N_2
		1	RD-118	液氧/煤油	泵压式	氮气增压	N_2
		2	RD-0124	液氧/煤油	泵压式	冷氦加温/自生增压	He/燃气
	安加拉	通用火箭模块	RD-191	液氧/煤油	泵压式	冷氦加温	He
		通用二子级	RD-0124A	液氧/煤油	泵压式	冷氦加温/自生增压	He/燃气
		KVTK 上面级	RD-0146D	液氧/液氢	泵压式	氦气增压	He
日本	H2	1	LE-7	液氧/液氢	泵压式	冷氦加温	He
		2	LE-5A	液氧/液氢	泵压式	冷氦加温/自生增压	He/H_2
	H2A	1	LE-7A	液氧/液氢	泵压式	自生增压	O_2/H_2
		2	LE-5B	液氧/液氢	泵压式	冷氦加温/自生增压	He/H_2
印度	GSLV-MK2	3	CUS	液氧/液氢	泵压式	氦气增压	He
中国	CZ-3	3	YF-73	液氧/液氢	泵压式	自生增压	O_2/H_2
	CZ-3A	3	YF-75	液氧/液氢	泵压式	冷氦加温/自生增压	He/H_2

1.3.1　自生增压系统

自生增压系统根据增压气体来源分为推进剂汽化增压系统和燃气增压系统，该增压方式与火箭总体构型、推进剂种类和发动机原理有密切关系。

在泵压式输送系统中，增压系统所使用的增压气体通常是从泵后引出一小股推进剂，推进剂在换热器中加热汽化后形成蒸气，然后将这些蒸气引入推进剂贮箱中进行增压。这种推进剂或者是容易加热分解的液体，如四氧化二氮，或者是低沸点、摩尔质量小的低温推进剂，如液氢、液氧等。这种方法由于系统简单、质量小、技术成熟而被广泛使用，如我国长征型号一、二子级氧化剂增压系统和长征三号三子级液氢、液氧增压系统，均采用推进剂加热汽化增压方案。典型的推进剂加热汽化增压系统原理图见图 1-4。

增压系统中，换热器上游的破裂膜片用以防止氧化剂在换热器还没有达到预定温度时就流入贮箱；换热器下游的破裂膜片用以将贮箱气枕与外界隔绝，减少由于长期贮存而引起的损耗与腐蚀；换热器前的文氏管用以调节增压气体流量，燃气发生器后的限流嘴用以调节给换热器加温的燃气流量，从而调节增压气体的温度。

在泵压式输送系统中，从燃气发生器后引一股燃气，经降温器冷却后，使燃气温度冷却到 150℃以下，将燃气引入推进剂贮箱中进行增压，如我国的长征系列火箭一、二级燃料贮箱就是采用燃气降温增压。典型的燃气降温增压系统工作原理图见图 1-5。

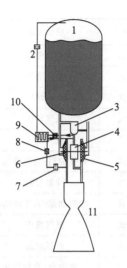 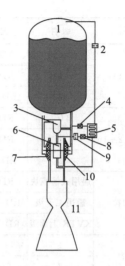

图 1-4　典型的推进剂加热汽化增压系统原理图　　图 1-5　典型的燃气降温增压系统工作原理图

1—氧化剂箱；2—破裂膜片；3—燃气发生器；　　　　1—燃料箱；2—破裂膜片；3—燃气发生器；

4—涡轮；5—燃料泵；6—氧化剂泵；　　　　　　4—限流嘴；5—换热器；6—涡轮；

7—破裂膜片；8—文氏管；9—换热器；　　　　　7—氧化剂泵；8—文氏管；9—破裂膜片；

10—限流嘴；11—发动机推力室　　　　　　　　10—燃料泵；11—发动机推力室

1.3.2　惰性气体增压系统

惰性气体增压系统是利用存在容器中的惰性气体进入贮箱后，将推进剂挤出贮箱，从而满足发动机的入口压力要求。

增压气体通常使用氮气或氦气等惰性气体，该气体与推进剂和贮箱材料兼容性好，摩尔质量小，可控性好，适用于需要多次启动和高精度要求的火箭贮箱增压。氦气是除了氢气以外最轻的气体，在相同条件下，排挤 1 m³ 推进剂所需要的氦气质量仅为氮气的 1/7、氧气的 1/8、NO 蒸气及燃气的 1/11.5～1/14。因此，氦气是比较理想的增压气体[1]。随着氦气的广泛应用和对系统的重量控制，氦气作为轻质、易控制的惰性气体在增压系统中普遍使用。因此，目前国内外的惰性气体增压系统都采用氦气作为增压工质。

惰性气体增压系统根据增压气体的贮存形式可分为常温氦增压系统、冷氦增压系统、超临界氦增压系统等。根据气体进入贮箱前是否加温，还可分为加温方案和不加温方案。

常温氦增压系统在目前国内外大多数火箭中都有应用。利用贮存在高压气瓶中的氦气，用增压组件（由压力调节器、减压阀、节流圈组成）把高压气体降低到一定压力后进入贮箱增压，保障发动机入口所需要的最小压力要求。常温氦增压系统根据贮箱增压的需求，增压气体可以直接进入贮箱增压，也可以加热后进入贮箱增压。系统简图见图 1-6 和图 1-7。系统主要由气瓶、电磁阀、增压组件、增压管路等组成。优点是系统可控性好，可多次增压，控制精度高；缺点是增压气瓶需要占用单独空间，系统单机较多，需要进行冗余设计。

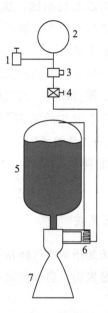

图1-6　常温氦增压系统原理图　　　　　图1-7　常温氦加温增压系统原理图

1—充气开关；2—气瓶；3—电磁阀；　　　　1—充气开关；2—气瓶；3—电磁阀；

4—增压组件；5—贮箱；　　　　　　　　4—增压组件；5—贮箱；6—换热器；

6—发动机推力室　　　　　　　　　　　7—发动机推力室

　　冷氦增压系统方案在天顶号一、二级，CZ-3火箭系列的三级有应用，冷氦气瓶存贮在液氢或液氧贮箱中。该系统将增压气瓶存贮在低温贮箱中，增压时氦气通过增压组件进入贮箱增压，或加热后进入贮箱增压，见图1-8。该方案充分利用氦气在低温下密度较高的特点，有效提高了氦气存贮量，并节约了气瓶安装空间。

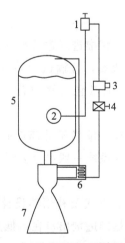

图1-8　冷氦增压系统原理图

1—充气开关；2—冷氦气瓶；3—电磁阀；4—增压组件；5—贮箱；6—换热器；7—发动机推力室

与常温氦增压系统相比，优点是气体贮存量多，节约安装空间，有利于总体结构优化。缺点是系统单机较多，需要进行冗余设计，且低温阀门设计难度较大，测试覆盖性和维修性有一定的不足。

超临界氦增压是一项比较先进的技术，它不仅仅在火箭的增压输送系统中得到应用，也可以在登月、深空探测、大气层探测中得到广泛的应用。目前，国外在工程中已有多个超临界氦增压方案应用的实例[1-4]。使用超临界氦增压的主要优点有：1）氦气贮存效率高；2）在发动机工作终了时，超临界氦贮箱的氦气剩余量能减少到最少，与传统的气体贮存形式相比重量明显减小；3）氦没有明显的三相点，在临界点附近为单相，容易控制。

1.3.3　预增压系统

预增压系统是指地面气源给箭上贮箱供气，在火箭起飞前给贮箱提供一定的压力，其主要目的是满足发动机启动前结构对贮箱的刚度需求和满足发动机启动时对发动机入口的压力需求。

在设计时需重点关注以下几点：1）增压气体进入贮箱后的温度变化引起的压力变化；2）地面增压阀门关闭后，因箭地增压管路较长引起的增压后效；3）对于二级或上面级动力系统，预增压后存在长时间停放过程，会引起气枕压力变化，有可能还需要设置补压系统。

一般来说，预增压系统主要由地面配气台的电磁阀、压力开关、节流圈和管路组成。在增压后，可通过压力开关（压力信号器或压力传感器等）断续供气，具备小流量多次补压能力，直至地面供气的连接器断开。

1.4　输送系统概述

运载火箭输送系统的主要作用是将推进剂输送至发动机，要求推进剂从贮箱出来后保持不塌陷、无漩、满流、不夹气的状态，且输送管路流阻小、安装可靠。根据总体要求，还有可能安装POGO抑制装置等。通常包含输送管、防漩防塌装置、补偿器、密封件、阀门、POGO抑制装置等。

输送管布局设计包括输送管走向、输送管分离面确定及补偿形式、支撑安装等内容。根据总体布局和运输包络要求，输送系统一般可分为隧道管输送方案和外管输送方案，见图1-9。

隧道管输送系统的主输送管安装方式及补偿器设计较为关键，适用于管路直径较大、无法走箭体贮箱外部的情况。优点是推进剂出口在最低点，有利于推进剂充分利用，总体结构布局相对简单；缺点是下面的贮箱生产工艺复杂，系统重量相对较大。

外管输送系统相对简单，适用于管路直径较小、走箭体贮箱外部后箭体尺寸不超过运输包络的情况。优点是系统重量较小，贮箱设计难度相对较小；缺点是外输送管的安装布

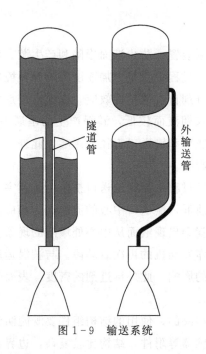

隧道管

外输送管

图 1-9　输送系统

局走向受总体气动外形和运输包络限制。

1.4.1　输送系统

输送系统设计通常包括输送管直径确定、补偿元件设计、防漩防塌装置设计等。如果是多台发动机，则还存在流体分配问题。

输送管直径主要考虑推进剂流速要求和增压系统对输送管的流阻要求。当输送管直径减小时，可以减小输送管的重量，但会提高推进剂的流速，增加输送管的压力损失，从而需要提高贮箱的增压压力。所以应在尽量减小系统重量的前提下，充分考虑输送管流阻带来的压力损失对贮箱质量的影响，综合各种因素来确定输送管的直径和推进剂流速。

管路补偿元件的设计需要考虑推进剂的加注、发动机推力、贮箱增压等引起的位移变化和管路安装补偿两大方面。一般将与管路有分离面的补偿元件称作补偿器，而直接焊接在管路上的补偿元件称作波纹管。

在进行输送管路设计时，需考虑分离面设置，分离面设置应便于输送管的安装和分解，但分离面又应尽量少，以减小输送管的结构重量和提高密封性能。

其中，应用于大型运载火箭和航天器的推进剂交叉输送技术是一种新概念。主要适用于两级或多级并联同时启动工作的飞行器，如捆绑式运载火箭和航天飞机。这些航天器的助推级与芯级或轨道器同时启动工作，助推飞行段由助推级贮箱向芯级输送推进剂，当助推级推进剂耗尽并与芯级分离脱落时，芯级贮箱仍处于满箱状态，这时芯级发动机由芯级贮箱供给推进剂。采用交叉输送技术可显著改善捆绑式运载火箭、航天飞机的总体布局和性能[5]。

1.4.2　防漩防塌装置

贮箱出口需安装防漩防塌装置，防止液面塌陷和产生漩涡串通夹气。

漩涡是由于在推进剂输送过程中受重力加速度等外界环境的影响，推进剂流动方向的切向力平衡失稳，再加上推进剂自身的粘性效应，造成推进剂沿输送口中心旋转运动，从而形成漩涡现象。在输送的末期液面较低，漩涡产生的串通夹气容易在此时进入发动机。漩涡运动主要受推进剂输送速度和输送口直径的影响，此外推进剂的密度、粘度、表面张力和飞行过载也会对其产生影响。

塌陷是由于推进剂在输送过程中受到输送口挤压，流速突变，受边界层和流体粘性的影响，靠近箱壁的推进剂流速低，输送口中心的流速高，相应的压力就低。当推进剂来不及填补输出产生的空间时，就会出现液面从中心处塌陷的现象。塌陷经常发生在一次工作发动机工作的末段和多次工作发动机的再次启动段。与漩涡运动相似，塌陷现象主要受推进剂输送速度和输送口直径的影响，此外推进剂的密度、表面张力和飞行过载也会对其产生影响。

通常防漩与防塌是一起解决的，使用的结构组件要既能防漩又能防塌。鉴于贮箱内通常都装有防晃挡板、液位传感器等附件，结构比较复杂，边界条件也非常复杂，甚至很难确定，在实际设计过程中，通常对边界条件和流体流动均进行一定的简化，在仿真后选择适当的方案进行试验，最终确定防漩防塌装置的结构形式及参数。

对于火箭一级、二级这样的大流量输送系统，常在输送口处设置挡板或倒锥体这样的防漩防塌装置，如图 1-10 所示。对于出口挡板，挡板的直径和安装高度是影响防漩防塌效果的主要因素，而对于倒锥体，锥角 α 和锥体高度 L 是影响防漩防塌效果的主要因素。

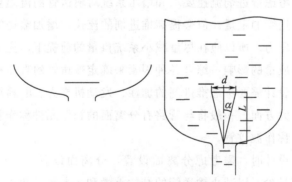

图 1-10　挡板或倒锥体防漩防塌装置

对于火箭三级以及上面级等小流量输送系统，输送口直径较小，不易产生塌陷现象，主要考虑防止漩涡产生。因此通常在输送口处设置十字隔板或消涡栅这样的简易防漩防塌装置，如图 1-11 所示。

此外，贮箱底部的收缩曲线，输送口的形式和偏心率，多输送口的设置也都是防漩防塌设计的一部分，需综合考虑各方面的因素才能最终达到较好的防漩防塌效果。

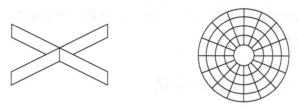

图 1-11　十字隔板或消涡栅防漩防塌装置

1.5　增压输送系统试验

对于新设计的系统方案，应对其主要性能进行组件级和系统级试验。主要系统级试验项目为：氧/燃增压系统试验、氧/燃增压输送系统全系统冷流试验、动力系统热试车等，见图 1-12，结合系统级试验状态，还可以同步开展防漩防塌验证试验、发动机预冷试验、安全阀真实工况试验等组件级试验内容。

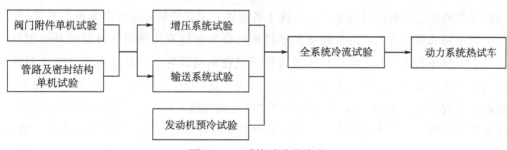

图 1-12　系统试验及流程

氧/燃增压系统试验是指用氧化剂或燃料的增压系统进行试验，不含输送系统。其主要目的是验证增压系统方案的正确性，为增压计算提供数据依据。试验项目包括：模拟增压试验、节流系数确定试验等，一般来说在确定节流系数和增压路调节性能时，需要单独进行试验。

氧/燃全系统冷流试验是将氧化剂或燃料的增压系统、贮箱、输送系统全部结合到一起的全系统试验，与动力系统热试车相比，唯一区别是冷流试验不带发动机，通过贮箱增压将液体挤出，而不是用泵将液体抽吸出贮箱。试验的主要目的是验证全系统的正确性、合理性和匹配性，对系统的压力、温度和流阻等相关参数进行测量，通过实测数据修正增压计算模型，为参加后续动力系统热试车做技术准备。该试验是系统中各产品状态确认后的系统级试验，是进行动力系统热试车前必须进行的综合性试验。

动力系统热试车是将整个箭体子级的增压输送系统、发动机结合到一起的大型综合试验，主要目的是验证动力系统中增压输送系统与发动机的合理性、匹配性和正确性。该试验需要根据系统设计需要，增加箭上和地面设备的压力和温度参数测点，以便有效分析数据。试车的控制时序中与增压输送系统和发动机相关的时序需要与飞行时序一致。试车后，根据测量数据对增压计算模型、增压方案、动力系统时序等进行有效的分析和完善，为飞行状态设计提供有力依据。

1.6　液氧煤油火箭增压输送系统

新一代运载火箭的重大关键技术就是新型高压补燃液氧煤油发动机和液氧煤油增压输送技术。液氧煤油火箭增压输送系统需要围绕新型液氧煤油发动机展开相应的增压输送系统设计工作，其关键技术主要包括增压技术、输送技术、发动机预冷技术、POGO抑制技术、低温管路及阀门设计、试验验证技术和推进剂加注技术等，在低温推进剂增压计算、低温管路两相流分析、低温阀门及可靠性分析方面需要进行更深入的研究。

1.6.1　液氧煤油发动机概述

液氧煤油发动机与常规推进剂的液体发动机在主要系统组成上类似，通常由推力室、主涡轮泵、燃气发生器、阀门、调节器等组成。但由于低温推进剂的使用，液氧煤油发动机与常规发动机相比系统更为复杂，系统中各组件的相互关联和相互影响更为密切。

按照不同的循环方式，液氧煤油发动机可以分为燃气发生器循环及高压补燃循环[6]。燃气发生器循环的特点是发生器提供的富燃燃气在驱动涡轮作功后经过排气管排到外界，其优点是系统较为简单，但主推力室内液氧煤油组成的液-液燃烧稳定性差，燃烧室室压也较低，通常不超过 10 MPa，导致发动机性能受到局限，同时为了提高涡轮的作功能力，通常采用富燃燃气，积碳也较多[7]。高压补燃循环的特点是发生器采用富氧燃烧，富氧燃气驱动涡轮作功后全部进入推力室进行二次燃烧，其优点为推力室室压可以得到较大的提高，从而提高发动机的性能。同时，推力室燃烧组元分别为液态煤油和富氧燃气，气-液燃烧方式也较为稳定，同时解决了富燃发生器系统存在的积碳问题。高压补燃循环的主要问题是系统的复杂程度大大增加，对发动机子系统及其他箭上、地面系统均提出了相对更高的保障要求。

与燃气发生器液氧煤油发动机相比，高压补燃液氧煤油发动机泵后压力更高，不但可以利用泵后的高压煤油为伺服机构提供工作动力源，还可以为氧化剂贮箱提供热氧气用于自生增压，还可以根据需要引出涡轮后的高温高压富氧燃气用于火箭的滚动控制。典型的高压补燃液氧煤油发动机原理图如图 1-13 所示[7]。

发动机启动前需要具备的条件有：1）发动机氧系统预冷充分；2）发动机液氧和煤油入口的压力满足发动机启动要求；3）氧加注后需要维持对发动机泵隔离腔、燃气腔的氮气吹除，防止氧腔和煤油腔内工质相互窜腔以及湿空气倒吸形成冰晶；4）一级发动机的煤油腔需要进行抽真空充填，防止煤油充填后夹气。

发动机启动后，液氧在贮箱压力作用下经过氧预压涡轮增压后进入燃气发生器，点火剂和少量煤油在高压氦气作用下分别进入燃气发生器与液氧初步燃烧形成富氧燃气，富氧

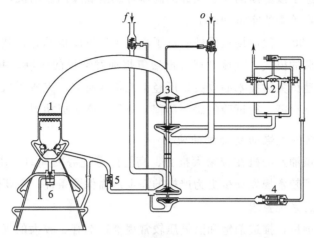

图 1-13 高压补燃液氧煤油发动机原理图

1—推力室；2—燃气发生器；3—主涡轮；4—流量调节器；5—燃料节流阀；6—推力室燃料主阀

燃气驱动主涡轮转动后进入燃烧室与大量煤油继续燃烧后给发动机提供推力，少量富氧燃气回到氧预压涡轮处驱动预压涡轮转动。煤油经煤油预压泵和煤油一级泵后分为四路，一路经冷却带阀后进入推力室冷却带；一路驱动煤油预压涡轮；一路进入煤油二级泵，压力升高后经过流量调节器，进入燃气发生器与液氧初步燃烧形成富氧燃气；绝大部分的煤油经过燃料节流阀和推力室冷却套后进入燃烧室，与富氧燃气燃烧，产生推力。

对于推力量级较小的液氧煤油发动机，通常采用液涡轮方案驱动预压泵，如 RD-8 和我国研制的 YF-115[8]，涡轮作功工质选用氧泵后的高压液氧，驱动涡轮后重新进入氧主泵，因此从氧泵后引出用于自生增压的高压氧为满足发动机使用要求的纯氧。但对于推力较大的液氧煤油发动机，如我国研制的 YF-100 发动机和俄罗斯 RD-191 发动机等，为降低氧主泵的功率，预压泵通常采用气涡轮驱动的方案，驱动工质为主涡轮后引出的富氧燃气，经蒸发器降温后驱动预压涡轮作功并融入主泵前的液氧。因此，从主泵后引出的增压工质就不可避免地含有富氧燃气中的杂质，主要为水和二氧化碳。这两种杂质容易引起结冰堵塞滤网，在方案选择前需进行详细的论证和试验。

1.6.1.1 液氧煤油发动机发展历程

从 20 世纪 50 年代起，美国开始研制 MB-3 液氧煤油发动机用于雷神、宇宙神和大力神导弹，60 年代研制了 6 800 kN 的 F-1 大推力发动机并成功应用于阿波罗登月的土星 5 火箭下面级[9]。所有上述液氧煤油发动机均采用燃气发生器循环，性能相对较低。进入 70 年代以后，美国受制于煤油用作再生冷却剂的结焦问题而放弃了液氧煤油发动机的进一步研制。苏联方面 20 世纪 50 年代研制了 RD-107，RD-108，RD-111 等燃气发生器循环的液氧煤油发动机，并在 70 年代通过在推力室设置内冷却环带和其他措施解决了煤油冷却高压推力室的关键技术，从而进一步研制出了大、中、小推力的一系列的高压补燃液氧煤油发动机。从目前国际液氧煤油发动机的使用情况来看，液氧煤油发动机始终备受关注，美国引进了俄罗斯的几乎全部的高压补燃液氧煤油发动机，并建立了 RD‑180 生产线，直接应用在美国的宇宙神 5 上。

我国在 20 世纪·90 年代前期从国外引进了液氧煤油发动机的先进技术，经过详细的论证，采用跨越式发展的模式，直接开展补燃液氧煤油发动机的研制，并从 1996 年开始进行液氧煤油补燃发动机关键技术的攻关。历经十几年的研制，完成了从组件试车→整机试车→火箭子级试车→火箭飞行试验的研制历程，取得了圆满成功[8]。

1.6.1.2　高压补燃液氧煤油发动机的使用

高压补燃液氧煤油发动机在带来大推力、高性能等优势的同时，由于其系统的特点，也对火箭总体提出了较常规发动机更为严格的箭上地面保障条件，主要包括：

（1）推进剂输送系统要求

采用低温推进剂后，推进剂饱和蒸气压较常规推进剂有了较大的提高，为避免泵的汽蚀，对增压输送系统的增压能力提出了更高的要求。此外，对于氧系统采用氧自生增压方式的火箭，增压气体由发动机引出，增压输送系统与发动机系统之间的性能存在相互的耦合，增压输送系统的设计与现役常规运载火箭相比有更多的设计不确定性，增加了增压输送系统的设计难度。

此外，由于推进剂输送系统在预压泵后至氧泵前存在气液两相区域，低温氧泵的汽蚀柔度等参数的不确定性都增加了液氧输送管路频率的计算难度，由此给全箭的 POGO 设计带来了新的难点。

（2）低温系统的预冷要求

如果发动机氧路内腔预冷不充分，则会导致发动机氧路的动密封结构及涡轮部分间隙配合出现问题，在启动初期会出现氧泵飞转、推进剂夹气等问题，影响发生器的充填时序，进而影响发生器的点火平稳，严重者会造成启动失败甚至是发动机爆炸等故障。因此相对于常规推进剂发动机，增压输送系统还必须保障液氧煤油发动机氧路的预冷要求，确保发动机启动顺利。

（3）大流量高精度的吹除要求

自身启动发动机的发生器启动流量与额定流量有较大的差异，对于自身启动的液氧煤油发动机，通常启动过程的发生器煤油流量仅为额定状态发生器煤油流量的 20%。为保障发生器在小流量状态下的推进剂雾化效果，同时防止发动机启动过程中燃气窜腔，需在发动机启动前期采用大流量的惰性气体对燃气发生器及推力室进行吹除。因此，在应用液氧煤油发动机时，需研制一套大流量高精度强吹供气系统。

1.6.2　液氧煤油火箭增压输送系统设计

增压输送系统的最终目标是满足火箭总体要求和发动机使用需求。而对于液氧煤油发动机，增压输送系统主要是满足低温发动机入口压力、温度、预冷和吹除要求。因此，系统设计时，需充分考虑推进剂的类型、全箭的构型、发动机入口压力和温度要求、系统重量要求、可靠性及经济性指标等。

由于液氧容易汽化，液氧贮箱的增压方案可采用自生增压，也可采用氦气增压方案，而煤油贮箱则都是采用了氦气增压方案。输送系统的方案除满足推进剂基本输送要求外，还要满足火箭总体构型和发动机布局要求。

1.6.2.1 液氧煤油增压输送系统设计特点

与常规推进剂火箭相比，液氧煤油火箭增压输送系统设计的主要变化在于液氧的低温特性带来的影响，包括低温气枕空间内的换热与传质相比常温状态有很大不同，各种使用材料在低温条件下的力学性能变化，低温密封与常温密封完全不同，阀门工作特性受低温条件的影响，以及管路阀门可靠性受低温条件的影响等，这些都是在液氧煤油火箭增压输送系统设计时需要重点关注的方面。

液氧由于容易汽化，可以采用自生增压的方式对贮箱增压，即将液氧从发动机引出一小部分，经发动机蒸发器加热汽化后送至贮箱中增压。也可采用氦气增压方案，如多路全冗余氦气增压方案等。采用自生增压方案的系统结构简单、重量小，可大幅降低火箭成本。采用氦气增压方案的系统则可通过压力信号器或压力传感器控制电磁阀打开关闭的方式来"闭式"控制贮箱压力，虽然系统复杂，但有一定的控制能力。煤油贮箱的增压系统受煤油物性影响，都是采用氦气增压方案。

对于高压补燃液氧煤油发动机，若采用自生增压方案，需要注意两方面的问题：1)发动机预压泵的驱动方式是否会带来水和二氧化碳杂质。部分构型的液氧煤油发动机因驱动预压涡轮的气体是富氧燃气，导致发动机用来增压用的自生增压气体含少量水和二氧化碳杂质。若这些杂质随增压气体进入贮箱，则有可能形成冰粒子或絮状物，影响系统中推进剂输送及阀门的正常打开关闭等。由于这些杂质在贮箱中，有一定的随机性和不确定性，在系统设计时需要考虑避开此类杂质的影响。2) 自生增压气体的流量、温度启动特性需要关注，防止启动过程时间较长导致增压系统在发动机工作的启动段不满足发动机入口压力要求。

液氧的输送系统在设计时，不仅要考虑低温推进剂在输送管内两相流动特性，还需考虑推进剂的防漩防塌要求、总体的 POGO 抑制要求和低温管路补偿要求等众多因素。低温液体在输送通路内的两相流动对发动机启动时的输送系统流阻影响较大，同时剧烈相变有可能会引起发动机启动时的不稳定。防漩防塌则是防止推进剂在输送时产生漩涡或者液面塌陷，导致在工作末期会有大量气体进入管路，使发动机工作异常。总体的 POGO 抑制则是防止火箭结构系统与动力系统产生纵向耦合振动，根据 POGO 计算结果确定是否需要在管路上设置蓄压器。

1.6.2.2 液氧煤油增压输送系统仿真分析

增压输送系统含增压和输送两大部分，全系统仿真分析以一维为主，对于系统中直径较大的贮箱部分采用局部的三维仿真分析，而对于输送管路中的液体则采用一维两相流进行计算。在系统设计时，需要从研究目的角度选择合理的仿真手段，并针对火箭工作的各个时段（地面停放阶段、飞行阶段或滑行阶段等）进行多因素组合分析。

火箭的液氧贮箱是一个低温大容器，在地面停放及升空阶段，推进剂贮箱内部要经历长时间、变参数、多工况的复杂程序操作，造成贮箱内部物理场多次变化，并存在着剧烈的质量和热量交换。增压过程中增压气体的流量、温度、出流速度，液氧的温度分层、贮箱出流方式和推进剂流量等都影响增压的效果。全部组合在一起分析难度很大，需要多参数组合分析。

如贮箱气枕空间的增压计算，即计算气枕空间内的温度和压力场分布，此时，贮箱内的气体和液体进行三维仿真，忽略液氧在输送管路内的两相流动状态，重点考虑气枕空间内的气场分析和气液界面层的热质交换，分析气枕内的温度、压力分层。

在进行全系统仿真分析时，将增压气瓶、减压阀、节流圈、管路、贮箱、输送管等串联成一个一维模型进行计算。此时，将贮箱划分成一个个径向均一节点，简化贮箱内部的流场变化，主要分析系统中各阀门、管路参数的协调匹配性。

1.6.3　发动机预冷系统

受使用低温推进剂的发动机本身特性影响，氧系统或氢系统都需要在启动前进行发动机预冷，防止低温推进剂与发动机内腔接触后产生剧烈汽化过程，引起发动机启动过程汽蚀或其他不稳定的破坏工况出现。发动机预冷是指使用低温液体推进剂的发动机在点火前利用推进剂或者其他低温介质对发动机（主要是氧泵及相关系统）进行冷却，主要目的是满足发动机在点火前的温度要求，保证涡轮泵的可靠工作，防止出现"间歇泉"等低温输送不稳定性现象。即在点火前满足发动机入口或出口的温度（或发动机泵壁温）的特定要求，以表征发动机经过充分冷却，低温系统的各个轴承或泵间隙处于低温状态。

常规推进剂发动机没有预冷要求，只有使用低温推进剂的发动机受发动机本身性能影响，才对总体提出预冷要求。因此，在火箭总体设计时需提前考虑动力系统布局、箭地使用维护等限制条件下的发动机预冷系统设计。国内外发动机预冷系统主要有排放预冷、自然循环预冷、强制循环预冷等方式或多种方法组合在一起的组合预冷方式，具体与火箭总体使用要求和发动机需求有关。

1.6.4　低温推进剂加注

与常温推进剂加注不同，低温推进剂在加注过程中产生大量沸腾蒸气，继而引发箱压的急遽升高和贮箱与管路系统的急遽降温。因此，发动机预冷系统设计和低温推进剂加注系统设计需要结合起来，既要满足发动机入口温度要求，又要满足推进剂加注要求。

1.6.4.1　加注温度影响

贮箱加注工作开始之前，火箭贮箱和地面管路系统处于环境温度状态。为了保持开始时液体输送到火箭贮箱是单相流动，系统必须冷却到输送的液体温度。如果管路系统绝热，可以采用相对较慢的输送速度，因为在输送时沸腾损耗基本上等于冷却损耗。这个损耗为

$$w_1 = \frac{wc_p(T_a - T)}{h_{fg}}$$

式中　w，c_p——管路系统材料的重量和比热；

　　　$T_a - T$——环境和液体温度之间的温度差；

　　　h_{fg}——正在沸腾的低温液体的汽化潜热。

若管路系统不绝热，为了保持液体损耗在最低限度，液体必须尽可能迅速地输送。若输送时间短，液体损耗可以很接近于系统冷却损耗。如果采用不绝热系统而输送时间又长，在冷却下来和稳定状态输送时，从周围环境到系统中的热传入而引起的损耗必须附加到系统冷却损耗上，以便确定总的传输损耗。

火箭贮箱被认为是输送系统的一部分，如管路系统一样承受相同形式的损耗。如果贮箱充填时间长，周围环境热传导所致的损失将变成输送时液体损耗的一个重要部分。火箭贮箱热传导损失的确定十分复杂，因为其中包括通过充填时在箱壳上逐渐增厚的冰层的对流损失和辐射损失。这个损失可以表示如下

$$w_1 = \frac{q_t}{h_{fg}}$$

$$q_t = q_r + q_c$$

这里 $q_c = hA(T_a - T_t)$，h 为到箱壁冰冻层上的膜层传热系数。辐射传热 q_r 与 q_c 比起来是很小的，因而通常从计算中略去。可以看出 q_t 随时间变化，因为 T_t 随时间变化。开始 T_t 等于 T_a，然后下降到接近低温液体温度，而后它又随贮箱冰冻层的形成和稳定而升高到水的冰点。此外，在这个时间内传热系数 h 发生根本变化。最初，横过膜层的传热是从周围环境空气到干燥的箱壁，包含空气中的水分在贮箱壁上凝结和冰冻。这时候必须应用从空气到水的冷凝传热系数。

在贮箱里面从箱壁到液体的传热也是比较复杂的，因为在箱壁处的液体处于饱和状态与沸腾状态。在此情况下，在贮箱和液体之间存在一层气体膜层，因而必须应用组合沸腾传热系数，如图 1-14 所示。

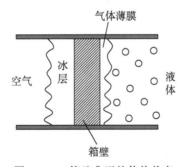

图 1-14　箱壁典型的传热状态

因此，横过箱壁的总平衡传热为

$$\frac{q_t}{A} = h_1(T_A - T_{ice}) = K_{ice}(T_{ice} - T_{wall1}) = K_{wall}(T_{wall1} - T_{wall2}) = h_2(T_{wall2} - T_{liq})$$

这里用 h_1 或 h_2 控制的横过膜层的传热是有限的，K = 导热系数(k)/ 厚度(t)。下标

ice—冰冻，wall—箱壁，liq—液体。

　　另一个构成解法困难的因素是冰层厚度和 K 取决于周围空气的相对湿度以及空气速度。在低温液体加注时，还有一个需要考虑的因素是对贮箱材料的热冲击。一般说来，经验已证明：如果贮箱材料选择得当，热冲击在贮箱加注的方法和贮箱加注速度上就不再是一个影响因素。

1.6.4.2　加注压力影响

　　当火箭贮箱用低温液体填充时，贮箱压力随时间的变化也影响充填的方法和贮箱设计。用不绝热管路系统加注时，为了把沸腾损耗减少到最低限度，必须尽可能迅速地加注，所以，需要注意贮箱气体排放系统的设计，以防止超压。

第 2 章 液氧自生增压系统

2.1 引言

运载火箭推进系统的自生增压方案是指采用推进剂加热汽化的方式，从发动机引出一小部分推进剂，经发动机蒸发器加热汽化后送至贮箱中增压。自生增压系统由发动机蒸发器、推进剂控制阀、破裂膜片、扩散器和增压管路组成。系统具有结构简单、重量小和可靠性高等优点。

2.2 自生增压方案概述

国外低温火箭的增压方案根据技术成熟程度或发动机本身特点有用氦增压方案，也有用自生增压方案。

2.2.1 国外火箭液氧自生增压方案

2.2.1.1 日本 H 系列火箭

日本 H 系列火箭芯一级采用低温氢氧发动机，其中 H2 和 H2A 采用单台 LE‑7 发动机，而 H2B 采用两台并联的 LE‑7A 发动机。H2 的增压系统采用了冷氦加温增压，H2A 和 H2B 的一子级氢箱和氧箱均采用自生增压方案，其中氧箱自生增压气体的引氧口位于氧涡轮泵后，具体见图 2‑1。H2B 的发动机进行了结构改进以避免两台发动机之间可能存在相互干扰[10]。

2.2.1.2 德尔它 4 火箭

德尔它 4 火箭芯一级用 RS‑68 燃气发生器循环方式氢氧发动机，系统原理图见图 2‑2，从图中可以看出，系统中设有用于液氧自生增压用的蒸发器，且引氧口取自氧涡轮泵后。

2.2.1.3 土星 5 火箭

土星 5 二子级采用 J‑2 液氧/液氢发动机，液氧箱利用液氧涡轮泵出口引出的液氧，经过热交换器加热，每个热交换器出来的气氧通过贮箱增压调节器进入公共增压管，然后通过气体分配器进入贮箱增压[10]。

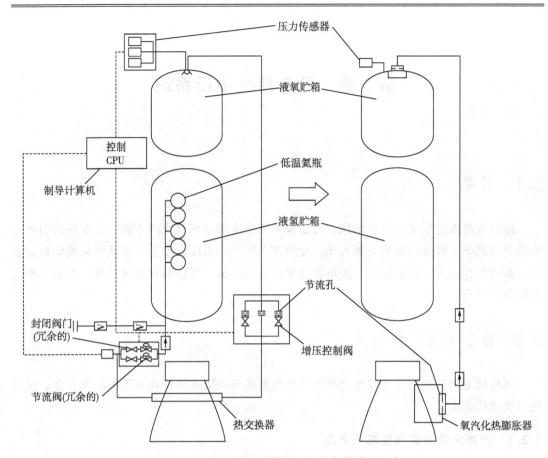

图 2-1　H2 和 H2A 火箭芯一级液氧箱增压方案

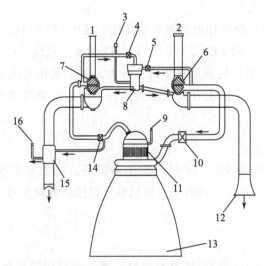

图 2-2　德尔它 4 的 RS-68 氢氧发动机系统原理图

1—液氧入口；2—液氢入口；3—氢螺旋管；4—燃气发生器氧阀；5—燃气发生器氢阀；6—氢涡轮泵；

7—氧涡轮泵；8—燃气发生器；9—燃料贮箱增压；10—燃料主阀；11—再生冷却燃烧室；

12—滚动控制喷管；13—烧蚀喷管；14—氧化剂主阀；15—热交换器；16—液氧贮箱增压

2.2.2　国内液氧煤油高压补燃发动机增压方案

我国新一代高压补燃液氧煤油发动机采用低温推进剂、补燃循环方式，主泵前设置预压泵，发生器燃气驱动涡轮后进入推力室二次燃烧。增压用的氧气从发动机引出一小股液氧，经换热器加热汽化后进入贮箱增压[7]，见图 2 - 3。

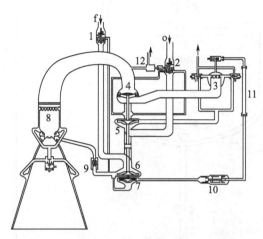

图 2 - 3　高压补燃液氧煤油发动机系统图

1—燃料预压涡轮泵；2—氧预压涡轮泵；3—燃气发生器；4—主涡轮泵；5—氧化剂主泵；

6—燃料一级泵；7—燃料二级泵；8—推力室；9—燃料节流阀；10—流量调节器；11—点火导管；12—氧蒸发器

综合国内外使用低温发动机的火箭来看，液氢箱使用自生增压方案居多，液氧箱增压方案则主要有自生增压和氦增压两种。自生增压气体可从发动机引出，经蒸发器加热后进入贮箱增压。对于液氧煤油发动机，自生增压工质均从发动机氧泵后引出。对于推力量级较小的液氧煤油发动机，通常采用液涡轮方案驱动预压泵，如俄罗斯的 RD - 8，涡轮作功工质选用氧泵后的高压液氧，驱动涡轮后重新进入氧主泵，因此从氧泵后引出用于自生增压的高压氧为满足发动机使用要求的纯氧。但对于推力较大的液氧煤油发动机，如我国研制的 YF - 100 发动机和俄罗斯 RD - 191 发动机等，为降低氧主泵的功率，预压泵通常采用气涡轮驱动的方案，驱动工质为主涡轮后引出的富氧燃气，经蒸发器降温后驱动预压涡轮作功并融入主泵前的液氧，从主泵后引出的增压工质就不可避免地含有富氧燃气本身所含的水和二氧化碳成分。

2.3　自生增压系统组成

采用推进剂汽化的自生增压方案是直接从发动机引出一小部分推进剂，经发动机蒸发器加热汽化后送至贮箱增压，自生增压系统由发动机液氧引流阀、换热器、增压管金属膜片、增压管和扩散器组成，见图 2 - 4。系统具有结构简单、重量小、组件少、可靠性高等特点。

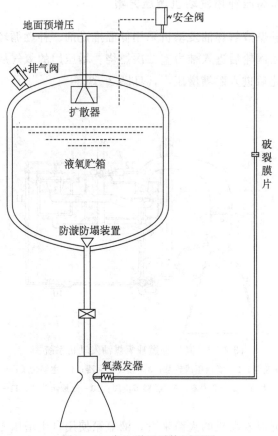

图 2-4 自生增压系统原理图

一般液氧箱增压系统由自生增压系统和预增压系统组成，部分系统可根据需要增加补压系统。发动机启动前，由预增压系统给贮箱增压至要求值。发动机启动后，发动机工作，液氧引流阀打开，液氧进入换热器加热蒸发后形成氧蒸气，再挤破增压管上的金属膜片经增压管和扩散器进入氧箱增压。

自生增压系统相对简单，组件少，但无增压能力的闭环控制措施，精确控制相对困难。

2.4 自生增压系统设计

2.4.1 系统设计

增压输送系统设计工作主要包括：增压计算、动力系统总装布局、发动机预冷系统论证以及加注供配气等，各方案确定后再与火箭其他分系统协调，得到一个多方认可的系统方案。

　　增压方案基本确定后，再开展细化设计，如预增压系统、补压系统、发动机预冷系统、加注排气系统等的设计工作，提出各单机或组件的设计技术要求。在整个设计过程中，需要及时关注与总体及地面发射支持等系统的接口协调，确保系统间的匹配。

2.4.1.1　系统设计流程

　　设计时根据总体提供的初始数据先开展增压计算，并根据发动机入口压力要求对增压系统进行设计，确定贮箱初始增压压力、稳定段增压压力、安溢活门打开压力及增压导管内径等参数。增压系统参数确定后，提出满足增压能力要求的增压气体的流量和温度参数，进行蒸发器参数设计迭代。

2.4.1.2　氧箱预增压系统

　　预增压系统的主要目的是由地面气源给箭上贮箱供气，保障在火箭点火前贮箱的压力要求，使其满足发动机点火需求。

　　对于液氧增压系统，由于低温液体与气枕内气体热交换频繁，增压气体进入贮箱后，气枕压力受低温液体影响，将会降低，需要进行多次补压，以便维持预增压压力。

　　一般来说，预增压系统主要由地面配气台的电磁阀、压力开关、节流圈和管路组成。在增压后，可通过压力开关（压力信号器或压力传感器等）断续供气，具备小流量多次补压能力，直至地面供气的连接器断开。常用的几种预增压方案原理图见图 2-5～图 2-8。

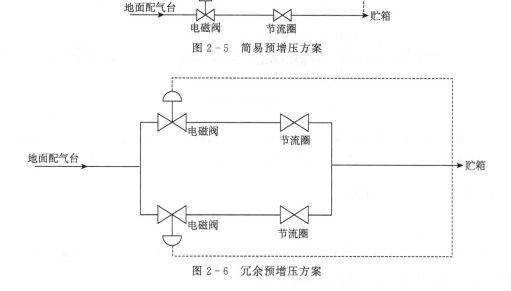

图 2-5　简易预增压方案

图 2-6　冗余预增压方案

2.4.1.3　补压系统

　　对于二级或上面级，在一级飞行过程中，有可能会因为气枕气体与低温推进剂热交换导致贮箱预增压压力降低。因此，可以考虑在二级或上面级中设置补压系统，在发动机工作前给贮箱补压，使预增压压力满足发动机启动前的压力要求。

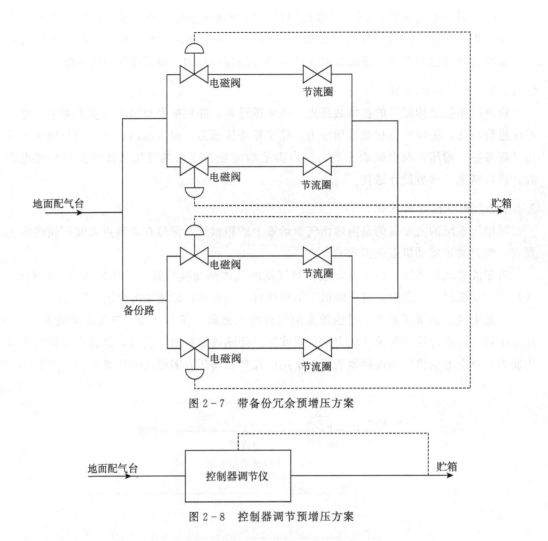

图 2-7　带备份冗余预增压方案

图 2-8　控制器调节预增压方案

补压系统一般采用氦气增压，由氦气瓶和节流圈组成。在发动机点火前就开始补压，补压带来的增压能力提升在增压计算时需要统筹考虑。

2.4.2　氧系统自生增压模型

2.4.2.1　增压计算

根据总体初始数据和增压输送系统方案按流程进行系统设计，对增压输送系统进行增压计算，并根据计算结果，细化系统设计方案。

增压计算的主要内容包括：

（1）增压计算用初始数据清理

增压计算用初始数据主要包括：火箭总体布局及理论图、发动机推进剂平均秒耗量及启动段瞬时秒耗量、发动机入口最低压力要求、贮箱理论容积、贮箱理论气枕容积、工作时间、轴向过载系数、推进剂液位、贮箱结构参数、推进剂物性表或物性计算公式、气瓶容积、气瓶压力、输送管路结构参数和发动机引出的自生增压气体温度和流量参数。其中增压气体的温度和流量参数，需要在发动机研制初期就进行参数协调确认，防止增压能力不足引起发动机的状态变化。

（2）推进剂输送管路流阻计算

根据动力系统总装布局和推进剂流速、物性等数据，对推进剂流动过程中的液流流阻进行计算。一般来说，应按启动前、启动过程和启动后进行分阶段计算。其中启动过程由于发动机启动相对复杂，可做简化处理。

$$\Delta P_{\Sigma} = \left(1 + \lambda \frac{L}{d} + \sum \xi_i \right) \cdot \frac{\rho v^2}{2} \tag{2-1}$$

式中　ΔP_{Σ}——阻力损失，含沿程阻力、局部阻力和动静压差损失；

　　　λ——沿程阻力系数；

　　　ξ_i——局部阻力系数；

　　　ρ——液体密度；

　　　v——液体流速。

根据尼古拉兹光滑管的经验公式[11]，当 $10^5 < Re < 3 \times 10^6$ 时，$\lambda = 0.003\,2 + \dfrac{0.221}{Re^{0.237}}$。

（3）满足发动机入口压力需要的贮箱最小增压压力计算

在计算贮箱最小增压压力时，需要考虑两部分，一部分是满足发动机入口压力要求贮箱需要增压压力 P_X，另一部分是满足贮箱强度和刚度要求的最小内压值。两者取最大值作为贮箱所需要的最小增压压力[1]

$$P_X = P_{bx} + \Delta P_{\Sigma} + \Delta P_S - n_x \rho g h + P_0 \tag{2-2}$$

式中　P_{bx}——发动机泵入口最小压力；

　　　n_x——飞行轴向过载系数；

　　　h——液位高度，为液面至发动机入口沿轴向高度；

　　　ρ——当地温度对应的推进剂密度；

　　　P_0——增压压力控制精度及余量；

　　　ΔP_S——推进剂饱和蒸气压差，即发动机允许的推进剂最高使用温度下的饱和蒸气
　　　　　　　压与发动机推进剂设计工况时的饱和蒸气压之差。

（4）贮箱安全阀打开压力计算

贮箱安全阀的主要作用是防止故障工况下贮箱超压后破裂的故障模式发生，在贮箱压力超压的情况下，安全阀自动打开放气。

安全阀打开压力确定的依据是增压计算的最大增压压力、箭体结构贮箱最大承压能力和阀门本身打开关闭精度综合权衡结果。设计原则是既要使安全阀尽量少打开，又要保证贮箱的设计载荷不能太大。安全阀打开压力一般按照贮箱所需最小增压压力的最大值再加上 0.05 MPa 或 1.2 倍，具体取值可根据系统及单机性能权衡确定。

（5）贮箱增压计算

贮箱增压过程是一个非常复杂的物理、化学过程，在增压过程中，始终存在着热和质

量的交换，过程很不稳定，影响因素也较多。其中贮箱内部的热交换和质量交换原理图见图 2 - 9。

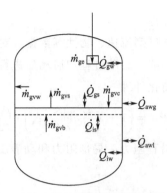

图 2 - 9 贮箱内部的热交换和质量交换原理图

增压计算时，增压过程主要考虑启动前、启动段和稳定段三个发动机工作段，在进行二级或上面级的火箭子级计算时，还需考虑滑行段的贮箱热交换过程。

发动机工作后，增压系统给贮箱增压，推进剂在增压气体及发动机泵的抽吸双重作用下进入发动机工作。此时，增压计算的主要目的是确定为满足发动机入口要求的贮箱增压压力所需要的增压气体用量、贮箱气枕压力、推进剂温度分层等。

对于二级或上面级发动机，增压计算还需考虑在一级飞行段二级贮箱内的换热过程，此时发动机不工作，贮箱不增压，推进剂无排挤流出。这段增压计算主要是分析计算因外部热量传入贮箱所引起的低温推进剂温度变化和气枕空间温度变化。

精确计算贮箱内气枕压力、温度和推进剂温度分层等物理过程是非常困难的。工程上，通常用集总参数法进行计算，得出的增压压力值较为准确，但在气体和液体温度特性分析方面较弱。在进行贮箱增压过程精确计算时，可进行三维仿真分析，但该方法对网格划分、物理边界条件确定要求较高，计算时间非常长，工程实用性相对较弱。

典型的自生增压原理图见图 2 - 4，图 2 - 9 中列出了一些贮箱内相关的质量交换及热量交换项。

在建立自生增压方案增压计算的数学模型时，力求接近实际情况，对增压过程可以做如下假设：

1）气枕内气体组成和温度随时间变化，但在任一时间内其组成和温度均匀，且无粘性；

2）推进剂表面层以下的液体温度均匀；

3）与增压气体接触的箱壁和与推进剂接触的箱壁的温度均无轴向变化；

4）贮箱内主要是自然对流换热，在停放期间贮箱外也主要是自然对流换热，在飞行期间，贮箱外主要是强迫对流换热，包括气动和辐射加热；

5）气液间的冷凝和蒸发发生在气液界面上，仅依赖于气液界面处的热交换；

6）在启动前的停放期间，热分层换热通过箱壁经自由对流边界层传向推进剂的上面部分；

7）边界层流动与箱壁平行，且温度边界层与速度边界层厚度相同，忽略增压气体入口处由于气体进入引起的小扰动。

在基于模型假设的基础上列出控制方程如下：

a. 气体质量守恒方程为

$$\frac{d(V_{tg}\rho_{tg})}{d\tau} = \dot{m}_{ge} + \dot{m}_{gv} \tag{2-3}$$

气体质量的改变来自于两个方面：一是增压气体的流入；二是气液界面上的质量交换。

b. 气体能量方程为

$$\dot{H} = \dot{U} + p\dot{V} \tag{2-4}$$

即

$$\sum h_{ge}\dot{m}_{ge} + \sum h_{gv}\dot{m}_{gv} + \sum \dot{Q}_g = \dot{m}_{tg}u_{tg} + \dot{u}_{tg}m_{tg} + p_{tg}\dot{V}_{tg} \tag{2-5}$$

气体的各个能量项包括：增压气体的焓、气液界面的质量交换引起的热量交换、气液之间以及气体和贮箱壁之间的换热、气体内能的改变以及增压气体作用在液体推进剂上的功等六项。

c. 与气体相接触贮箱壁部分的能量方程为

$$\frac{d(m_{wg}c_{pwg}T_{wg})}{d\tau} = \dot{Q}_{awg} - \dot{Q}_{gw} + c_{pwl}(T_{wl} - T_{wg})\dot{m}_{wg} \tag{2-6}$$

等式右边第三项是指因推进剂液体流出而新暴露给气体的那部分贮箱壁的能量变化。

d. 液体的能量方程为

$$c_1\frac{\partial T_1}{\partial \tau} = \frac{1}{A\rho_1}\left\{\frac{\partial}{\partial z}\left(Ak_1\frac{\partial T_1}{\partial z}\right) + A_{lw}h_1(T_w - T_1)\right\} - u_1c_1\frac{\partial T_1}{\partial z} \tag{2-7}$$

e. 连续性方程为

$$\frac{\partial}{\partial z}(\rho_1 A u_1) = 0 \tag{2-8}$$

f. 与液体相接触贮箱壁部分的能量方程为

$$(m_{wl}c_{pwl})_w\frac{\partial T_w}{\partial \tau} = h_1(T_1 - T_w) + h_a(T_a - T_w) \tag{2-9}$$

2.4.2.2 换热计算模型

在系统运行过程中，主要考虑以下几个热交换过程[12]：

1）推进剂液体和与推进剂液体相接触贮箱壁之间的自然对流换热，$\dot{Q}_{lw}$；

2）推进剂液体和推进剂液体表面层之间的自然对流换热，$\dot{Q}_{ls}$；

3）增压气体和推进剂液体表面层之间的自然对流换热，$\dot{Q}_{gs}$；

4）增压气体和与增压气体相接触贮箱壁之间的自然对流换热，$\dot{Q}_{gw}$；

5）与增压气体相接触的贮箱壁部分与环境之间的强制对流换热及由于与大气摩擦引起的气动加热，$\dot{Q}_{awg}$。

6）与推进剂液体相接触的贮箱壁部分与环境之间的强制对流换热及由于与大气摩擦引起的气动加热，$\dot{Q}_{awl}$。

7）增压管路与外部环境接触引起的换热 Q_{pipe}。此时主要考虑增压管路内气体与外部环境换热引起的热损失，它将影响增压气体进入贮箱的入口状态。

8）输送管路和循环支管与环境的换热 Q_{tra}、Q_{rec}。发动机启动后，循环支管关闭，仅考虑输送管路引起的管路换热。

上述热交换均是以对流方式进行。对流换热的方程式可表达为

$$\dot{Q} = \alpha A (\Delta T) \tag{2-10}$$

式中　α——换热系数，一般是从实验数据中根据曲线拟合得到的。

用在对流换热中的 Prandtl - Grashof 乘积可以应用在任何表面，其表达式为

$$X = \left(\frac{L_s^3 \rho_f^2 g n_x \beta_f \, |\, \Delta T \,|}{\mu_f^2} \right) \left(\frac{c_{pf} \mu_f}{k_f} \right) \tag{2-11}$$

式中　n_x——过载系数，根据弹道参数查表计算。

自然对流换热系数可用下式表达

$$\alpha = C \frac{k_f}{L_s} X^n \tag{2-12}$$

这里 C 和 n 是从曲线拟合中确定的，其取值如表 2-1 所示。

强制对流的换热系数为

$$\alpha = C \frac{k_f}{D_s} \left(\frac{DG}{\mu_f} \right)^n \tag{2-13}$$

常数 C 和 n 的取值如表 2-2 所示，G 为单位面积上的质量流率，$G = \dfrac{\dot{m}}{A}$，单位为 kg/($m^2 \cdot$ s)。

表 2-1　自然对流换热系数计算式系数表

垂直表面			
层流	$10^4 \leqslant X < 10^9$	$C = 0.59$	$n = 1/4$
紊流	$10^9 \leqslant X < 10^{12}$	$C = 0.13$	$n = 1/3$
水平平面			
热面向上或冷面向下			
层流	$10^5 \leqslant X < 2 \times 10^7$	$C = 0.54$	$n = 1/4$
涡流	$2 \times 10^7 \leqslant X < 3 \times 10^{10}$	$C = 0.14$	$n = 1/4$
热面向下或冷面向上			
层流	$3 \times 10^5 \leqslant X < 3 \times 10^{10}$	$C = 0.27$	$n = 1/4$

表 2 - 2　强制对流换热系数计算式系数表

$1 \leqslant \dfrac{DG}{\mu} < 4$	$C = 0.891$	$n = 0.33$
$4 \leqslant \dfrac{DG}{\mu} < 40$	$C = 0.821$	$n = 0.385$
$40 \leqslant \dfrac{DG}{\mu} < 4\,000$	$C = 0.615$	$n = 0.466$
$4\,000 \leqslant \dfrac{DG}{\mu} < 40\,000$	$C = 0.174$	$n = 0.618$
$40\,000 \leqslant \dfrac{DG}{\mu} < 250\,000$	$C = 0.023\,9$	$n = 0.805$

在流体和贮箱壁垂直表面的自然对流热交换过程中，L 表示贮箱内的垂直高度，A 表示与流体相接触的面积。在气液界面的自然对流热交换过程中，热交换面是水平的，这时 L 代表贮箱的直径，A 代表界面面积。

在实际应用中，如果不能确定哪一种对流方式占主要地位，通常取自然对流换热系数和强制对流换热系数中较大的一个。

对于飞行过程中气动加热来说，ΔT 为火箭外壁温度和紧邻外壁的气流"恢复"温度之间的差值。在常规的强制对流换热中，温度恢复系数一般可以认为等于 1.0。对于火箭飞行过程中的高速气体流，其温度恢复系数一般在 0.85 和 0.95 之间变化。温度恢复系数可以用下式表达

$$r_{a} = (Pr)_{r}^{1/3} = \left(\frac{c_{pa} \mu_{a}}{k_{a}} \right)_{r}^{1/3} \tag{2-14}$$

式中　Pr——普朗特数；

$\quad\quad c_{pa}$——定压比热；

$\quad\quad \mu_{a}$——动力粘度；

$\quad\quad k_{a}$——热导率。

气流的恢复温度由下式给出

$$T_{ar} = T_{as} + \frac{r_{a} V_{a}^{2}}{2gJc_{par}} \tag{2-15}$$

式中　V_{a}——火箭速度，m/s；

$\quad\quad g$——重力加速度，m/s^{2}；

$\quad\quad J$——热功当量。

要准确确定恢复温度 T_{ar}，需要对 c_{par} 和 r_{a} 进行循环迭代计算。

气动加热的换热系数一般通过以下方式进行计算，首先需要计算一个介于气流恢复温度和火箭外壁温度之间的有效膜温，即

$$T_{af} = C_{1}(T_{as} + T_{w}) + \frac{C_{2} r_{a} Ma^{2} T_{as}(r_{af} - 1)}{2} \tag{2-16}$$

式中，Ma 为马赫数。根据 Eckert 的研究，取常数 $C_1 = 0.5$ 和 $C_2 = 0.22$ 时，上式有足够的准确度[13]。要得到更高精度的 T_{af}，仍需要一个迭代计算过程。此时，在膜温下的物性参数 μ_{af}，c_{paf}，k_{af} 和 ρ_{af} 可以计算。壁面摩擦因子 f 由下式给出

$$f = 0.059\,2\,(Re_f)^{-0.2} = 0.059\,2\left(\frac{\rho_{af}V_a L}{\mu_{af}}\right)^{-0.2} \tag{2-17}$$

式中，L 是特征边界到计算点的距离。由此得到气动加热换热系数

$$h_a = 0.5Cf\rho_{af}c_{paf}V_a$$

$$C = \begin{cases} (Pr_f)^{-2/3} & Re_f \leqslant 10^5 \\ 1.18 & Re_f \leqslant 10^9 \end{cases} \tag{2-18}$$

上述各个公式中的 ρ_a 和 T_{as} 均是通过 NACA 北半球标准大气参数查得，对常物性、紊流和平板流动的理论适用，气膜厚度小于贮箱直径 2% 和雷诺数 Re 不大于 10^7 的条件下，上述公式给出的气动加热换热系数 h_a 误差不超过 3%。

在知道换热系数后，就能利用集总参数法计算出推进剂液体、增压气体以及贮箱壁的温度变化量，结合初始条件，就能确定任何时刻推进剂液体、增压气体以及贮箱壁的温度。例如，可以利用热平衡方程求解出与气体相接触的贮箱壁的温度

$$T_{wg} = T_{wgi} + \int_{t1}^{t2}\frac{\dot{Q}_{awg} - \dot{Q}_{gw} + c_{pwl}(T_{wl} - T_{wg})\dot{m}_{wg}}{m_{wg}c_{pwg}}dt \tag{2-19}$$

上式积分项中第三项是指因推进剂液体流出而新暴露给气体的那一部分贮箱壁的能量变化，T_{wg} 是指临近时刻 t_2 时的取值。与增压气体相接触的贮箱壁的质量为

$$m_{wg} = m_{wgi} + \int_{t1}^{t2}\dot{m}_{wg}dt \tag{2-20}$$

同理可以得到与推进剂液体相接触的贮箱壁的温度

$$T_{wl} = T_{wli} + \int_{t1}^{t2}\frac{\dot{Q}_{awl} - \dot{Q}_{lw}}{m_{wl}c_{pwg}}dt \tag{2-21}$$

表面层附近的液氧在上部气枕空间气体的加热下会蒸发，因此液氧表面层的温度等于与液体蒸气分压相对应的饱和温度。

2.4.2.3　质量传递模型

推进剂贮箱上部空间的压力受贮箱内部质量交换的影响，这是因为质量交换影响到气枕气体质量。质量交换可以以几种方式发生，这主要取决于所用的增压系统类型，以及推进剂和增压气体的物理性质。冷凝现象通常在推进剂液体表面、贮箱壁表面发生，或者在气体内部以雾的形式存在。蒸发可能在液体表面发生，或者在液体内部以沸腾的形式发生。下面分析一下几种情况下的质量交换形式。

1）对于液氧，最常见的质量交换现象是液体表面层的蒸发和冷凝现象，液体表面层的温度是与蒸气分压相对应的饱和温度。如果气体大部分是推进剂的蒸气，或者增压气体是推进剂蒸气（自增压系统），界面层上部空间的蒸气压就几乎等于平均气相压力。此时，表面层质量交换进行的方向和程度取决于界面层两侧两相的焓差和界面层两侧两相之间的

热交换，可以用下式来表示

$$\dot{m}_{gvs} = \frac{\dot{Q}_{ls} - \dot{Q}_{gs}}{h_{vg} - h_1} \tag{2-22}$$

2）当贮箱气枕压力小于液体的饱和蒸气压时，液体有可能产生沸腾现象。此时质量交换公式如下

$$\dot{m}_{gvb} = \frac{M_v V_{tg}}{T_{tg} R_u} \left[\frac{\partial (P_{vl} - P_{tg})}{\partial t} \right]_{\dot{m}_{gvb}=0} \tag{2-23}$$

3）当气枕膨胀导致气体温度冷却到可凝性气体组分的露点时，此时云状或雾状冷凝将发生在气枕中，并将冷凝放热留在了气枕中，此时冷凝的速率在于使得该组分的分压等于其饱和蒸气压，计算公式如下

$$-\dot{m}_{gvc} = \frac{M_v V_{tg}}{T_{tg} R_u} \left[\frac{\partial (P_{vg} - P_{vc})}{\partial t} \right]_{\dot{m}_{gvc}=0} \tag{2-24}$$

$$\dot{Q}_{gc} = \dot{m}_{gvc} \Delta h_v \tag{2-25}$$

4）当贮箱壁温度低于气枕中气体组分的露点温度时，气体组分会产生冷凝现象。此时质量交换公式如下[14]

$$h_{cw} = C_c \left[\frac{k_{tg}^3 \Delta h_v \rho_{tg}^2 g}{L_w \mu_{tg} (T_{vc} - T_w)} \right]^{1/4} \tag{2-26}$$

$$\dot{Q}_{cw} = h_{cw} A_w (T_w - T_{vc}) \tag{2-27}$$

$$\dot{m}_{gvw} = \frac{\dot{Q}_{cw}}{(h_{vg} - h_1)} \tag{2-28}$$

2.4.2.4　气枕参数模型

贮箱气枕的压力可以用气体的总质量 m_{tg}、气枕的总体积 V_{tg}、气枕的平均温度 T_{tg}、通用气体常数 R_u、气体平均摩尔分子量 M_{tg} 以及压缩因子 Z_{tg} 的函数关系式来表达

$$P_{tg} = \frac{Z_{tg} m_{tg} T_{tg} R_u}{V_{tg} M_{tg}} \tag{2-29}$$

R_u 为通用气体常数，可看成是一个常量。Z_{tg} 可以近似取为 1，也可以根据气体的温度和压力来确定。其他参数的值可以从以下公式中获得

$$m_{tg} = m_{tgi} + \int \dot{m}_{tg} dt \tag{2-30}$$

$$V_{tg} = V_{tgi} + \int \dot{V}_{tg} dt \tag{2-31}$$

$$M_{tg} = M_{tgi} + \int \dot{m}_{tg} dt \tag{2-32}$$

$$T_{tg} = T_{tgi} + \int \dot{T}_{tg} dt \tag{2-33}$$

下标 tg 表示贮箱气枕的气体，i 表示初始状态。

在这些参数中，气体质量和气枕的体积变化较大，对气枕压力影响较大。增压气体质

量的改变来自于两个方面：一是增压气体的流入；二是气液界面上的质量交换。气枕体积的变化量等于液体体积的变化量，液体体积的变化量包括推进剂液体的流出和气液界面上的质量交换两部分，用公式表达为

$$\dot{m}_{tg} = \sum \dot{m}_{ge} + \sum \dot{m}_{gv} \tag{2-34}$$

$$\dot{V}_{tg} = \dot{V}_{lo} + \frac{\dot{m}_{gv}}{\rho_l} - \frac{\dot{V_l \rho_l}}{\rho_l} \tag{2-35}$$

下标 ge 表示流入的气体，gv 表示气液界面液体的蒸发，lo 表示液体的流出，l 表示液体。

实际上无论是自生增压还是氦气增压，气枕都包含两种气体组分。自生增压时，预增压和射前补压采用氦气，而氦气增压时，存在贮箱内部液氧的蒸发，两种情况使气枕中的气体存在氦气和氧气两种组分。此时，气体的平均摩尔分子量随气体组分比例的变化而变化，即

$$\dot{m}_{tg} = \left(\frac{\partial}{\partial t}\right)\left[\frac{m_{tg}}{\left(\frac{m_{ga}}{M_{ga}} + \frac{m_{gb}}{M_{gb}}\right)}\right] = \frac{\dot{m}_{tg} M_{tg}}{m_{tg}} - \frac{\dot{m}_{ga} M_{tg}^2}{M_{ga} m_{tg}} - \frac{\dot{m}_{gb} M_{tg}^2}{M_{gb} m_{tg}} \tag{2-36}$$

其中，下标 ga、gb 表示气体 a 和气体 b。

贮箱气枕气体温度的改变取决于整个贮箱气枕的能量平衡。能量平衡公式中的各个能量项与许多因素有关：

1）增压气体的流量和比焓；

2）气液界面的质量交换；

3）气液之间、气体和贮箱壁之间的换热；

4）气体内能的改变；

5）增压气体作用在液体推进剂上的功。

贮箱气枕能量关系式

$$H = U + pV \tag{2-37}$$

当压强 p 相对恒定时：$\dot{H} = \dot{U} + p\dot{V}$，即

$$\sum h_{ge} \dot{m}_{ge} + \sum h_{gv} \dot{m}_{gv} + \sum \dot{Q}_g = \dot{m}_{tg} u_{tg} + \dot{u}_{tg} m_{tg} + p_{tg} \dot{V}_{tg} \tag{2-38}$$

对于近理想气体，其比焓可以用 $c_p T$ 来代替，内能可以用 $c_v T$ 来代替。因为在工作温度范围内，c_p 和 c_v 可以看成是常数，内能变化可以表示为 $c_v \dot{T}$。对于非理想气体，$c_v T$ 可以用在小的温度变化范围内，但是焓和内能必须采用更为复杂的公式计算。由于增压过程中含有两种气体组分，因此，气体内能的变化计算公式如下

$$m_{tg} \dot{u}_{tg} = m_{tg} c_v \dot{T}_{tg} = \dot{T}_{tg} \sum m_g c_{vg} = \dot{T}_{tg} (m_{ga} c_{vga} + m_{gb} c_{vgb}) \tag{2-39}$$

$$\dot{m}_{tg} u_{tg} = \sum \dot{m}_g u_g = \dot{m}_{ga} u_{ga} + \dot{m}_{gb} u_{gb} \tag{2-40}$$

由能量方程，可以得到气枕温度变化的表达式

$$\dot{T}_{tg} = \left[\frac{\sum \dot{Q}_g + \sum h_{ge} \dot{m}_{ge} + \sum h_{gv} \dot{m}_{gv} - \sum \dot{m}_g u_g - p_{tg} \dot{V}_{tg}}{\sum m_g c_{vg}}\right] \tag{2-41}$$

联立上述方程求解 $\dot{m}_{tg}$，$\dot{V}_{tg}$，$\dot{m}_{tg}$ 和 $\dot{T}_{tg}$，需要先得到相关气体的物性参数、换热量、传质量、流体流入量和温度、流体流出量等参数。

2.4.2.5　箱壁和液体温度模型

在确定了各换热项后，气枕温度、液氧温度以及与气枕和液氧接触的贮箱壁温可以进行迭代计算。其中气枕温度已经在 2.4.2.4 节的气枕参数模块中进行了计算，液氧温度实际上包括主体液氧温度和液界面层液氧温度，涉及液氧的热分层现象计算。建立的模型已包含液氧热分层计算，但由于液氧热分层计算模型不够成熟，且缺少试验测量结果进行验证，故此处对热分层模型不进行详述。

建模时假设与增压气体接触的箱壁和与推进剂接触的箱壁的温度均无轴向变化，根据能量守恒原理，与气枕接触的箱壁温度变化率为

$$\dot{T}_{wg} = \frac{\dot{Q}_{awg} - \dot{Q}_{gw} + \dot{m}_{wg} c_{pwl}(T_{wl} - T_{wg})}{m_{wg} c_{pwg}} \tag{2-42}$$

等式右边分子中的第三项指随着气枕的扩大而新暴露在气枕中的箱壁部分的能量变化。

同理，与液体接触的箱壁温度变化率为

$$\dot{T}_{wl} = \frac{\dot{Q}_{awl} - \dot{Q}_{lw}}{m_{wl} c_{pwl}} \tag{2-43}$$

其中每一时刻的质量 m_{wl} 均在变化之中。

低温推进剂液体表面层的温度与液体的挥发性相关，对于不挥发的推进剂液体，其表面层温度可以视为与主体一致，而对于可挥发的推进剂液体，其表面层温度可以视为推进剂蒸气分压对应的饱和温度，与推进剂液体表面层的气量传递密切相关。

2.4.2.6　增压管路换热模型

经氧蒸发器流出的自生增压气体，温度较高，在流过增压管路的过程中，与管壁以及环境之间存在热量交换。

图 2-10 所示为自生增压气路的换热，包括增压气体与管壁，管壁与大气之间的换热。

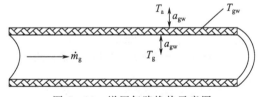

图 2-10　增压气路换热示意图

增压气体在管路中的换热计算主要是换热系数的确定，模型如下所示：

管路出口气体温度

$$T' = T + \alpha_{gw} A_{gw}(T_{gw} - T)/c_p m_g \tag{2-44}$$

管壁温度

$$T_{gw} = T_{gw}' - \frac{1}{c_{gw}m_{gw}}[\alpha_{gw}A_{gw}(T_{gw}'-T) + \alpha_{wa}A_{wa}(T_a - T_{gw}')]\Delta t \qquad (2-45)$$

增压气体与管壁换热系数

$$\alpha_{gw} = 0.135\lambda_{gwm}\left(\frac{g_0 n_x \beta_{gwm}\rho_g^2 T^2 c_{pgwm}|T-T_{gw}|}{T_{gwm}^2 \mu_{gwm}\lambda_{gwm}}\right)^{1/3} \qquad (2-46)$$

外界环境与管壁换热系数

$$\alpha_{wa} = 0.135\lambda_{wam}\left(\frac{g_0 n_x \beta_{wam}\rho_a^2 T_a^2 c_{pwam}|T_a-T_{gw}|}{T_{wam}^2 \mu_{wam}\lambda_{wam}}\right)^{1/3} \qquad (2-47)$$

物性参考温度

$$T_{gwm} = \frac{1}{2}(T+T_{gw}), \quad T_{wam} = \frac{1}{2}(T_{gw}+T_a) \qquad (2-48)$$

式中，下标 g，w，a，m 分别表示增压气体，管壁，环境，均值；上标 "'" 表示前一时刻值。

2.4.2.7　算例

以图 2-4 典型自生增压系统为例进行计算，典型的增压计算曲线如图 2-11 所示。图中贮箱气枕压力曲线位于安全阀打开压力曲线和贮箱所需最小增压压力曲线之间，贮箱气枕压力需全程满足贮箱所需最小增压压力要求，当达到安全阀打开压力时，安全阀打开放气，低于安全阀关闭压力时，安全阀关闭停止放气。

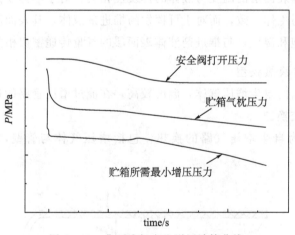

图 2-11　典型液氧自生增压计算曲线

2.5　液氧自生增压系统试验

对于新设计的系统方案，需要开展的大型试验主要有：增压系统试验、氧系统冷流试验、动力系统热试车等，结合系统级试验状态，还可以同步搭载防漩防塌验证试验、安全阀真实工况试验等组件级试验内容。从图 2-4 可以看出，对于液氧自生增压系统，增压气体从发动机蒸发器引出，通过膜片、增压管路进入贮箱，增压系统非常简单。因此，增压系统无须单独进行试验验证，其管路、膜片性能可结合氧系统冷流试验一起进行。

2.5.1　氧系统冷流试验

　　冷流试验是增压输送系统的关键大型系统级地面试验，其主要目的是有效地验证系统设计的合理性、正确性和匹配性，获得稳态时段增压气体流量、温度、输送流量、防漩防塌量等系统关键点性能参数，并通过试验结果修正和迭代增压计算模型，最终优化和改进系统设计。典型的自生增压系统冷流试验原理图见图 2-12。

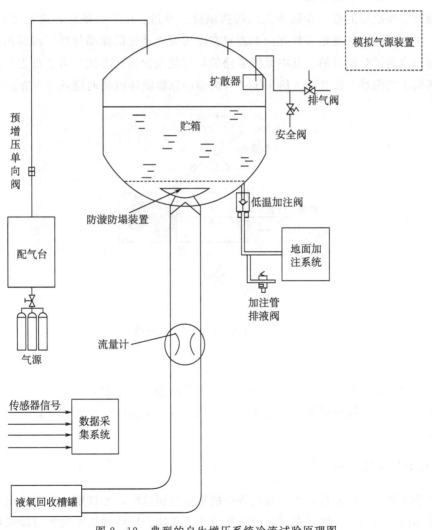

图 2-12　典型的自生增压系统冷流试验原理图

氧系统冷流试验需要注意的要点如下：

（1）工质选择

试验时模拟推进剂的液体可直接用液氧，也可采用物性相近的液氮为工质，尽量避免液氧助燃引起的安全性问题。

试验时增压用气体根据试验工况不同，可直接用氦气，也可用成本较低的氮气。但在使用氮气时，需要注意氮气与氦气热力学特性不同。

（2）试验参数

试验状态需涵盖主要参数的额定状态、上下偏差、极限偏差等多参数组合状态。对于自生增压系统，主要指自生增压流量、温度和推进剂输送的流量。在模拟气体杂质含量、预增压压力等参数时，可根据实际情况取上限值。

（3）试验数据获得的手段

试验所需要获得的数据参数不仅仅包括温度、流量、压力、液位、流速等常规参数，还包括一些特定要求的视频资料等。如液氧在输送管流动时的流动特性、液体出流末段起漩的状态等也是试验的目的。其中低温管路的可视化视频捕捉方法，由于低温推进剂温度低，存在很大的困难。图2-13给出了一种典型的低温液体流动的视频捕捉方法。

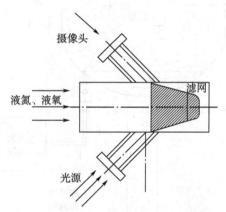

图2-13　典型低温液体流动视频捕捉图

（4）组件级试验搭载

对于冷流试验系统，建成后，可以搭载组件级试验，如扩散器出流试验、防漩防塌试验、安全阀性能试验等主要关键单机和组件的系统级真实地面工况模拟试验，以获得较为真实的数据。

2.5.2　动力系统热试车

动力系统热试车是运载火箭研制过程中的重要地面试验，考核增压输送系统参数合理性和与发动机的匹配协调性。参试系统主要由火箭箭体、增压输送系统和发动机组成，根据需要也可以将测量系统、电气系统等纳入考核范围。

动力系统热试车需要注意的要点如下：

1）考核产品均为正式交付火箭状态，与飞行状态应保持状态一致，系统按发动机真实启动时序启动。

2）考核的增压输送系统参数需要根据地面和飞行状态的差异进行调整，如安全阀打开关闭压力、压力信号器打开关闭压力等。

3）获取试车时动力系统的工作参数，如发动机推进剂流量、贮箱压力、发动机入口压力、氧化剂射前压力及典型位置的温度参数、压力参数、振动参数等。

4）各系统需要对试车结果进行分析，同时对热试车过程中出现的一些问题进行分析，找出存在的薄弱环节和缺陷，制定相应的改进措施。

5）设置必要的安全措施，如冗余的地面增压系统等，防止增压输送系统故障引起的灾难性后果。

第 3 章　氦气增压系统

3.1　引言

运载火箭的氦气增压系统是指用氦气对贮箱进行增压,将液体推进剂按一定压力输送至发动机,以满足发动机入口压力要求,同时满足维持薄壁贮箱承载所需的内压要求。

3.2　氦气增压

氦气增压方案根据增压氦气源温度,可分为常温氦、冷氦和超临界氦增压方案,根据增压氦气是否加热又可分为氦加温和不加温增压方案。

3.2.1　常温氦增压方案

常温氦增压是指将常温氦气充入常温氦气瓶中,增压气体经增压管路及相关阀门直接给贮箱进行增压。常温氦气增压系统技术相对成熟,可以精确和闭环控制,可靠性高。该方案在国内外火箭均有成熟使用。

宇宙神 5 火箭芯一级液氧箱与煤油箱均采用常温氦加温增压方案,芯一级采用的俄制 RD - 180 发动机系统,如图 3 - 1 所示,发动机上设有用于氦加温的氦热交换器。增压系

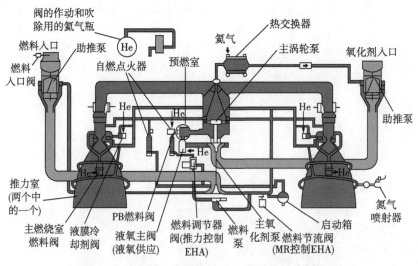

图 3 - 1　宇宙神 5 火箭 RD - 180 发动机系统剖面图

统由 5 个复合材料气瓶、1 套煤油箱和液氧箱增压流量控制组件（用于控制由增压气瓶输送至贮箱的氦气流量）和位于流量控制组件之前用于隔离煤油和液氧的单向阀、过滤器组成[10]。

国内运载火箭有采用常温氦增压和常温氦加温增压方案，典型的常温氦加温增压系统原理图[15]如图 3-2 所示。该系统通过设置在贮箱气枕的冗余数字式压力传感器或压力信号器等单机敏感贮箱压力，据此对多路并联的电磁阀进行打开关闭控制，从而实现增压氦气闭环控制，同时根据传感器或压力信号器等压力敏感元件的设置，也可以控制增压精度。

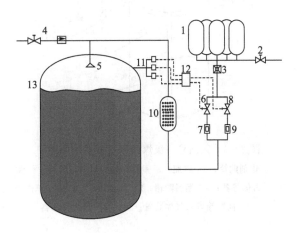

图 3-2　典型常温氦加温增压系统原理图

1—气瓶组；2—气瓶充气阀；3—过滤器；4—地面增压电磁阀；5—增压消能器；

6—主增压电磁阀；7—主增压孔板；8—辅增压电磁阀；9—辅增压孔板；10—氦加热器；

11—箱压压力传感器；12—综合控制器；13—液氧贮箱

3.2.2　冷氦增压方案

冷氦增压是指将经地面预冷后的氦气充入冷氦气瓶中，利用高压低温下氦气密度大的特点，一个置于液氢箱中的冷氦气瓶贮气量约为同压力、同容积下常温气瓶贮气量的 5.6 倍。

冷氦增压系统对减轻增压系统重量，优化火箭总体布局和提高火箭运载能力有明显好处。对于长时间滑行的低温火箭，它的优越性更为突出。

3.2.2.1　苏联天顶号火箭

天顶号火箭液氧箱采用冷氦加温增压、煤油箱直接冷氦增压。图 3-3 和图 3-4 分别是天顶号火箭一级煤油箱和液氧箱增压方案，图 3-5 和图 3-6 分别为天顶号火箭二级液氧箱和煤油箱增压方案。

天顶号一级共采用了 9 个冷氦气瓶（单个气瓶 23 MPa、130 L 容积，不含气体重约 41 kg），冷氦气瓶装于液氧箱下部。其中 6 个用于液氧箱增压，3 个用于煤油箱增压，液氧箱增压用氦气经氦加温器加热后温度由 90 K 最高可达 400℃[10]。

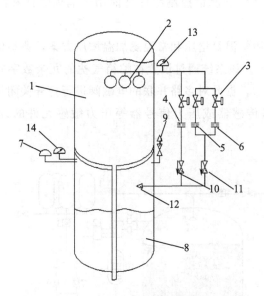

图 3 - 3　天顶号一级煤油箱增压系统原理图

1—氧化剂贮箱；2—气瓶；3—增压电磁阀；4，5，6—孔板；

7—压力信号器；8—燃料贮箱；9—安全阀；10，11—单向阀；

12—向贮箱输入气体装置；13，14—压力传感器

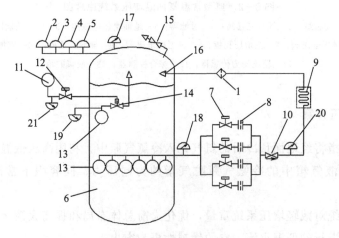

图 3 - 4　天顶号一级液氧箱增压系统原理图

1—过滤器；2，3，4，5—压力信号器；6—贮箱；7（1 - 4）—增压电磁阀；

8（1 - 4）—喷嘴；9—热交换器；10—单向阀；11—气瓶；

12—增压电磁阀；13（1 - 7）—气瓶；14—气动活门；15—安全阀；

16—向贮箱输入气体装置；17，18，19，20，21—压力传感器

　　RD - 170 的发动机同样设置了用于增压氦气加热的氦加温器。RD - 171 与 RD - 170 的性能基本相同，不同之处是 RD - 170 为单向摆动、RD - 171 为双向摆动。

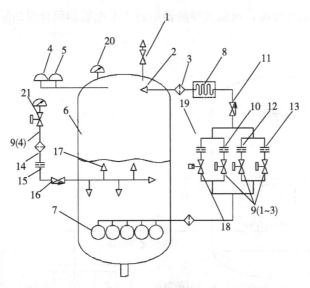

图 3-5　天顶号二级液氧箱增压系统原理图

1—安全阀；2—向贮箱输入气体装置；3，14，22—过滤器；4，5—压力信号器；6—贮箱；

7—气瓶；8—热交换器；9—增压电磁阀；10，12，13，15，19—喷嘴；11，16—单向阀；

17—飞溅集流管；18—气动活门；20，21—压力传感器

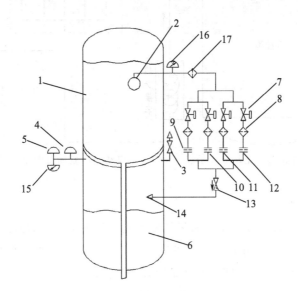

图 3-6　天顶号二级煤油箱增压系统原理图

1—氧化剂贮箱；2—气瓶；3—安全阀；4，5—压力信号器；6—燃料贮箱；

7—增压电磁阀；8，17—过滤器；9，10，11，12—喷嘴；13—单向阀；

14—向贮箱输入气体装置；15，16—压力传感器

3.2.2.2　土星5一子级

土星5一子级（S-IC）采用煤油箱冷氦加温增压，其原理图见图3-7。飞行时由液

氧箱中冷氦气瓶的氦气增压，由氦气控制器中的 5 个电磁阀保持煤油箱的压力[16]。

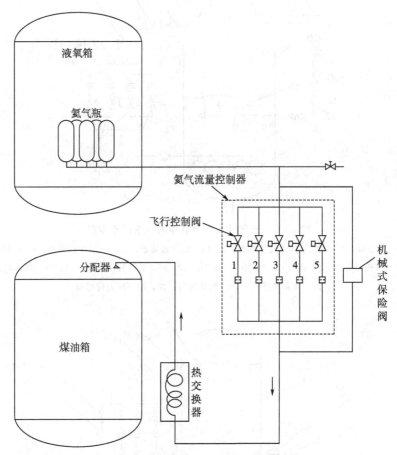

图 3-7　土星 5 一子级（S-ⅠC）煤油箱冷氦加温增压原理图

3.2.2.3　H2 火箭芯一级

日本 H 系列火箭芯一级采用低温氢氧发动机，其中 H2 和 H2A 采用单台 LE-7 发动机，而 H2B 采用两台并联的 LE-7A 发动机。H2 的液氧箱增压系统采用了冷氦加温增压，液氢箱采用了自生增压方案，其系统原理图见图3-8。

3.2.2.4　猎鹰 9 二子级

猎鹰 9 运载火箭二子级采用单台灰背隼-1D（真空）液氧煤油发动机，液氧箱采用冷氦加温增压方案，冷氦气瓶置于液氧箱内[17]。

3.2.3　超临界氦增压方案

超临界氦增压是一种颇有前景的轻型增压方案，以超临界液态低压贮存氦气。氦气在临界压力（0.229 MPa）和临界温度（5.3 K）状态下发生相变而液化，密

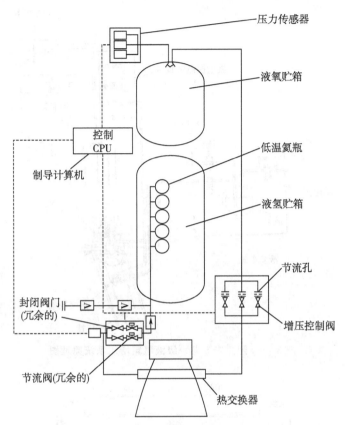

图 3-8　H2 火箭芯一级液氧箱增压方案原理图

度大大提高，为常温氦气的 8 倍，而贮存压力却相对较低，不但使贮存容器的体积
和重量大大降低，而且由于避免使用高压贮存而提高了运载火箭和航天器的安全
性[4]。

3.2.3.1　阿里安 5 芯一级

阿里安 5 芯一级液氧箱超临界氦加温增压系统原理图[18]见图 3-9。贮箱压力由具有
三个节流圈和三个电动阀组成的流量控制装置调节。飞行过程中，一个电动阀保持打开状
态以提供常开流量（常开阀），一个则是断续动作，将压力调节到两个界限之间（调节
阀），第三个电动阀是冗余设计（冗余阀）。

3.2.3.2　阿波罗登月舱下降级

在阿波罗登月舱下降级中，应用了一个双壁真空夹套、聚酯绝热的压力箱。其增压输
送系统原理图[16]如图 3-10 所示。

火箭发动机启动前，超临界氦箱通过加注阀加注超临界氦，通过排气安全组件来控制
超临界氦箱的安全。在超临界氦箱与氧化剂箱和燃料箱之间设置破裂膜片阀进行隔离，在
氧化剂箱与燃料箱之间设置单向阀组进行隔离。

运载火箭液氧煤油增压输送

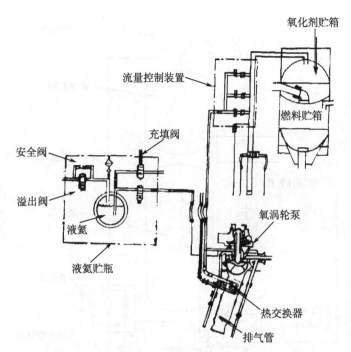

图 3-9 阿里安 5 芯一级液氧箱增压系统原理图

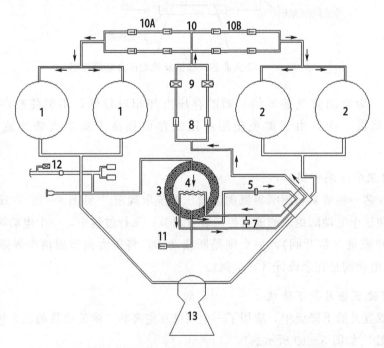

图 3-10 阿波罗登月舱下降级超临界氦增压输送系统原理图

1—氧化剂箱；2—燃料箱；3—超临界氦箱；4—内氦-氦热交换器；5—破裂膜片阀；

6—外燃料-氦气热交换器；7—旁通节流圈；8—单向阀 1，2；9—减压阀 1，2；

10—四倍冗余单向阀双装置；11—加注阀；12—排气安全组件；13—火箭发动机

　　火箭发动机启动后，氧化剂箱和燃料箱内压力下降，单向阀和破裂膜片阀前后产生压差，减压阀出口压力下降。减压阀为自锁式结构，当出口压力高于设定压力时，减压阀关闭；当出口压力低于设定压力时，减压阀打开。在压差作用下，单向阀打开，破裂膜片阀破裂。破裂膜片阀破裂后，超临界氦箱中的超临界氦流出，在外燃料-氦气热交换器初步加热。流出外燃料-氦气热交换器的氦气分两路流动，一路流向旁通节流圈，另一路流向内氦-氦热交换器，使超临界氦箱中的氦加热，使超临界氦箱中产生压力。通过调节旁通节流圈孔径的大小来控制流向内氦-氦热交换器的氦气流量。流出内氦-氦热交换器的氦气与旁通节流圈流出的氦气汇合，再次流向外燃料-氦气热交换器第二次加热，使氦气温度进一步提高，流经单向阀、减压阀以及单向阀组，分别给氧化剂箱和燃料箱增压。

3.3　氦气增压系统设计

　　增压系统的方案选择，应尽量选择系统简单、工作可靠、技术难度小，同时考虑火箭总体布局及发支机需求，兼顾继承性，但又具备一定先进性的方案。可选择氦气加温增压、常温氦增压、冷氦增压、超临界氦增压等多种增压方案。

　　氦气增压系统广义上来讲，除主增压部分外，还包括预增压系统和补压系统等小系统。其中，主增压系统根据增压的精度要求，又可分为"开式"增压和"闭式"增压两种。

3.3.1　"开式"氦气增压系统

　　"开式"增压是指增压过程中，增压气体以恒定流量供应，不进行闭环调节的增压方式。典型的"开式"氦气增压系统示意图见图 3-11，由增压气瓶、过滤器、电爆阀、减压阀、节流圈、增压管路组成。增压系统工作时，电爆阀打开，增压氦气经增压管进入贮箱增压。其中，电爆阀也可以使用电磁阀代替。

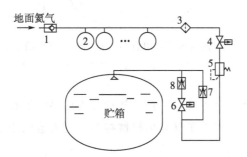

图 3-11　开式增压方案典型系统示意图

1—充气单向阀；2—增压气瓶；3—增压过滤器；4—增压电爆阀；5—减压阀；

6—副路电爆阀；7—主路节流圈；8—副路节流圈

　　"开式"增压方案的系统组成相对简单、组件少、可靠性高，但由于增压气体流量固定，无法实施调节。为确保贮箱增压满足系统工作要求，增压压力设计值一般偏高，增压气体使用量相对较多。

目前，国内外火箭对运载能力要求越来越高，提出了高精度、高可靠的增压方案要求，因此，"开式"增压方案由于其控制精度不高，在主增压方案中已少有应用，但在精度要求不高的场合还可以使用，例如补压系统。

3.3.2 "闭式"氦气增压系统

"闭式"增压是指增压过程中，通过感应贮箱气枕压力，对增压气体流量进行闭环反馈调节，从而实现增压压力控制的增压方式。控制增压压力的方式有很多种，如压调器控制方式、压力信号器控制方式、压力传感器控制方式等。通常，为提高氦气增压系统的可靠性，增压路都进行冗余设计[19]。

3.3.2.1 压调器控制方式

压调器控制方式是指通过压调器感受贮箱压力反馈来调节自身开度的大小，实现增压气体流量控制，稳定贮箱压力。典型的压调器"闭式"氦气增压系统组成见图3-12。增压氦气由氦气瓶提供，从氦气瓶内流出，经氦过滤器、氦增压电磁阀、减压阀、压调器和节流圈进入贮箱。其中，压调器感应贮箱气枕压力，通过调节阀芯开度来调节增压气体的流量，使贮箱保持在一定的压力范围内。

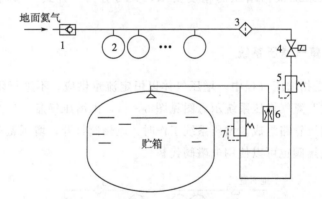

图3-12　减压阀与压调器组合闭式箱压控制典型增压系统示意图

1—充气单向阀；2—增压气瓶；3—增压过滤器；4—增压电磁阀；5—减压阀；6—节流圈；7—压调器

压调器控制增压方案的优点是：贮箱内气枕压力始终控制在一定的范围内，贮箱压力稳定，增压气体利用率高。但由于其采用机械控制，压力范围固定，即全程只能控制一个压力范围，系统适应性不高。

3.3.2.2 压力传感器控制方式

压力传感器控制方式是指采用压力传感器感应贮箱压力，通过箭载计算机的计算来控制增压电磁阀打开关闭时序，实现对贮箱压力的控制。美国宇宙神5火箭芯一级推进剂贮箱增压采用这种控制方式。

典型的压力传感器"闭式"氦气增压系统组成见图3-13。气瓶中氦气通过减压阀调压后，再通过节流圈后进入贮箱增压。主路或副路电磁阀的打开关闭均由箭载计算机系统根据压力传感器的箱压反馈进行控制，贮箱压力高于压力设定值上限时，电磁阀断电关闭，低于压力设定值下限时，电磁阀通电打开。

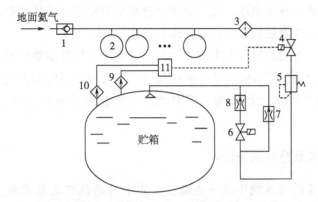

图 3-13　电磁阀与压力传感器组合闭式箱压控制典型增压系统示意图

1—充气单向阀；2—增压气瓶；3—增压过滤器；4—增压电磁阀；5—减压阀；6—副路电磁阀；

7—主路节流圈；8—副路节流圈；9、10—压力传感器；11—增压控制器

压力传感器控制方式的增压方案的优点是：由预设的控制逻辑来进行控制，可以实现对贮箱压力控制带的灵活设置和调整，并且可以调整各压力带出现时序，系统适应性高，控制精度高。

3.3.2.3　压力信号器控制方式

压力信号器控制方式是指利用机械式压力信号器敏感贮箱压力，通过压力信号器触点的接通断开来控制增压电磁阀开闭，实现对贮箱压力的控制。苏联天顶号火箭一、二级贮箱增压采用这种控制方式。

典型的压力信号器"闭式"氦气增压系统示意图见图 3-14。主要由气瓶、电磁阀、压力信号器、增压管路等组成。增压系统工作时，主路电磁阀由压力信号器控制打开（电

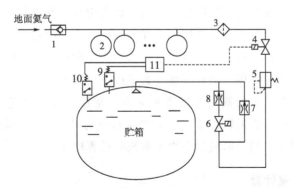

图 3-14　电磁阀与压力信号器组合闭式箱压控制典型增压系统示意图

1—充气单向阀；2—增压气瓶；3—增压过滤器；4—增压电磁阀；5—减压阀；6—副路电磁阀；

7—主路节流圈；8—副路节流圈；9、10—压力信号器；11—增压控制器

磁阀关闭也由压力信号器控制），贮存于高压气瓶中的氦气经减压阀减压后，再经节流圈，然后进入贮箱增压。如果因减压阀出口压力偏差（或推进剂流量偏差）或其他原因导致贮箱压力降低，当压力低至副路压力信号器打开设定值时，副路压力信号器接通，副路电磁阀打开，由副路对贮箱补充增压，当贮箱压力升高至副路压力信号器断开设定值时，副路压力信号器断开，副路电磁阀关闭，副路停止工作。

压力信号器控制方式的增压方案的优点是：通过压力信号器敏感贮箱压力，在设置的压力点自动实现对电磁阀打开关闭的控制，相对于压力传感器的方案系统较为简单，各系统间接口简单。但受机械产品影响，压力带宽只能预设且固定在某一范围，无法实时调整。

3.3.3　预增压系统及补压系统设计

预增压系统属于增压系统中的一小部分，主要目的是满足发动机点火前入口压力要求。预增压有两种方式，一是地面增压，通过插拔连接器可增压至起飞，节省气瓶的用气量；二是箭上增压气瓶提前进行补压，适合火箭二、三级。

对于低温推进剂，预增压系统设计相对复杂，需要防止预增压后，预增压气体与低温推进剂在气枕空间热交换引起的压力降低问题。在使用低温推进剂时，氦气增压系统的预增压系统与自生增压系统设计时的预增压系统设计原则相同。

与自生增压系统相比，氦气增压系统一般不设置补压系统，发动机点火前的压力保障由增压时序确定，可以提前打开增压电磁阀，使发动机点火前气枕压力满足增压要求。

3.4　氦气增压计算

增压计算的主要目的是确定贮箱初始预增压压力、飞行过程中贮箱压力、氦气增压流量、安全阀打开关闭压力等增压系统参数，提出相关管路、阀门附件的设计指标，并作为箱体结构和强度计算的重要输入。

增压计算的主要内容包括：增压计算用初始数据清理、推进剂输送管路流阻计算、满足发动机入口压力需要的贮箱最小增压压力计算、贮箱安全阀打开压力计算、贮箱增压计算。其中，贮箱增压计算根据增压计算精度要求和关注重点不同，可以采用集总参数法进行系统计算，关键部位可采用二维或三维仿真手段进行分析。

以使用氦气瓶存贮氦气的氦气增压系统为例，增压计算主要包括：气瓶放气过程计算、增压气路计算、输送管流阻计算、发动机入口压力计算以及贮箱增压计算几个部分。将几个部分全部串联在一起，形成整个增压系统的计算模型。

3.4.1　气瓶放气过程计算

3.4.1.1　常温高压氦气瓶放气过程

气瓶放气过程的模型主要包括常温高压氦气瓶放气过程数学模型、气瓶与气体及外界环境的换热计算模型。图 3-15 所示为氦气瓶放气过程建模示意图，图中 P_n、T_n 和 V_n 指气瓶气体的压力、温度和气瓶容积，$\dot{m}$ 指气体流出气瓶的质量流量，α_{gw} 和 α_{wa} 分别指气体与壁面之间以及壁面与外界环境之间的换热系数，T_a 指外界环境温度。

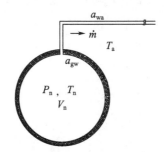

图 3-15　氦气瓶放气过程建模示意图

实际气体压缩因子

$$Z_n = f(P_n, T_n)k \qquad (3-1)$$

气瓶气体质量

$$m_n = \frac{P_n V_n}{Z_n R T_n} \qquad (3-2)$$

气瓶放气质量

$$\dot{m}_n = C \cdot C_d \cdot A \frac{P_n}{\sqrt{T_n}} \qquad (3-3)$$

气瓶剩余气体质量

$$m'_n = m_n - \dot{m}_n \cdot \Delta t \qquad (3-4)$$

气瓶剩余压力

$$P'_n = P_m^{1-k} \cdot (Z_n R_g T_m / V_n)^k \qquad (3-5)$$

绝热过程气瓶气体温度

$$T''_n = T_n \left(\frac{P'_n}{P_n} \right)^{\frac{k-1}{k}} \qquad (3-6)$$

实际气瓶气体温度

$$T'_n = T''_n + \alpha_{gw} A_{gw} (T_{gwn} - T''_n) / C_{pn} m_n \qquad (3-7)$$

气瓶壁面温度

$$T_{gwn} = T'_{gwn} - \frac{1}{c_{gw} M_{gw}} [\alpha_{gw} A_{gw} (T'_{gw} - T_n) + \alpha_{wa} A_{wa} (T_a - T'_{gw})] \Delta t \qquad (3-8)$$

气瓶气体与壁面换热系数

$$\alpha_{gw} = 0.135 \lambda_{gwm} \left(\frac{g_0 n_x \beta_{gwm} \rho_g^2 T_n^2 c_{pgwm} |T_n - T_{gw}|}{T_{gwm}^2 \mu_{gwm} \lambda_{gwm}} \right)^{1/3} \qquad (3-9)$$

外界环境与壁面换热系数

$$\alpha_{wa} = 0.135\lambda_{wam}\left(\frac{g_0 n_x \beta_{wam} \rho_a^2 T_a^2 c_{pwam} |T_a - T_{gw}|}{T_{wam}^2 \mu_{wam}\lambda_{wam}}\right)^{1/3} \quad (3-10)$$

物性参考温度

$$T_{gwm} = \frac{1}{2}(T_n + T_{gw}), \quad T_{wam} = \frac{1}{2}(T_{gw} + T_a) \quad (3-11)$$

式中　下标 i——初始状态；

下标 g——增压气体；

下标 w——管壁；

下标 a——环境；

下标 m——均值；

下标 n——气瓶气体；

Z_n——气体压缩因子；

P_n——气瓶压力，Pa；

T_n——气瓶气体温度，K；

k——放气过程的绝热指数；

c_p——定压比热，J/（kg·K）；

n_x——过载系数；

μ——动力粘度，Pa·s；

λ——热导率，W/（m·K）。

3.4.1.2　液氧环境冷氦气瓶充放气过程计算

针对液氧环境内冷氦气瓶热流体传输过程，可以借鉴常温高压氦的计算方法，建立气液两相流计算模型，确定冷氦加注、贮存和排放过程仿真分析方法。但是，需要采用适合的低温流体状态方程，计算氦气物性，确保在低温高压区域的氦气物性具有高精度。

3.4.1.3　低温液氦贮瓶加注、贮存和排放计算

超临界氦增压的关键技术之一是轻质液氦贮瓶的设计。在计算贮瓶漏热时，氦从两相态过渡到超临界态的过程，近临界区气液两相物性变化剧烈，物性计算要求高精度。通常建立基于集总参数法的气液两相流模型，采用 NIST 物性程序或者求解物性方程，确保在近临界区的气相、液相和气液两相的氦气物性具有高精度。

3.4.2　增压气路计算

增压气路计算包括增压气体管路换热模型和气体流量控制模型。

3.4.2.1　增压气路换热模型

图 3-16 所示为增压气路的换热，包括增压气体与管壁，管壁与大气之间的换热。

随着气瓶的放气，从气瓶出来的增压气体温度逐渐降低，在流过增压管路的过程中，与管壁以及环境之间存在热量交换，若采用氦气加温增压方案，增压气体在加温器出口温度较高，同样会与管壁以及环境之间存在热量交换。

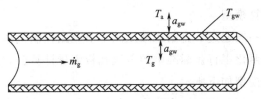

图 3 - 16 增压气路换热示意图

增压气体在管路中的换热计算主要是换热系数的确定，模型如下所示：

管路出口气体温度

$$T' = T + \alpha_{gw} A_{gw} (T_{gw} - T) / c_p m_g \qquad (3-12)$$

管壁温度

$$T_{gw} = T'_{gw} - \frac{1}{c_{gw} m_{gw}} [\alpha_{gw} A_{gw} (T'_{gw} - T) + \alpha_{wa} A_{wa} (T_a - T'_{gw})] \Delta t \qquad (3-13)$$

增压气体与管壁换热系数

$$\alpha_{gw} = 0.135 \lambda_{gwm} \left(\frac{g_0 n_x \beta_{gwm} \rho_g^2 T^2 c_{pgwm} |T - T_{gw}|}{T_{gwm}^2 \mu_{gwm} \lambda_{gwm}} \right)^{1/3} \qquad (3-14)$$

外界环境与管壁换热系数

$$\alpha_{wa} = 0.135 \lambda_{wam} \left(\frac{g_0 n_x \beta_{wam} \rho_a^2 T_a^2 c_{pwam} |T_a - T_{gw}|}{T_{wam}^2 \mu_{wam} \lambda_{wam}} \right)^{1/3} \qquad (3-15)$$

物性参考温度

$$T_{gwm} = \frac{1}{2}(T + T_{gw}), \ T_{wam} = \frac{1}{2}(T_{gw} + T_a) \qquad (3-16)$$

式中 下标 g，w，a，m——分别表示增压气体，管壁，环境，均值；

上标 "′" ——前一时刻值；

n_x——过载系数；

β——热膨胀系数，为 1/K；

m——质量，kg；

A——面积，m^2；

T——温度，K；

Δt——时间间隔，s；

λ——热导率，W/ (m・K)；

μ——动力粘度，Pa・s；

ρ——密度，kg/m^3；

c_p——定压比热，J/ (kg・K)。

3.4.2.2 气体流量控制模型

气体流量控制模型实际指增压气路附属的用于流量控制的阀门附件，有电磁阀、压力信号器、减压阀和节流圈（即节流孔板）等。可分为节流圈的流量计算和电磁阀＋压力信号器的控制逻辑处理。

（1）节流圈流量计算模型

在增压气体管路上一般通过节流圈或减压阀＋节流圈控制气体流量，在节流圈最小截面处，增压气体流量按照化工行业标准中的节流孔板流量计算公式进行计算，进行简化处理后的节流圈流量计算模型如下所示。

按照阀门设计手册，超音速流场中节流口气体流量计算公式为

$$\dot{m}_\text{n} = C_d A \sqrt{k\left(\frac{2}{k+1}\right)^{\left(\frac{k+1}{k-1}\right)}\frac{P}{v}} = C_d \cdot A \cdot \frac{P}{RT}\sqrt{k\left(\frac{2}{k+1}\right)^{\left(\frac{k+1}{k-1}\right)}\frac{RT}{Z}}$$

$$= C_d \cdot A \cdot \frac{P}{\sqrt{T}} \cdot \frac{1}{\sqrt{ZR}} \cdot \sqrt{k\left(\frac{2}{k+1}\right)^{\left(\frac{k+1}{k-1}\right)}} \tag{3-17}$$

式中　　$\dot{m}_n$——气体质量流量，kg/s；

　　　　C_d——气体通过节流口的流量系数；

　　　　A——节流口物理面积，mm²；

　　　　P——节流口前绝压，MPa；

　　　　T——通过节流口的气体绝对温度，K；

　　　　Z——压缩因子；

　　　　k——绝热指数；

　　　　v——节流口前气体比体积（绝压下），m³/kg；

　　　　R——气体常数，J/（kg·K）。

在上述的节流圈流量计算公式中，最关键的参数是节流圈的气体流量系数。流量系数与节流孔板的结构、尺寸、安装条件和流动介质种类等各种因素相关，需要针对具体节流圈进行标定。在常用的工程手册中，一般给出流量系数的取值范围，而且不同的手册标准给出的值不同。为考核研制的节流圈的工作特性，确定节流圈的流量系数，需开展节流圈特性摸底试验。按照试验结果，确定氮气和空气状态下各孔径节流圈的流量系数。

（2）流量控制模型

增压系统气体流量可以通过电磁阀、减压阀和节流圈等进行控制，为了使得增压压力的控制精度更高，一般采用多路反馈增压系统。

要精确控制贮箱增压压力，需要精确控制增压气体流量。将控制增压管路通断的电磁阀作为理想开关量，采用多路电磁阀＋节流圈的流量控制方式，典型的增压气体流量控制模块如图3-17所示。

由图3-17可见，流量控制模块由主增压路、调节路和冗余路组成。在正常工作过程中，冗余路处于常闭状态。

增压开始后主增压路常开，通过节流圈控制并提供增压所需的大部分气体流量。由压力信号器1根据贮箱气枕压力提供反馈信号，控制调节路电磁阀的开闭，将贮箱气枕压力控制在要求的范围之内。由压力信号器2根据贮箱气枕压力提供反馈信号，控制冗余路电磁阀的开闭，在气枕压力异常时将箱压控制在安全范围之内，提供系统安全保障。

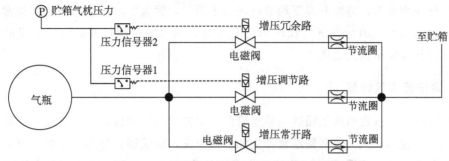

图 3-17　典型增压系统流量控制模块原理图

根据图 3-17 所示的流量控制模块原理，在增压过程中的典型气枕压力变化如图 3-18所示，对应的增压系统控制逻辑原理图如图 3-19 所示。

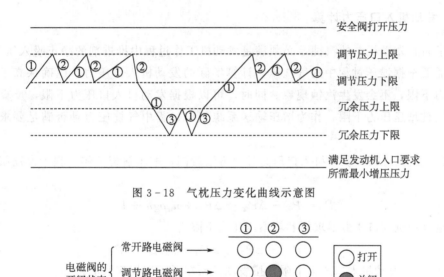

图 3-18　气枕压力变化曲线示意图

图 3-19　增压系统控制逻辑原理图

根据系统工作原理，主增压路在系统开始工作后保持常开，提供整个增压时段内的主要增压气体流量。

当气枕压力超过调节路的压力上限值时，如图中状态②所示，压力信号器 1 控制调节路电磁阀关闭，减小气体流量，使得贮箱压力降低。当气枕压力低于调节路的压力下限值时，如图中状态①所示，压力信号器 1 控制调节路电磁阀打开，气体流量增大，使得气枕压力升高。

当气枕压力异常，持续下降至低于冗余路压力下限值时，如图中状态③所示，压力信号器 2 控制冗余路电磁阀打开，进一步增大气体流量，使得贮箱压力上升，不致低于发动机所需的最小增压压力。当气枕压力恢复，上升至高于冗余路压力上限值时，如图中状态

①所示，压力信号器 2 控制冗余路电磁阀关闭，减小气体流量，减小贮箱压力上升速率。

当气枕压力异常，持续升高至调节路压力上限后，因为主增压路电磁阀保持常开，在调节路电磁阀已关闭的情况下气枕压力仍上升时，则由安全阀打开放气，以降低气枕压力，使之保持在安全范围之内。

3.4.3 输送管流阻计算

增压过程中，推进剂从贮箱进入输送管路，被输送至发动机入口，在流动过程中会产生流阻损失。这部分损失包括输送管产生的沿程损失，消漩器、弯头、收缩（或扩张）接头、分流装置、波纹管等产生的局部损失及动压头损失。与自生增压方案中流阻计算相同，流阻损失计算方法如下

$$\Delta P_\Sigma = \sum \lambda_i \frac{L_i}{d_i} \frac{\rho v_i^2}{2} + \sum \xi_i \frac{\rho v_i^2}{2} + \frac{\rho v_b^2}{2} \quad (3-18)$$

3.4.4 发动机入口压力计算

为了防止发动机泵的汽蚀，必须满足发动机工作过程中推进剂的净正吸入压头要求，相应地需要根据增压过程中的气枕压力计算实际的发动机入口压力，以确保高于发动机入口压力下限，不会发生汽蚀现象。同时，可以根据发动机入口压力下限，反算出所需的贮箱气枕增压压力下限，作为增压输送系统工作过程中气枕压力是否满足要求的直观判据。

与自生增压方案中发动机入口压力计算方法相同，增压系统工作过程中发动机入口压力为

$$P_b = P_Z - \Delta P_\Sigma - \Delta P_S + n_x \rho g h - P_0 \quad (3-19)$$

满足发动机入口压力要求的贮箱增压压力下限为

$$P_{zx} = P_{bx} + \Delta P_\Sigma + \Delta P_S - n_x \rho g h + P_0 \quad (3-20)$$

式中　P_{bx}——发动机入口压力下限，按发动机研制任务书规定取值。

3.4.5 贮箱增压计算

图 3-20 所示为氦气增压系统液氧贮箱模块示意图，当氦气增压时，氦气从气瓶引出后经过增压气路进入贮箱增压，图中的贮箱部分列出了一些贮箱内相关的质量交换及热量交换项。

采用集总参数法进行系统计算，对增压过程可以做如下假设：

1）气枕内气体组成和温度随时间变化，但在任一时间内其组成和温度均匀，且无粘性；

2）推进剂表面层以下的液体温度均匀；

3）与增压气体接触的箱壁和与推进剂接触的箱壁的温度均无轴向变化；

4）贮箱内主要是自然对流换热，在停放期间贮箱外也主要是自然对流换热，在飞行期间，贮箱外主要是强迫对流换热，包括气动和辐射加热；

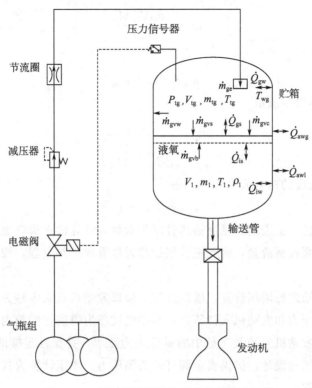

图 3 - 20　氦气增压系统液氧贮箱模块示意图

5）气液间的冷凝和蒸发发生在气液界面上，仅依赖于气液界面处的热交换；

6）在启动前的停放期间，热分层换热通过箱壁经自由对流边界层传向推进剂的上面部分；

7）边界层流动与箱壁平行，且温度边界层与速度边界层厚度相同，忽略增压气体入口处由于气体进入引起的小扰动。

贮箱内的传热计算模型、质量传递模型、气枕参数模型及箱壁和液体温度计算模型与氧系统自生增压方案中计算方法相同，详见第 2 章氧系统增压计算模型。

增压计算初始参数计算如下：

1）液体的饱和蒸气压

$$p_{vl} = p_{vl}(T_1) \tag{3-21}$$

2）增压气体的分压

$$p_{rg} = p_{tg} - p_{vl} \tag{3-22}$$

3）液体蒸气摩尔百分含量

$$y_{vl} = \frac{p_{vl}}{p_{tg}} \tag{3-23}$$

4）增压气体摩尔百分含量

$$y_{rg} = 1 - y_{vl} \tag{3-24}$$

5）液体蒸气质量

$$m_{\text{vl}} = \frac{p_{\text{vl}} V_{\text{tg}} M_{\text{vl}}}{R_{\text{u}} T_{\text{tg}}}\qquad(3-25)$$

6）贮箱内气体质量

$$m_{\text{tg}} = m_{\text{vl}} + m_{\text{rg}}\qquad(3-26)$$

7）贮箱内气体摩尔质量

$$M_{\text{tg}} = \frac{m_{\text{tg}}}{\left(\dfrac{m_{\text{vl}}}{M_{\text{vl}}} + \dfrac{m_{\text{rg}}}{M_{\text{rg}}}\right)}\qquad(3-27)$$

8）贮箱壁面温度的初始值

$$T_{\text{wl}} = T_{\text{wg}} = T_{\text{l}}\qquad(3-28)$$

根据推进剂物性、推进剂流量及输送管路等参数，计算输送管路流阻。火箭基础级气瓶放气时通过节流圈控制流量，将气瓶放气过程近似看成绝热过程，按理想气体状态方程计算。

根据模型对贮箱进行增压计算，增压计算一般以发动机点火零秒为起点，计算输出飞行全程贮箱的气枕压力和发动机入口压力，其中气枕压力需满足贮箱内压承载要求，发动机入口压力需确保发动机启动及飞行中的最低压力要求，并保证足够的结构强度和刚度。为进行载荷计算和结构设计，提供安全阀打开关闭压力。增压计算为其他增压输送系统参数设计提供理论依据。

3.4.6　算例

以图 3-21 所示，氦气增压系统采用主副路冗余的方式，采用压力信号器控制方式对箱压进行调节，典型计算曲线如图 3-22 所示。图 3-22 中贮箱气枕压力曲线位于安全阀

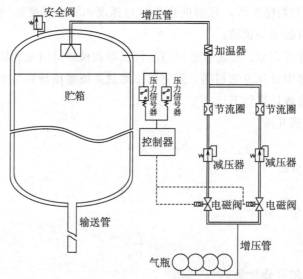

图 3-21　典型液氧贮箱氦气增压原理图

打开压力曲线和贮箱所需最小增压压力曲线之间，贮箱气枕压力需全程满足贮箱所需最小
增压压力要求，贮箱压力受主副路压力信号带控制，当箱压高于压力信号器关闭压力时，
关闭该路电磁阀停止向贮箱增压；当箱压低于压力信号器打开压力时，打开该路电磁阀给
贮箱增压。

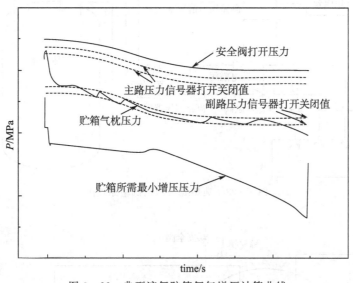

图 3 - 22　典型液氧贮箱氦气增压计算曲线

3.5　氦气增压系统试验与全系统冷流试验

氦气增压系统根据氦气的温度、压力及控制方式，有很多种。在进行地面试验时，需要
根据方案本身特点对验证试验进行策划。需要开展的大型试验主要有：增压系统试验、全系
统冷流试验、动力系统热试车等，结合其系统级试验状态，也可同步搭载防漩防塌验证试
验、安全阀真实工况试验等组件级试验内容。试验状态与氧自生增压相比，较为复杂。

3.5.1　氦气增压系统试验

在进行地面试验考核时，对于较为复杂的氦气增压系统，可单独开展增压路的试验验
证工作，即对增压气路进行气体排放，考核增压方式的合理性，并初步确定增压路参数。
典型氦气增压试验原理图如图 3 - 23 所示。

3.5.2　全系统冷流试验

对于氦气增压系统，既可用于氧系统，也可用于燃料系统。因此，在进行地面试验验
证时，都需要开展氧或燃料的全系统冷流试验。与增压系统试验相比，全系统冷流试验增
加了贮箱充液和输送路排放部分，考核增压与输送的匹配性。典型氦气增压全系统冷流试
验原理图如图 3 - 24 所示。

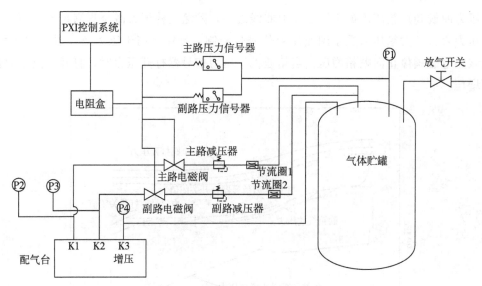

图 3-23　典型氮气增压试验原理图

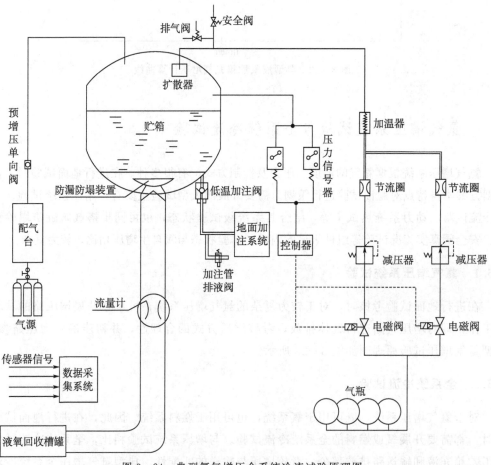

图 3-24　典型氦气增压全系统冷流试验原理图

第4章 液氧煤油发动机预冷系统

4.1 发动机预冷系统概述

发动机预冷是指使用低温液体推进剂的发动机在点火前利用推进剂或者其他低温介质对发动机（主要是涡轮泵）及其输送系统进行冷却。预冷系统的主要目的是对输送管路及发动机进行预先冷却，使发动机达到启动前要求的温度，保证涡轮泵的可靠工作，防止"间歇泉"等低温输送不稳定性现象。通常发动机预冷系统由贮箱、输送管、发动机和推进剂排出管路组成。

按照预冷进行的时间通常可将整个预冷过程分为地面预冷和高空预冷两个阶段。地面预冷是指在运载火箭起飞前尚在地面发射塔架，处于待飞状态时对发动机的预冷；高空预冷是指运载火箭起飞后至发动机点火前在飞行中进行的预冷。火箭的一级发动机只有地面阶段的预冷，而对于二级、三级和上面级使用的高空点火的发动机，除了地面预冷外，在火箭起飞后还需要进行高空预冷。

世界各航天大国所使用的低温液体火箭发动机预冷方式主要有：排放预冷和循环预冷两类，循环预冷又可分为自然循环预冷和强制循环预冷[20]。表 4-1 列出具有代表性的几种发动机使用的预冷方案[21]。

表 4-1 典型发动机预冷方案统计

国家	发动机	所属型号	预冷方案
苏联／俄罗斯	RD-0120[22]	能源号芯级 安加拉二级	自然循环预冷＋氦气引射＋加入循环泵的强制循环预冷
	RD-120	天顶号二级	自然循环预冷
	RD-170	能源号助推 天顶号一级	
	NK-33[23]	N-1 一级	
	NK-43	N-1 二级	
美国	RL-10[24]	人马座上面级	地面冷氦预冷＋高空推进剂排放预冷
	J-2[25]	土星 5 S-Ⅱ级氧系统和 S-ⅠC 级氧系统	自然循环预冷＋氦气引射
		土星 5 S-Ⅱ级氢系统和 S-ⅣB 级氢系统和氧系统	强制循环预冷
	SSME	航天飞机	

续表

国家	发动机	所属型号	预冷方案
欧洲	HM – 7[26]	阿里安三级 阿里安 4 ESC – A 上面级	地面冷氦预冷＋高空推进剂排放预冷
	VINCI[27]	阿里安 5 ESC – B 上面级	排放预冷
日本	LE – 5[28]	H – 1 二级 H – 2 二级	排放预冷
	LE – 7	H – 2 一级	
中国	YF – 73[29]	CZ – 3 三级	排放预冷
	YF – 75	CZ – 3 甲系列三级	

4.2　间歇泉现象

间歇泉现象指液体在长的低温输送竖直管道中，由于液体汽化产生气泡，气泡不断增多并聚集，将液柱挤出管路并产生喷发的低温输送不稳定现象。该现象主要发生在低温推进剂加注及停放阶段。

低温液体在长竖直管路中，液体喷发后从管道中挤出，由于重力作用管道上部贮箱的液体重新充入管道，管路内的残留气体被回流的低温液体冷却后产生冷凝，使管路压力降低，加速贮箱内液体回流。高速流动的低温液体将产生类似水锤的压力波动。如果系统中经常出现间歇泉现象的话，所产生的压力波动会对供应管道、阀门和管路造成结构性损害。

4.2.1　间歇泉现象机理分析

主要从三个方面来阐述间歇泉现象产生的机理：1）气泡动力学分析；2）间歇泉循环的过程；3）管路结构对间歇泉现象的影响[30,35]。

4.2.1.1　气泡动力学分析

由于间歇泉现象是由系统产生蒸气的能力决定的，则必须考虑液体受热、气泡成形和气泡运动特性。

（1）低温推进剂受热和沸腾特性

低温液体在垂直管道中流动时，周围环境对管道的漏热加热管道内流体，管壁附近的液体密度减小，因此管壁附近的液体沿管壁向上流动，流入贮箱。而贮箱中的冷流体则沿管路中心向下流动，以此来保持管道内压力平衡。靠近壁面的流体形成了一个边界层，边界层的厚度逐渐增大，直到阻挡中心流体的流动，使对流停止。此时漏入管道中的热量进一步加热流体，提高管道中液体的温度，直到它达到沸腾起始温度，开始产生气泡。

液体在过热时必须要有汽化核心的存在才能产生沸腾。汽化核心由一些释放出的气体、杂物、管道粗糙表面、其他气泡或其他不纯的物质形成。在一个很纯的液体及表面非常光滑的系统中，在沸腾开始之前可能会形成巨大的过热度。这种状态是极其不稳定的，轻微的不平衡或扰动就会使过热气泡迅速散发出来，甚至是爆发出来。

（2）聚积—集群效应

气泡在液柱中形成后，将朝阻力最小的区域即管子中心移动，在那里聚积，如图 4-1 所示。

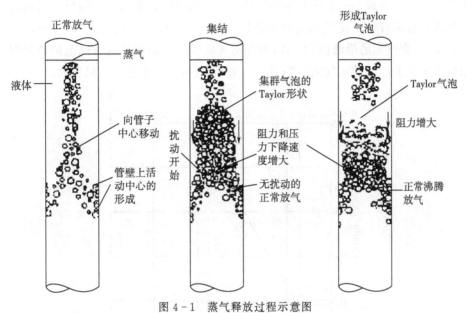

图 4-1　蒸气释放过程示意图

这种聚积效应在很大程度上由气泡的数量决定。一个气泡在邻近气泡的激活下，速度将增大，并且会超过该气泡上部的气泡。

图 4-2 显示了一个典型的气泡的速度 u 与气泡间距离 L 的曲线分布。这种激活效应会导致气泡后面的静压 p 下降。气泡达到一定数量后，它们在上升过程中不再是自由的，而是互相影响，并且会重叠合并，产生一个大的蒸气团，即像许多小气泡的聚合，或像一

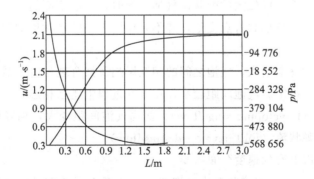

图 4-2　气泡分布与气泡速度、压力的关系

个大的球形气泡或一个顶部为圆形的圆柱形气团（Taylor 气泡）。积聚现象阻挡或阻碍了蒸气由于浮力作用产生的上升。由于气泡的积聚形成复杂的气泡路径，从而产生阻挡或阻碍效应，这种效应使阻力迅速增大，同时使气泡团或大气泡附近的壁面产生的阻力也增大[31]。

在图 4-3 中显示了气泡跃离机理中气泡数量的影响，该图分出了 3 个区域。区域 1 时气泡数量相当少，气泡间没有影响。在区域 2 中干扰开始，在此阶段气泡向管路中间流动、聚合、上升，形成了一个强的液体循环流，同时产生激活效应，使低速运动的气泡运动速度加快，总的效果是使气泡的运动速度增加 $0.6 \sim 1.2$ m/s。在区域 3 中，$A_v/A_T >$ 0.55，其中 A_v 为气泡的横截面积，A_T 为管路或流体的截面积。这时气泡的数量很多，它们互相聚合形成大的圆柱形气泡（Taylor 气泡），气泡的上升速率下降很快。

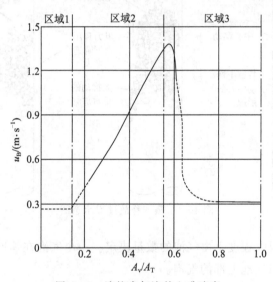

图 4-3　液柱中气泡的上升速度

小气泡聚合成 Taylor 气泡后，Taylor 气泡开始上升，由于气泡间距较小，产生一定的激活效应。两个 Taylor 气泡相互影响，后面的气泡被前面的那个气泡带动，流速逐渐增大，最终两个气泡聚合成较大的弹状流气泡。此时，气泡顶部的类似于炮弹的形状由于上一个气泡的牵引，导致形状有点变形，并不是像原来一样呈对称的弹状，而是朝某一边偏心。

随着气泡间距的逐渐增大，气泡之间的相互影响及聚合现象将会减少，弹状流气泡的上升速度逐渐将趋于稳定。气泡间距较小，在上升过程中还互相影响时，有些科学家称之为发展中的弹状流（Developing slug flow），而当气泡间距变大，相互间不再受影响时则称之为充分发展的弹状流（Full developed slug flow）。

（3）弹状流气泡上升的速度分布

Taylor 和 Dumitrescu 对弹状流中气泡的上升速度进行了大量的实验和理论研究，建立了 Rayleigh-Taylor 气泡模型

$$u_{vs} = K\sqrt{gD} \tag{4-1}$$

式中　g——重力加速度，m/s^2；

　　　D——管路内径；

　　　K——气泡上升速度系数。

Taylor 和 Dumitrescu 给出的系数为 0.35，T. R. Nigmatulin 等将 K 取为 0.345。

Griffth 和 Wallis 则在 Taylor 等人工作的基础上，对充分发展的弹状流进行了研究。他们认为公式（4-1）适用于静止的垂直管路中气泡对称且边界层压力分布连续的充分发展的弹状流气泡，气泡的速度为

$$u_{\infty} = 0.35\sqrt{gD} \tag{4-2}$$

此时，流体处于充分发展状态，Griffth 和 Wallis 用 u_{∞} 代替了公式（4-1）中的 u_{vs} 来表示充分发展的弹状流中的气泡上升速度。弹状流气泡间距较大，相互影响的效果较小，因此气泡流速趋于稳定状态。在大管径管路的气液两相流中，Griffth 和 Wallis 的理论结果与实验结果符合得较好。在小管径的管路中理论计算值偏大，这是由于在低雷诺数条件下，小管径中流体的粘性对流体流动也将产生较大的影响。

考虑到小管径中，流体粘性对气泡上升速度的影响，Taylor 和 Dumitrescu 还将公式（4-1）中的速度系数 K 分为两个部分，d_1、d_2，即

$$u_{vs} = d_1 d_2 \sqrt{gD} \tag{4-3}$$

其中，d_1 为静态液体的控制系数，是根据气泡速度、管径、流体速度计算出的雷诺数的相关函数；d_2 是根据气泡速度和液体速度分布得出的常数。Griffth 和 Wallis 给出了 d_1、d_2 与雷诺数的关系曲线，并与 Taylor 和 Dumitrescu 的结果进行了对比。

对于气泡聚合形成后，发展中的弹状流气泡模型见图 4-4。此时，气泡间距较小，整个流体处于发展中状态，气泡间还存在着相互影响的作用。上面一个 Taylor 气泡上升后，

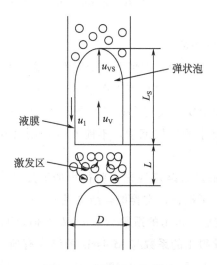

图 4-4　弹状流气泡模型

在气泡后部形成的负压，促进气泡过热，并产生更多的气泡。这样，气泡后面的小气泡在气泡尾部聚合后，形成一定的绕流区，影响着下一个 Taylor 气泡。促使下一个气泡速度增大，直至与前一个 Taylor 气泡聚合，形成更大的气泡。

Griffth 和 Wallis 给出了一个简单的计算模型

$$u_{vs} = 1.2J + 0.35\sqrt{gD} \qquad\qquad (4-4)$$

K. Mishima 和 Ishii 等人[32]对垂直管路中产生的弹状流气泡进行了研究，并给出了相关的计算关系式

$$u_{vs} = C_0 J + u_j \qquad\qquad (4-5)$$

$$C_0 = 1.2 - 0.2\sqrt{\rho_v / \rho_1} \qquad\qquad (4-6)$$

$$u_j = 0.35\sqrt{g\Delta\rho D/\rho_1} \qquad\qquad (4-7)$$

式中　C_0——速度分布系数；

　　　u_i——漂移流模型中气泡速度，m/s；

　　　D——管路内径，m；

　　　J——流体的表观速度，m/s。

Ishii 的公式中未考虑气泡间距对气泡速度分布的影响，而气泡聚合并上升后，弹状流气泡的上升速度主要与气泡流体性质和两个气泡间距有关。两个气泡间隔距离较短时，前面一个气泡将对后面的气泡产生一定的影响。而 Moissis 等[33]和 Takatoshi[34]考虑了弹状流气泡在上升时，气泡间距对气泡速度分布的影响，以及管路中气泡上升会产生一定的振荡现象。他们对公式（4-5）进行了修正，增加了与气泡间距有关的修正系数 C_1

$$u_{vs} = C_0 J + C_1 u_j \qquad\qquad (4-8)$$

$$C_0 = 1.2 - 0.2\sqrt{\rho_v / \rho_1} \qquad\qquad (4-9)$$

$$C_1 = 1 + a\,e^{b(L/D)} \qquad\qquad (4-10)$$

$$u_j = K\sqrt{g\Delta\rho D/\rho_1} \qquad\qquad (4-11)$$

式中　C_0——速度分布系数；

　　　a，b——与 C_1 相关的系数；

　　　L——图 4-4 中上一个气泡末端到下一个气泡顶端的距离。

公式（4-9）~公式（4-11）中的速度系数 K、a 和 b 与管路中流体性质及管路内流体流动时的流型有关。而以上实验及理论研究均是采用气液两相流体进行的，因此对于低温流体在低温垂直输送管路中的气体流动，不能直接采用公式（4-9）~公式（4-11）中给定的速度分布系数。

张亮[35]根据低温垂直输送管路可视化实验得出的速度分布，对液氮低温垂直管路中弹状流气泡的上升速度进行了拟合，实验拟合结果见表 4-2。同时表 4-2 给出了 Moissis 和 Takatoshi 采用水为工质后，得出的系数 K、a、b 的值。Takatoshi 在实验时考虑了流体中出现的振荡现象，因此得出的系数与 Moissis 的结果有所区别。根据实验结果拟合出的系数为：$K = 0.284$，$a = 2.02$，$b = -0.623$。这是由于采用的低温液体在低温下与水的热力学物性有明显不同，因此得出的结果也不同。

表 4 - 2　系数对比表

	K	a	b
Moissis 的结果	0.350	8.00	-1.06
Takatoshi 的结果	0.350	2.70	-1.20
液氮在低温管路中的结果	0.284	2.02	-0.623

　　图 4 - 5 给出了拟合的液氮在低温垂直输送管路中弹状流气泡上升速度与 L/D 的速度分布曲线，其中 L 为前一个气泡底部到后一个气泡顶部之间的距离，D 为管路内径。从图中可以看出弹状流气泡的上升速度随着气泡间距的减小而增大。尤其是在气泡间距小于 $4D$ 时，后面的气泡明显受到前面气泡的激活效应的影响，导致弹状流气泡的速度有明显的上升趋势。当气泡间距大于 $4D$ 后，气泡速度分布受气泡间距的影响逐渐减小，开始趋于稳定。而气泡速度在气泡间距大于 $6D$ 以后基本不再互相影响，气泡速度基本不变。

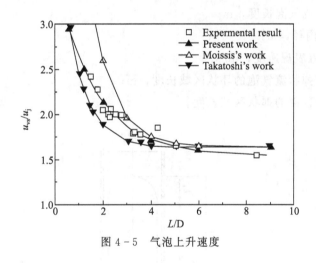

图 4 - 5　气泡上升速度

（4）弹状流的气泡长度

　　在发展中的弹状流中弹状流气泡的长度与前一个气泡底部到该气泡顶部的距离有关，K. Mishima 和 Ishii 等人曾对弹状流气泡形成的长度进行了预测。K. Mishima 研究的是气泡在管路内部聚合后，形成弹状流气泡时气泡的临界长度。给出的拟合公式如下

$$\sqrt{\frac{2\Delta\rho g L_s}{\rho_v}} = J + 0.75\sqrt{\frac{\Delta\rho g D}{\rho_1}}\left(\frac{\Delta\rho g D^3}{\rho_1\mu_1^3}\right)^{1/18} \qquad (4-12)$$

式中　L_s——气泡长度，m；

　　　D——管路内径，m；

　　　J——表观速度，m/s；

　　　ρ_1——液体密度；

　　　ρ_v——气体密度；

$\Delta\rho$——$\rho_1-\rho_v$；

μ_1——液体的动量粘性系数，Pa·s。

当泡状流向弹状流转变后，两相流体的空隙率不高，在用空隙率简单判断流型时，泡状流向弹状流转变的空隙率仅为 0.3 左右。当气泡进一步增多并开始聚合，空隙率超过 0.52 后，气泡间影响急剧增大，形成弹状流气泡。因此，公式（4-12）根据泡状流向弹状流转变得出的气泡的长度，应该比处于发展中的弹状流的弹状流气泡长度要小。

当弹状流气泡不断聚合后，形成更大的气泡，流体在完全发展后气泡的速度会逐渐趋于稳定，此时气泡的速度可以按照公式（4-1）简单计算。气泡的长度将比弹状流气泡刚刚形成时大许多。对于充分发展后的气泡长度可以分为气泡本体的环状部分及气泡顶部的弹状部分两部分进行计算；气泡模型示意图见图 4-6。L. Shemer[36]针对充分发展的弹状流气泡进行了最小稳定长度的模拟，给出了模拟计算的公式

$$L_s/D = L_1/D + L_2/D \tag{4-13}$$
$$L_2/D = 9.45\,\lg Re - 10.8 \tag{4-14}$$

式中　L_s——弹状流气泡长度，m；

　　　D——管路内径，m；

　　　J——两相流表观速度，m/s；

　　　L_1——稳定弹状流气泡的环状区域长度，m；

　　　L_2——气泡顶部的弹状区域长度。

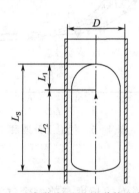

图 4-6　充分发展后的弹状流气泡

4.2.1.2　间歇泉循环的过程

当向垂直管道充注，液体处于过冷状态时，被充注的管道和贮箱中的流体压力上升。热量传递到低温流体中，对流换热使液体温度上升到此时当地静压下的饱和温度。由于表面条件、低温液体的纯度等的影响，额外的热量会使流体产生核态沸腾，或使对流换热继续并达到过热状态。如果形成过热状态，在沸腾开始前的过热度为 3～4℃。

气泡结构能产生两重效应：

1) 气泡会提供一个沸腾的核心，促使液体进一步沸腾，使其放出液体中的过热量，产生合适的沸腾环境。

2) 气泡将液体从管路中挤到贮箱中，导致气泡下方各点的静压下降。这种压力下降使剩余的液体过热，产生更多的蒸气，蒸气的产生又使压力变低，再产生更多的过热量。

产生的气泡在达到一定的数量之前是没有太大的影响的，但气泡逐渐增多并开始相互影响时就应该开始注意了。当 A_v/A_T 之比为 0.55~0.6 时，气泡会聚集，形成快速移动的质团或一个单独的大气泡。其他大气泡底部的气泡将快速移动，并与大气泡合并，使大气泡迅速变大，垂直管中的静压急剧降低。由于静压降低，只要饱和温度的下降速率超过闪蒸引起的液体温度的下降速率，系统将会连续不断地产生更多的蒸气。大量蒸气的产生会使液体携带着闪蒸的蒸气被喷出管路。这种反应的发生是种近似于爆炸的剧烈反应，因此叫作间歇泉。

留在管道中的液体由于汽化过程逐渐冷却，温度最终降低到饱和温度以下，蒸气的产生会停止，液体将重新进入管道。饱和温度由于密度增大而上升，蒸气被进入管路的更冷的液体冷却、压缩，这使液体下落时几乎没有缓冲效应，产生非常大的压力脉冲，就像下落的液体被管道底部吸走一样。

总结以上，间歇泉是由于液体过热的释放，在一个饱和或过热液柱中产生的减压沸腾。

4.2.1.3　管路结构对间歇泉现象的影响

管路的长径比对间歇泉现象的产生有一定的影响。虽然采取加强管路绝热可以减少间歇泉现象的产生，但管路长径比对间歇泉现象的影响更大。在大容器中受热流体可以通过自然对流上升到容器液面，蒸发并带走热量，这样可以防止液体过热量较大，保持容器内液体的过冷度。但对于长径比很大的管路，自然对流被抑制，过热量容易积聚，容易产生间歇泉现象。图 4-7 为垂直输送管路中低温液体的对流示意图。

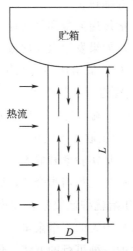

图 4-7　垂直管路中低温液体的对流示意图

管外的漏热加热管内液体，使得管路内靠近管壁的液体向上流动，而冷流体将从贮罐流回管路，管路的漏热将随着自然对流的形成而被流动的液体带入贮罐，管内液体不容易达到过热状态。当 L/D 较大时，自然对流被抑制，管路内不能形成有效的自然对流，从而管内流体逐渐达到过热，开始有气泡形成。气泡不断增多后，会产生聚合、上升等现象，形成间歇泉。通常认为当 L/D 超过 30 时就需要注意间歇泉的产生了。

4.2.2　解决间歇泉问题的措施

减轻或消除间歇泉现象有以下几种方法：绝热、制冷、注入惰性气体（氦气）、加循环管路（外部、内部、横向注入管）、安全阀（振动消除）、补充注入（过冷）、导管内壁做表面处理。

由于上面的一些方法将导致设备重量的增加和设备的复杂性，因此在应用中除了注意管路绝热外，一般考虑以下几种方案：注入惰性气体（氦气）、补充注入（过冷）、加循环管路（内管、外管、双管输送）。

4.2.2.1　加注氦气抑制间歇泉

在一些火箭项目中使用了不冷凝的气体（如氦气）加注到液氧管路的底部，用此来抑制间歇泉现象。在使用氦气前必须有足够的氦气总量，而且这些氦气能在变化的温度、压力和结构条件下注入液氧管路。

由于注入的是纯氦，在氦气的气泡中氧气的分压为 0。在氦气中氧气的分压与液氧中的蒸气压之差产生了一个氧气向氦气的质传递。由于在传递过程中，液氧汽化从周围环境吸热，因此产生了过冷效应。产生的冷量等于汽化潜热与蒸发的液氧质量的乘积。这个过冷效应将大部分液体的温度冷却下来，使它低于饱和温度。这时管路中由于沸腾产生的气泡引起的压降不会使冷流体喷发。实际上这是因为冷流体阻止了产生间歇泉的过热量的积聚。如果提供充足的氦气，就有可能提供足够的连续的冷量来阻止热量的积聚。这时，冷量可能等于或大于液体通过管道壁的漏热。

通过计算液氧和纯氦之间的质量传递流量和气泡通过液体上升的速度，可以得出单位时间内单位氦气总的质量传递流量。如果发生汽化的液氧的质量和汽化潜热也知道，则冷量就可以确定了。美国土星 5 S - IC 液氧增压输送系统如图 4 - 8 所示，氦气从脱落插头 No. 3 注入管路 No. 1，No. 3，氦气冒泡引起其中液氧上升，从而牵引液氧通过管路 No. 2，No. 4，No. 5 下降，通过互连阀形成环流，起到冷却液体、抑制喷泉的效果。对于大力神火箭，理论计算表明[37]：当其液氧增压输送系统中注入的氦气量为 0.566 m³/s 时，足以抑制喷泉的发生。这个理论数据低于从实验室和静态试验台得到的数据（约 1.642 m³/s）。但是，理论数据与试验数据仍然被认为是相当吻合的，因为在一些试验环境条件下，远小于 1.642 m³/s 的氦气完全能够一开始就抑制喷泉，在火箭发动机启动以后，也完全能够防止喷泉。所以，这个试验数据有相当大的安全余量。

虽然注入氦是抑制间歇泉现象的一种可行的方法，但它存在许多不利的因素，如：

1）环境条件变化时，流入输送管路的热容量也发生变化，因此必须考虑最坏的条件，以保证足够的氦气量，但这将导致氦气的浪费；

2）管路及贮箱中液体的排出和蒸气对液体的扰动，会造成系统加注量不确定和不

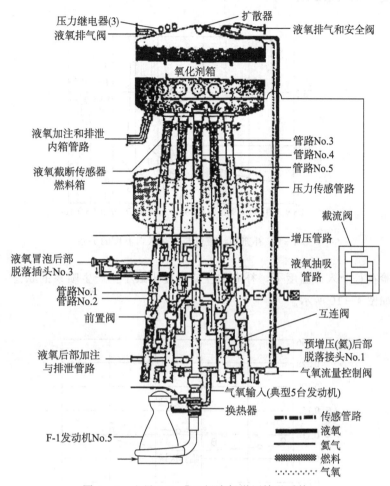

图 4-8　土星 5 S-ⅠC 级液氧增压输送系统

精确；

3）注氦系统失效时，就无法抑制管路的喷泉效应。

4.2.2.2　通过控制补充加注来抑制间歇泉

从上述喷泉循环过程可知，加注推进剂后，当环境热传入，在垂直管路中形成过热，产生和释放蒸气，直到 $A_v/A_T \approx 0.55$ 时，释放系统的扰动还是非临界的。这时即使管路中有大量的汽化，也不会产生喷泉。只有当 $A_v/A_T > 0.55$ 时，才会产生喷泉效应。

补充加注冷却法就是根据这种原理，假设在管路中液体沸腾均在饱和状态下产生，并据此补充加注一定流量、一定温度的过冷液体，使管路中过热液体保持其蒸气对导管出口的 $A_v/A_T < 0.55$，即保持在饱和温度以下，从而抑制喷泉的产生。同时，必须保持适宜的补充加注液体流量 q 和入口温度 T。

用这个假设求得补充加注过冷度小于 3℃ 时，注入流量 $W = (0.454 \sim 1.816)$ kg/s（液氧）即可以抑制喷泉[38]。图 4-9 为蒸气对导管 A_v/A_T 不同情况下注入流量 W 与补充

加注入口温度 T 的关系曲线。

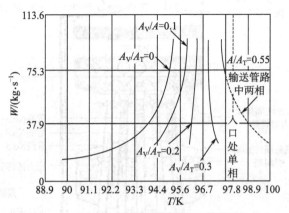

图 4-9　补充加注流量与加注入口温度的关系

系统试验在每个入口温度下，补充加注流量逐步减小至产生喷泉的状态，所获得的试验数据曲线如图 4-10 所示。

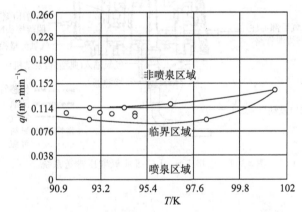

图 4-10　补充加注入口温度与加注流量的关系

分析与试验表明，补充加注冷却法是一种可行的抑制喷泉的方法，其主要缺点为：

1）抑制喷泉所需的补充加注流量需大于液体的沸腾量。为防止贮箱过满，需要再冷却至较低的温度；

2）补充加注冷却系统或过冷器一旦损坏，就不能有效抑制喷泉。

用控制补充加注液氧的方法来抑制间歇泉现象是个较令人满意的方法，然而它仍存在一些不利因素，如：补充加注的流量应高于液氧的蒸发量，从而获得一定的过冷度来防止容器溢流；如果补充加注系统失效或过冷器失效，则整个系统将失去对间歇泉危害的防护等。

4.2.2.3　用双管输送循环系统抑制间歇泉现象

从上面的分析可以看出抑制间歇泉现象的主要原理是有效地释放进入管路的热量来防

止过热量的产生。但如果液氧输送管道的长径比（L/D）很大，阻止了管路中自然对流的产生，因此需要通过其他方法加强自然对流，使冷却效应有效。采用双管输送系统可以得到一个好的冷却系统来抑制间歇泉现象的产生，其系统原理如图 4-11 所示。

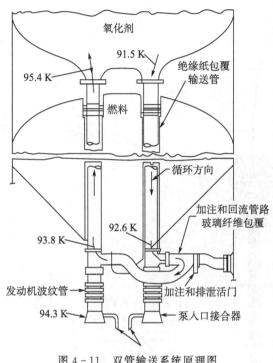

图 4-11　双管输送系统原理图

　　在双管输送系统中，如果传入管路中的热量不平衡，且两条管路在底部相连，则一个管路中的液氧比另一条管路中的液氧加热得快，该管路中的密度会减小得较快。由于密度减小则需补充液氧来重新使系统的压力平衡。补充到液氧管路的液氧将推动密度较小的、受热的液氧流体向上运行，直到进入贮箱。受热的液氧在贮箱中上升到液面表面，通过表面的蒸发效应冷却液体。另一根管路中的液氧将被自贮箱底部流入的液氧冷却。两条管路中由于密度差形成了循环的动力，它将克服摩擦阻力及压降使流体在管路中循环流动。采用这种方法后流体温度较低，产生间歇泉现象的条件很难达到，因此也就不可能产生间歇泉现象[39-40]。

　　间歇泉现象通常在管路充满后 3～5 分钟发生，在管路充满 1 小时或更长时间后一般没有间歇泉现象发生。

　　需要注意的是，如果不是一个稳定的循环，将会使发生间歇性泉涌的速率上升，循环速率下降。由于管路在气体产生并挤出液体后留出的空间被底部的流体重新注入，因此将会产生泉涌而不是产生间歇泉。

　　在输送管道外加根外管的方法，原理与采用双输送管的原理大致相同。美国在航天飞机外贮箱早期的设计方案中曾计划采用这种方法，其管路系统结构如图 4-12 所示。在液氧主输送管的上下两头接入一根细的管路,在细管路中引射氦气以形成密度差,从而产生循环流动。这根细管路被称为 antigeyser line,也就是间歇泉抑制管路。这种方法要求在一定的循环速度下进行周期性回流,而不是稳定地回流。因此,需要选择适当的循环管路直径和接入贮箱的位置。

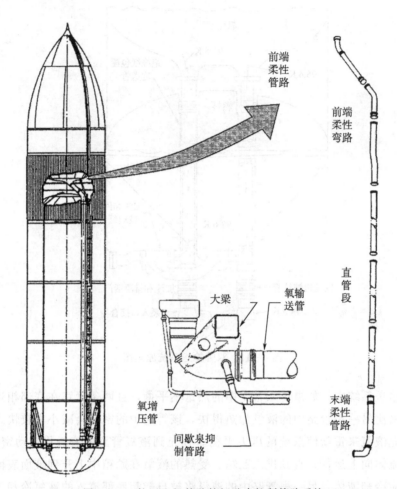

图 4 - 12　航天飞机外贮箱间歇泉抑制管路系统

4.2.2.4　采用加内管的方法抑制间歇泉现象

在液氧输送管路的加注管路中固定一个内管,内管用导热系数很低的小的连接件与输送管相连,内管与输送管同心,二者在内管外形成一个环形空间,如图 4 - 13 所示。

周围环境向输送管道漏热,环形空间在内管外形成了一个绝热屏障,使环形空间内的液体温度上升,这时内管内的液体与外部环形空间内的液体形成了一个温度差。内管内的密度高于环形空间内的密度,形成循环动力。由于内管与环形空间在底部是相连的,内管内的流体将环形空间内的受热流体从底部挤出,低温容器中的液体从顶部流入内管,形成循环。

肯尼迪航天发射中心的 F. S Howard 等[41]采用了在低温液体输送系统加内管的方法来

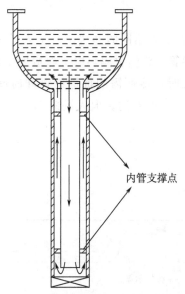

图 4-13　加内管低温输送系统示意图

解决间歇泉问题。实验装置尺寸基本参照实际尺寸，外管管径为 203 mm，管长 12.2 m，上部贮罐容积为 3.22 m³。内管的截面积与内外管间的环行空间的截面积基本相等。实验表明加内管后间歇泉现象被明显抑制，过热度降低，压力波动减小。但这种方法对管路内管支撑工艺要求较高，而且加内管后会给管路输送液体流量的计算及控制带来不便。

4.3　发动机预冷方案国内外发展概况

4.3.1　排放预冷方案

低温冷却剂流经输送管与涡轮泵腔，对输送管管壁和涡轮泵体进行冷却后从发动机预冷泄出阀排到火箭箭体外，这样的预冷方式称为排放预冷。预冷使用的低温冷却剂可采用发动机使用的推进剂，也可采用其他类型的冷却剂，如液氦、液氮等，排放预冷工作原理图如图 4-14 所示。

美国的人马座上面级氢氧发动机 RL-10 就采用排放预冷的方法[42]，其发动机内腔推进剂流动原理图如图 4-15 所示。

1）在地面预冷阶段先使用液氦冷却氢涡轮泵，这样可以取消对氢头腔的吹除。

2）在火箭起飞后，改用推进剂对发动机进行

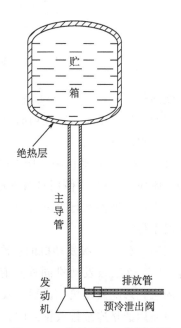

图 4-14　排放预冷工作原理图

冷却，经过起飞前液氢的预冷后，在第一次发动机点火时只需提前 8 s 用液氧和液氢进行预冷。

3）二次点火时采用和一次点火相同的办法。对于人马座 D-1T，动力系统为了提供发动机三次点火的能力，在导管泡沫塑料隔热层上面增加多层防辐射层。这种防护措施有效地减少了 RL-10 二次点火时预冷所需的推进剂量和时间。未加防辐射层的人马座在 30 min 惯性飞行后需要 17 s 的预冷时间，但人马座 D-1T 在 5.25 h 惯性飞行后只需要 24 s 的预冷时间。

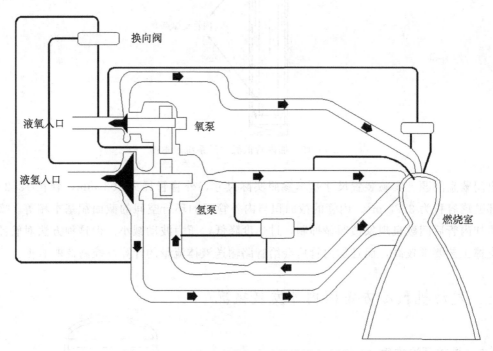

图 4-15　RL-10 发动机内腔推进剂流动原理图

欧洲的 HM-7 发动机也采用和 RL-10 相同的预冷方法[26]，实际上采用非推进剂的冷却剂的方法除用于火箭发射时发动机预冷外，在发动机地面热试车以及推进剂加注前贮箱的预冷中均有应用。

日本 LE-5 发动机则有所不同，其推进剂流动原理如图 4-16 所示。在地面预冷和高空预冷阶段 LE-5 均使用自身推进剂对发动机进行预冷[28]。LE-5 在第一次熄火后至第二次点火前的惯性滑行阶段采用每隔 200 s 排放 10 s 推进剂的方法维持发动机和输送管路的低温条件[43]。

我国 CZ-3 三级发动机的预冷方式和 LE-5 发动机类似，同样使用自身推进剂进行预冷。CZ-3 三级发动机同样具有二次点火的能力，为防止在高真空发动机内腔形成固氢、固氧，影响发动机二次预冷及正常启动工作，CZ-3 使用的 YF-73 发动机在惯性滑行阶段使用的是连续排放预冷的方法。经过分析、试验以及飞行证明后，认为间歇式预冷可以节省推进剂，适应更长时间的滑行任务。因此，CZ-3 后续型号使用的 YF-75 发动

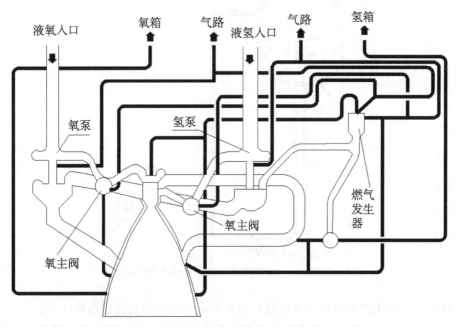

图 4 - 16　LE - 5 发动机流动原理图

机在惯性滑行阶段均采用这种间歇式预冷的方法[44]。

　　此外，美国航天飞机主发动机 SSME 是目前已知的唯一将预冷后的低温推进剂直接排放到大气中而不使用地面设备处理的地面点火的发动机。SSME 使用液氧液氢作为推进剂，采用强制循环预冷的方式，在 SSME 点火前以 0.225～0.9 kg/s 的流速将液氧直接排放到大气中，以增强预冷的效果[45]。

4.3.2　自然循环预冷方案

　　在发动机预冷回流阀前引出一段管路，接入贮箱，称这段管路为回流管。预冷开始后，推进剂从贮箱流入输送管路，经过泵前阀、泵腔，冷却发动机及管路后由回流管流回到贮箱。在该系统中管路流动没有外加驱动装置，流动仅由回流管与输送管内推进剂的密度差所驱动，称这种预冷方式为单管输送自然循环预冷，其工作原理如图 4 - 17 所示。

　　产生密度差的原因是由于推进剂的低温特性，环境空气形成一个相对的高温热源，而通常回流管不绝热或绝热较差，则进入回流管的热流量远大于进入输送管和贮箱内的热流量。进入回流管内的推进剂受热汽化，密度变小，贮箱和输送管内的推进剂由于绝热好，仍然保持液态，这样就造成输送管和回流管内推进剂的密度差，从而产生回流，循环驱动力可由下式计算

$$F = \int (\rho_{\text{down}} - \rho_{\text{up}}) g \, \mathrm{d}H$$

式中　ρ_{down}——下行管内的推进剂密度，下行管可包括贮箱、输送管和部分发动机流道；

　　　　ρ_{up}——上行管内的推进剂密度，上行管可包括回流管和部分发动机流道；

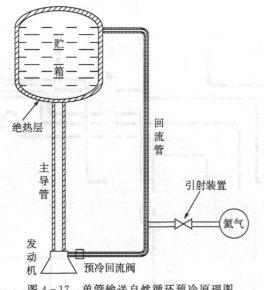

图 4-17　单管输送自然循环预冷原理图

    H——循环流道的最低点至回流口的高度，一般可用回流管高度代替；

    g——加速度过载，在地面待飞阶段为重力加速度，起飞后则因火箭而异。

    可见，除输送管与回流管内推进剂密度差外，加速度过载和回流管高度都是影响循环驱动力的重要因素。为了增强循环流动的驱动力，使循环顺利进行，保证对泵的充分预冷，通常在自然循环中加入一段引射，对整个系统进行强制循环，如图 4-17 中氦气引射装置部分。

    以俄罗斯的 RD-0120 液氧液氢发动机为例，其推进剂流动原理如图 4-18 所示。氧

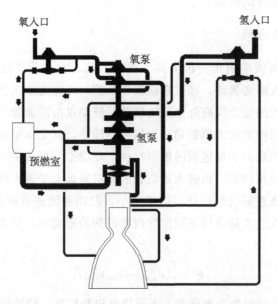

图 4-18　RD-0120 发动机推进剂流动原理图

系统和氢系统均采用自然循环预冷的方法，其预冷过程分为三个阶段。采用这样的方法，在地面预冷阶段氢系统需要约 30 min，氧系统需要约 40 min[22]。

1）自然循环预冷：液氢流量 0.16～0.35 kg/s，液氧流量 0.5～0.9 kg/s。

2）氦气引射：液氢流量 0.44～0.56 kg/s，液氧流量 1.7～2.65 kg/s。

3）RD - 0120 点火前 30 s，氦气吹动液氢辅助涡轮泵旋转，加强氢系统预冷：液氢流量 2～2.5 kg/s，氦气消耗量 0.3 kg/s。

4.3.3　强制循环预冷方案

强制循环预冷主要有两种方式：加循环泵和加引射器。通常在自然循环预冷过程中，适当结合氦气引射装置形成组合循环模式。而在一定场合，尤其是氢氧发动机的氢系统循环时，可采用加氢循环泵的方式对系统进行预冷，如图 4 - 19 所示。

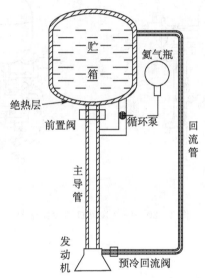

图 4 - 19　强制循环预冷工作原理图

美国的土星 5 S - ⅣB 级采用一台 J - 2 发动机，该发动机的氢系统和氧系统均采用加循环泵的方式进行循环预冷。J - 2 发动机采用再生冷却的方式，发动机工作时用液氢对燃烧室和喷管进行冷却。对氢系统而言喷管夹层内的流道也是输送系统的一部分，同样需要预冷。J - 2 发动机的预冷是分三个阶段进行的[42]。

1）在飞行器加注推进剂期间，前置阀门一直处于打开状态。这样，输送系统中的组件，例如低压输送导管、泵等，可在贮箱压力下进行预冷，以便保证这些组件在进行循环预冷以前保持温度的稳定，如图 4 - 20（a）所示。

2）电机驱动离心泵旋转，离心泵带动推进剂循环流动，此时两个前置阀和两个主阀均关闭，运行时间 300 s，如图 4 - 20（b）所示。

3）燃料主阀接到发动机启动指令后打开，液氢进入发动机对喷管内的流道、喷射器和点火器预冷，运行时间 8 s。液氢进入发动机的同时开始氦吹除，如图 4 - 20（c）所示。

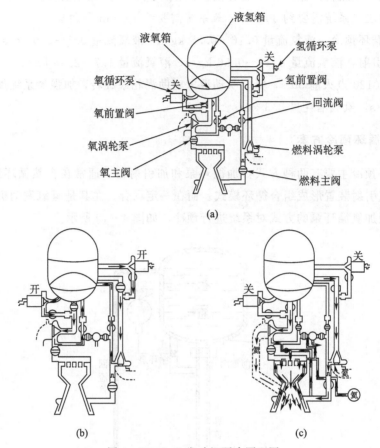

(a)

(b)   (c)

图 4 - 20　J - 2 发动机预冷原理图

4.3.4　组合式预冷方案

以上三种预冷方案各有优缺点，如表 4 - 3 所示。

表 4 - 3　预冷方案优缺点对比表

	优点	缺点
排放预冷方案	原理简单，系统简单，预冷效果好，适应范围广	消耗大量推进剂，损失运载能力，需地面系统支持
自然循环预冷方案	推进剂消耗量少，无须任何支持设备，工作流程简单	系统设计难度比较大，循环流量小，预冷效果较差
强制循环预冷方案	推进剂消耗量少，预冷效果好	循环泵设计难度大，需电源或气源支持，系统复杂

实际预冷系统设计时经常采用组合式预冷的方案，可以综合各单一方案的优缺点，达到提升预冷效果、优化预冷系统的目的。如前文介绍的 RD - 0120 发动机采用的就是自然循环预冷方案与强制循环预冷方案组合的预冷方案。

4.4　预冷系统仿真分析

4.4.1　物理模型概述

由于液氧的低温特性，发动机、输送管及外界环境相对液氧形成一个高温热源，液氧进入发动机后受热沸腾、汽化，发动机预冷的过程实质是低温液体的沸腾传热与两相流动的过程。

强制循环预冷的方法带有循环驱动涡轮泵这样的运动部件，流动形式非常复杂，本文暂不考虑强制循环预冷的建模与仿真工作，只考虑自然循环预冷和排放预冷这两类无驱动部件的预冷方式。这两类预冷方式实质都是由压力差驱动的，在数学模型上并无差别。因此将预冷流道简化为管路模型，进行管内、管外与管壁（含绝热层）流动传热建模，如图 4 - 21 所示。

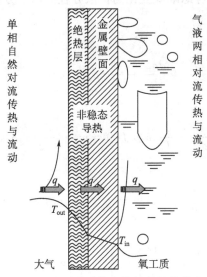

图 4 - 21　预冷系统中的局部传输形式

其中：
- 管外：空气自然对流换热模型；
- 管壁（含绝热层）：不同材料的非稳态导热模型；
- 管内：两相传热与流动模型。

4.4.2　基本方程

连续介质两相流模型的结构关系式有：物性方程，状态方程，流体与壁面之间的动量和能量交换方程，相之间的各种交换方程，边界条件，以及一些描述特定热工水力现象展开的关系式等。因此两相流数学模型由场方程组和结果关系式组成。实际管内流动发展了不同关系式适用于不同的简化数学模型。工程研究运用唯像方法，按照物理直观观察知识，形成描绘具体两相流问题的简化物理图像，忽略某些结构条件，不予证明地建立起工程模型。最常用的简化假设有：一维流动、均匀流动和热力平衡等。因此，根据低温液体预冷流动的特点，可以做如下的假设：

- 整个预冷系统为一维流动；
- 低温工质参数只沿回路轴向变化，同一横截面上工质参数均匀分布；
- 两相工质为不可压缩流体，气液两相在同一截面上压力相等；
- 以低温工质充填过程稳定条件为初始条件，对充填过程不作考虑和计算。

通过这些简化处理，两相间的几何界面变化不定的交界条件和方程求解得到简化，运用一维流动的基本宏观物理量阐述各种简化数学模型，并设流道流动方向为 z 轴，流道轴线与水平面成 θ 角，向上流动为正向。下面介绍几种常用的两相流动数学模型。

4.4.2.1　一维两相流动扩散模型

一维两相流动扩散模型将两相流体视为均相的混合物进行描述，由混合物的质量、动量和能量三个守恒式和一个考虑浓度变化的扩散方程共四个方程组成场方程组，其基本方程组如下：

质量方程

$$\frac{\partial \rho_{\mathrm{m}}}{\partial t} + \frac{\partial}{\partial z}(\rho_{\mathrm{m}} J_{\mathrm{m}}) = 0 \qquad (4-15)$$

扩散方程

$$\frac{\partial \alpha_1 \rho_1}{\partial t} + \frac{\partial}{\partial z}(\alpha_1 \rho_1 J_{\mathrm{m}}) = m_1 - \frac{\partial}{\partial z}(\alpha_{\mathrm{v}} \rho_{\mathrm{v}} u_{1\mathrm{m}}) \qquad (4-16)$$

动量守恒方程

$$\frac{\partial \rho_{\mathrm{m}} J_{\mathrm{m}}}{\partial t} + \frac{\partial}{\partial z}(\rho J_{\mathrm{m}}^2) = -\frac{\partial}{\partial z} p_{\mathrm{m}} + \rho_{\mathrm{m}} g \sin\theta + M_{\mathrm{m}} + \tau_{\mathrm{m}} \qquad (4-17)$$

能量守恒方程

$$\frac{\partial}{\partial t}\left[\rho_{\mathrm{m}}\left(U_{\mathrm{m}} + \frac{J_{\mathrm{m}}^2}{2}\right)\right] + \frac{\partial}{\partial z}\left[\rho_{\mathrm{m}}\left(U_{\mathrm{m}} + \frac{J_{\mathrm{m}}^2}{2}\right)J_{\mathrm{m}}\right] + \frac{\partial}{\partial z}[p_{\mathrm{m}} J_{\mathrm{m}}] - q - M_{\mathrm{E}} - \tau_{\mathrm{E}} + \rho_{\mathrm{m}} g J_{\mathrm{m}} \sin\theta = 0$$

$$(4-18)$$

上述各式中的结构式有：表示相变特性的项 m_1；表示相间运动滑移影响的有表面张力动量源 M_{m}，粘性、紊流和扩散应力影响的 τ_{m}；以及表示相间热力平衡特性的有热流率，紊流和扩散输送影响的 q，M_{E} 和 τ_{E} 项作功等。分析不同的具体问题，可以有不同的简化式。

混合物模型是将两相流体当作具有某种无相界面单相流体形状的混合物，对基于单位质量的焓、内能、熵或源项等参数，应以质量浓度 x 为权重系数计算混合物特性，对基于单位体积或单位面积的压力、密度等参数，应使用空泡份额 α 为权重系数计算混合物特性。混合物模型结构关系式除单相摩阻式、换热关系式外，尚需一个描述混合物物性变化的状态方程，但至今无满意的混合物状态方程。若使用 $u_{1\mathrm{m}} = (\rho_{\mathrm{v}}/\rho_{\mathrm{m}}) u_{1\mathrm{j}}$ 关系式，代入上述方程组，便得到常见的漂移模型方程。

4.4.2.2　一维两相流动两流体模型

一维两流体模型对两相流体的行为分别描述，由每一相的质量、动量和能量守恒式以及将相间的传递过程耦合起来的三个相界面条件共六个方程组成场方程组，基本方程组如下，其中下标 k 代表某一项，l 为液相，v 为气相。

质量守恒方程

$$\frac{\partial}{\partial t}(\alpha_k \rho_k) + \frac{\partial}{\partial z}(\alpha_k \rho_k u_k) = m_k \tag{4-19}$$

$$m_1 + m_v = 0 \tag{4-20}$$

动量守恒方程

$$\frac{\partial}{\partial t}(\alpha_k \rho_k u_k) + \frac{\partial}{\partial z}(\alpha \rho_k u_k^2) + \frac{\partial}{\partial z}\alpha_k p_k + \alpha_k \rho_k g \sin\theta + \tau_k - M_k = 0 \tag{4-21}$$

$$M_1 + M_v - M_m = 0 \tag{4-22}$$

能量守恒方程

$$\frac{\partial}{\partial t}\left[\alpha_k \rho_k \left(U_k + \frac{u_k^2}{2}\right)\right] + \frac{\partial}{\partial z}\left[\alpha_k \rho_k u_k \left(U_k + \frac{u_k^2}{2}\right)\right] +$$

$$\frac{\partial}{\partial z}(\alpha_k p_k u_k) + \alpha_k \rho_k u_k g \sin\theta - q_{kw} - q_{ki} + E_k = 0 \tag{4-23}$$

$$E_1 + E_v - E_m = 0 \tag{4-24}$$

上述方程中的结构关系式项：m_k，τ_k，M_k，M_m，q_{kw}，q_{ki}，E_k 和 E_m 分别与扩散模型中的相间相互作用、相变、滑移和热力不平衡的结构特性对应，更为复杂。最简单的两流体模型，将两相分开考虑，将相界面视为非物质的纯几何面，也有 10 个结构律。它们是：2 个相状态方程，2 个摩阻关系式，2 个换热关系式，对应扩散模型的相变、滑移和热力平衡特性的 3 个界面传送律，以及相间相互作用律。

4.4.2.3　简单模型分析法

对于两相流数学模型来说，最主要、影响最大也是最复杂的方程是动量方程，或者说相速度及其分布，是工程简化方法讨论的重点。基于混合物假定的常用简化模型，有一维一速度假定的均相模型，二维一速度假定的滑移模型，如 Bankoff 模型，一维二速度假定的扩散模型，如 Wallis 模型，以及二维二速度假定的漂移模型，如 Zuber - Findlay 模型等。更为复杂的简化模型则是基于分相流假定下的多种分相模型。

均相模型是一种最简单的分析模型方法，常称为"摩擦因子"模型或"雾状流"模型。其基本思想是通过合适地定义两相混合物的平均参数值，把两相流当作具有这种平均特性并遵循单相流体基本方程的赝流体。这样，一旦确定了两相混合物的平均特性，便可应用所有的一般流体力学方法进行研究，实际上是单相流体力学的直接延拓。均相平衡模型的基本假定是：

1）两相具有相等的线速度，即 $u_v = u_1$；

2）两相之间处于热力平衡；

3）使用合理确定的单相摩擦系数；

运用上述假定于两相流动基本方程，并与单向流体守恒方程类比，便可定义所需的混合物物性和摩擦因数计算式。

均相模型基本守恒方程组

$$u_H \frac{d\rho_H}{dz} + \rho_H \frac{du_H}{dz} + \rho_H u_H \frac{dA}{A \, dz} = 0$$

$$-\frac{dp}{dz} = \frac{p_r}{A}\tau_0 + G^2 \frac{du_H}{dz} + \rho_H g \sin\theta$$

$$-\frac{dp}{dz} = \rho_H \frac{dF}{dz} + G^2 \frac{du_H}{dz} + \rho_H g \sin\theta \tag{4-25}$$

下标 H 表示均相，ρ_H 和 v_H 表示均相流假定下混合物的密度和比体积。用每一相的质量份额作为权重函数去计算混合物的物性，获得了计算均相混合物物性的一般式

$$\rho_H = \alpha \rho_v + (1-\alpha)\rho_1 \tag{4-26}$$

$$v_H = x v_v + (1-x) v_1 \tag{4-27}$$

均相混合物的比焓可写成 $h = x h_v + (1-x) h_1$。比较动量方程和能量方程后，可得到下列与单相流动相同的结果

$$-\left[\frac{dp_F}{dz}\right]_{TP} = \frac{p_r}{A}\tau_0 = \rho_H \frac{dF}{dz} = \frac{4f_{TP}}{D_e} \frac{\rho u^2}{2} \tag{4-28}$$

式中，$\tau_0 = f_{TP} \dfrac{\rho u^2}{2}$，$f_{TP}$ 为两相摩擦因数。

工程中常用各种混合物模型，均相模型是仅有的真正混合物模型，也可以说是两流体模型的特例。基于混合物内相之间的滑移现象，许多工程简化模型引入不同的相速度或分布的假定或经验公式。

（1）滑移模型

均相模型的滑速比 $S=1$，对于两相之间有滑移的实际流动，从定常流动试验数据拟合出滑速比 S 的修正式

$$S = S(\rho, \ u, \ p, \ h) \tag{4-29}$$

滑速比经验公式很多，但从本质上来说，可以将不同的滑速比经验式看成混合物场方程的第二个补充动量方程。

（2）扩散模型

以混合物的均相模型为基础，引入气相质量平衡扩散方程式

$$\frac{\partial}{\partial t}(\alpha \rho_v) + \frac{\partial}{\partial z}(\alpha \rho_v u_v) = m_v - \alpha \rho_v u_v \frac{A'}{A} \tag{4-30}$$

于是质量中心速度 J_m 为

$$J_m = \frac{\alpha \rho_v u_v + (1-\alpha)\rho_1 u_1}{\rho} \tag{4-31}$$

混合物物性为

$$\rho = \alpha \rho_v + (1-\alpha)\rho_1$$

$$h = \frac{\alpha \rho_v g_v + (1-\alpha)\rho_1 h_1}{\rho} \tag{4-32}$$

尚需提供 7 个结构方程：即相变传质 m_v；运动结构方程或滑速比关系式；2 个相状态方程；一个热力不平衡性结构式，常用 $h_v = h_v(p_s)$ 或 $h_1 = h_1(p_s)$；2 个外部结构式；摩擦关系式和传热关系式。

（3）漂移模型

当用体积中心速度 J 和漂移速度 u_{vi} 代替质心速度和扩散速度表示运动结构方程时就导出了应用漂移速度 u_{vi} 表示的漂移模型，又称为漂移流速度模型。即用代表两相介质界面分布的量 C_0 和代表两相之间局部相对速度的量 u_{vi} 来描述运动结构特性。

4.4.3　两相流动流型判别

换热系数 H_{ki} [W/(m²·K)] 定义为单位体积内 p 相介质单位过热度或过冷度产生的传热量。根据划分的流型给出特定流型下的换热系数方程式，在两流型之间通过插值的方法使换热系数能够光滑过渡。

发动机预冷属于流动沸腾范畴，由于预冷时低温介质流速较低，两相流型和传热机理的变化考虑为如图 4-22 所示的形式[46]。

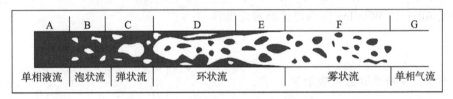

图 4-22　流动沸腾中流型与传热的关系

图 4-22 中低温介质自左向右流入管中，在 A 区被加热，温度上升，此区段内为单相液对流换热（SL）。当壁温达到高于饱和温度某一数值 $\Delta T_s = T_w - T_s$ 时，满足发泡条件，产生气泡，介质进入核态沸腾区（B 和 C），流型则为泡状流（Bubbly）和弹状流（Slug）。B 区为过冷沸腾区，因此液温仍低于饱和温度（T_s），C 区为饱和沸腾区。由 B 到 C，液温是平滑升高的，因为在核态沸腾时，气泡膜附近（靠近管壁）液体为过热状态，所以从热平衡考虑，中心主流液体应为过冷状态。达到 D 和 E 区后，流型为环状流，主流流体接近饱和，此时的传热分为两段，D 段为液环核态沸腾，仍属于核态沸腾传热；E 段的液环厚度变得很薄，壁温降低，气泡的形成被抑止，热量靠薄膜导热和液面蒸发传递，称为强制对流蒸发传热。直到液膜全部被蒸干，气流中还存在许多液滴，壁面蒸干点称为干涸点（Dry-Out），在此点，壁温急剧升高。F 区的传热为液滴分散传热，属于膜态沸腾。干涸后，气温平滑升高，尽管液滴仍处于饱和状态，但蒸气已进入过热状态。直到所有液滴均被蒸干，则进入单相气流动（SG），传热也属于单相蒸气对流传热。

（1）竖直输送管内两相流型判别

适用范围 $45° < |\theta| < 90°$，θ 为输送管与水平面的夹角。

① 泡状流-弹状流转变

泡状流向弹状流的转变基于 Taitel & Dukler 关联式[47]

$$
\alpha_{BS} = \begin{cases} \alpha_{BS}^* & G \leqslant 2\,000 \text{ kg/(m}^2 \cdot \text{s)} \\ \alpha_{BS}^* + \dfrac{(0.5 - \alpha_{BS}^*)}{1\,000}(G - 2\,000) & 2\,000 \text{ kg/(m}^2 \cdot \text{s)} \leqslant G < 3\,000 \text{ kg/(m}^2 \cdot \text{s)} \\ 0.5 & G \geqslant 3\,000 \text{ kg/(m}^2 \cdot \text{s)} \end{cases}
$$

$$
\alpha_{BS}^* = \max\{0.25 \min[1, (0.045D^*)^8], 10^{-3}\} \tag{4-33}
$$

D^* 为无量纲直径，即

$$
D^* = D \left[\frac{g(\rho_1 - \rho_v)}{\sigma} \right]^{1/2}
$$

② 弹状流-环状流转变

Mishima 和 Ishii[48] 指出弹状流向环状流转变的主控准则数为

$$
j^* = \frac{\alpha_v u_v}{\left[gD \dfrac{(\rho_1 - \rho_v)}{\rho_v} \right]^{1/2}} \geqslant j_{crit}^* \quad D \leqslant 50 \text{ mm}
$$

$$
Ku = \frac{\alpha_v v_v}{\left[g\sigma \dfrac{(\rho_1 - \rho_v)}{\rho_v^2} \right]^{1/4}} \geqslant Ku_{crit} \quad D > 50 \text{ mm}
$$

McQuillan 和 Whalley[49] 通过试验对比推荐

$$
j_{crit}^* = 1
$$
$$
Ku_{crit} = 3.2
$$

基于此，主控准则数可表示为

$$
\alpha_{SA} = \begin{cases} \dfrac{1}{u_v} \left[\dfrac{gD(\rho_1 - \rho_v)}{\rho_v} \right]^{1/2} & D \leqslant 50 \text{ mm} \\ \dfrac{3.2}{u_v} \left[\dfrac{g\sigma(\rho_1 - \rho_v)}{\rho_v^2} \right]^{1/4} & D > 50 \text{ mm} \end{cases} \tag{4-34}
$$

③ 环状流-雾状流转变

$$
\alpha_{AM} = 0.99 \tag{4-35}
$$

（2）水平输送管内两相流型判别

适用范围 $0° \leqslant |\theta| \leqslant 45°$，$\theta$ 为输送管与水平面的夹角。

水平输送管内两相流流型的判别和竖直输送管类似，各分界点处空泡份额的计算式如下

$$
\alpha_{BS} = \begin{cases} 0.25 & G \leqslant 2\,000 \text{ kg/(m}^2 \cdot \text{s)} \\ 0.25 + 0.000\,25(G - 2\,000) & 2\,000 \text{ kg/(m}^2 \cdot \text{s)} < G < 3\,000 \text{ kg/(m}^2 \cdot \text{s)} \\ 0.5 & G \geqslant 3\,000 \text{ kg/(m}^2 \cdot \text{s)} \end{cases}
$$

$$
\tag{4-36}
$$

$$
\alpha_{SA} = 0.8 \tag{4-37}
$$

$$
\alpha_{AM} = 0.99 \tag{4-38}
$$

4.4.4　沸腾传热特征点的判别

气液两相流动的传输关系实质是传热与传质耦合在一起的，热量通过管壁导入并被流体吸收，一部分作为显热使流体的温度升高，另一部分作为潜热使液相沸腾蒸发成气态

$$Q = Q_e + Q_1 \tag{4-39}$$

其中，Q_e 为液相温升吸收的热量，即显热部分，$Q_e = cm(T_s - T_1)$，T_s 为当地压力下的液体饱和温度，T_1 为液体自身的温度；Q_1 为液相沸腾蒸发吸收的热量，即潜热部分，$Q_1 = m_1 h_{fg}$，h_{fg} 为汽化潜热。

图 4 - 23 是典型的沸腾曲线，横纵坐标分别为壁温和热流密度。

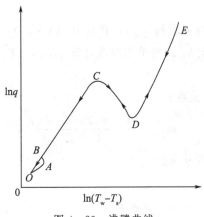

图 4 - 23　沸腾曲线

介质进入流道后，液体不断吸收热量，温度 T_1 升高，当达到饱和温度 T_s 相等时，因液膜过热度还较小，不会形成气泡。只有达到一定的过热度（达到 A 点）后，方才出现核态沸腾。此点称为起始核态沸腾点（onset nucleate boiling，ONB），因此 OA 段为单相液对流换热区。在 A 点由于沸腾传热强度大于对流传热强度，壁温 T_w 会稍微降低，直到 B 点。BC 段为核态沸腾传热，达到 C 点时出现临界点。部分受热面的气泡脱离受阻，出现部分气膜覆盖，部分传热转入单相气对流换热，传热能力降低，q 也随之降低。在 CD 区的受热面，部分为气膜覆盖，部分仍为核态沸腾，称这个区域为过渡沸腾传热区。到 D 点，达到膜态沸腾，过 D 点再增大壁温，并使热流密度增大，则继续向 DE 发展，可以达到 E 点，整个 DE 段都是膜态沸腾传热区。

发动机预冷过程实际上可看作加热过程的反过程。壁温最开始在 E 点，随着预冷的进行，壁温沿 ED 降低，直到 D 点。这一段均属于膜态沸腾传热，导热能力差，所以壁温降低较慢。过 D 点后，壁温进一步降低，转为过渡沸腾传热。直到 C 点后，液态介质再次湿润管壁周围，传热形式变为核态沸腾，壁温迅速降低。其中，D 点称为第二临界点，即维持膜态沸腾的最小热流密度点（MFT），也称 Leidenfrost 点。C 点称为第一临界点（CHF），即维持核态沸腾的最大热流密度点。

（1）ONB 点

Hsu[50] 根据发泡条件，由气泡发泡的过热条件与边界层中单相对流的传热条件确定 ONB 点

$$q_{\text{ONB}} = \lambda_1 \lambda_w (T_w - T_s)^2_{\text{ONB}} / (8\sigma T_s u_v) \qquad (4-40)$$

式中　λ_1——液氧的导热系数；

　　　λ_w——管壁的导热系数；

　　　T_w——壁面温度；

　　　σ——表面张力[51]，$\sigma = 2.1 \times 10^{-3} (T_c - T - 6) \left(\dfrac{\rho_1}{M} \right)^{2/3}$；

　　　T_c——临界温度；

　　　M——相对分子质量。

先设 ONB 位置为 Z，则可求得 q_{ONB}，再按式（4-40）求出 T_w，并核对所取 k_1 值。按热平衡求 T_1，根据 T_1 决定 h_{fg}。按单相对流计算 $q_{\text{ONB}} = (T_w - T_1) h_{\text{fg}}$，与前面求得的数据进行比较，直至相等。

（2）CHF 点：Bowring 关系式

$$q_{\text{CHF}} = \frac{A + 0.25 DG \Delta h_{\text{sub}}}{C + L} \qquad (4-41)$$

式中　Δh_{sub}——入口欠热焓，J/kg；

　　　D——管路直径；

　　　G——质量流速，$G = \alpha_1 \rho_1 u_1 + \alpha_v \rho_v u_v$。

A 和 C 分别为

$$A = \frac{2.317(0.25 h_1 DG) F_9}{1.0 + 0.0143 F_{10} D^{0.5} G}$$

$$C = \frac{0.077 F_{11} DG}{1.0 + 0.347 F_{12} \left(\dfrac{G}{1\,356} \right)^n}$$

$$n = 2.0 - 0.5 p_r$$

对比压力 $p_r = p/6.895$，$F_9 \sim F_{12}$ 分别为

当 $p_r < 1$ 时

$$F_9 = \frac{p_r^{18.942} \exp[20.8(1 - p_r)] + 0.917}{1.917}$$

$$\frac{F_9}{F_{10}} = \frac{p_r^{1.1316} \exp[2.444(1 - p_r)] + 0.309}{1.309}$$

$$F_{11} = \frac{p_r^{17.023} \exp[16.658(1 - p_r)] + 0.667}{1.667}$$

$$\frac{F_{12}}{F_{11}} = p_r^{1.649}$$

当 $p_r > 1$ 时

$$F_9 = p_r^{-0.368} \exp[0.648(1-p_r)]$$

$$\frac{F_9}{F_{10}} = p_r^{-0.448} \exp[0.245(1-p_r)]$$

$$F_{11} = p_r^{0.219}$$

$$\frac{F_{12}}{F_{11}} = p_r^{1.649}$$

（3）MFT 点

对于发动机预冷这类圆柱体加热面，必须考虑因曲率引起的二维效应，Leinhard 和 Wong[52] 提出下述半经验公式

$$q_{\min} = 0.057 \frac{\rho_v h_1}{R} \left[\frac{2g(\rho_1-\rho_v)}{\rho_1+\rho_v} + \frac{\sigma}{R^2 (\rho_1+\rho_v)^2} \right]^{0.5} \cdot \left[\frac{g(\rho_1+\rho_v)}{\sigma} + \frac{1}{2R^2} \right]^{-0.75}$$

$$(4-42)$$

则根据式（4-42）和膜态沸腾的传热关系，可以导出对应的最小膜态沸腾壁面过热温度差 $\Delta T_{\min}$ 为

$$\Delta T_{\min} = 0.127 \frac{\rho'_v \lambda}{k'_v} \left[\frac{g(\rho_1-\rho_v)}{\rho_1+\rho_v} \right]^{2/3} \left[\frac{\sigma}{g(\rho_1-\rho_v)} \right]^{1/2} \left[\frac{\mu_1}{\rho_1-\rho_v} \right]^{1/3} \quad (4-43)$$

对临界点和 MFT 点的确定均按照和 ONB 点相同的迭代法求解，各特征点与壁面传热模式之间的关系见表 4-4。

表 4-4　壁面传热模式表

ONB 前	单相液对流传热
ONB — CHF	欠热和饱和核态沸腾传热
CHF — MFT	过渡沸腾传热
MFT 后	膜态沸腾传热

4.4.5　相间摩擦模型

相间摩擦模型用于描述气液两相之间的动量损失，下面介绍两种常用的模型。

（1）漂移流模型

漂移流模型适用于垂直管路中的泡状流和弹状流，模型对相间拖曳项的描述关系式如下

$$F_i = C_i |u_R| u_R \quad (4-44)$$

$$u_R = C_1 u_v - C_0 u_1 \quad (4-45)$$

$$C_i = \frac{\alpha_v \alpha_1^3 (\rho_1-\rho_v) g \sin\theta}{|u_{vj}| u_{vj}} \quad (4-46)$$

$$C_1 = \frac{1-C_0 \alpha_v}{\alpha_1} \quad (4-47)$$

式中　g ——重力加速度；

θ ——流动方向与水平面的夹角；

u_{vi}——气泡漂移速度。

气泡漂移速度 u_{vi} 和侧移分配系数 C_0 均取决于流道的形状和流动条件。

（2）拖拽系数模型

拖拽系数模型用于垂直管路中的泡状流和弹状流以外的其他流型，模型的关系式如下

$$F_i = C_i |u_R| u_R \qquad (4-48)$$

$$C_i = \frac{1}{8} \rho_m S_F A_{vl} C_D \qquad (4-49)$$

$$u_R = u_v - u_l \qquad (4-50)$$

式中　ρ_m——两相混合密度；

　　　C_D——拖拽系数；

　　　A_{vl}——单位体积下的相间接触面积；

　　　S_F——形状因子。

4.4.6　空泡份额

空泡份额 α 是气液两相流动的基本参数之一。对于两相流动压降计算，它是必须预先求得的参数，而且对沸腾传热影响很大，其基本关系式为

$$\alpha = \frac{1}{1 + \left(\dfrac{1-x}{x}\right)\dfrac{\rho_v}{\rho_l}S} = \frac{1}{1 + \left(\dfrac{1-\beta}{\beta}\right)S} = \beta \qquad (4-51)$$

在实际流动情况下，气相和液体之间存在着相对运动——滑移，运用滑速比 S 考虑其影响，垂直向上流动和下降流动下两相的滑移特性并不相同。上式中的流动质量含气率 x 和流动体积份额 β 都可以用相应的公式计算，而滑速比 S 与系统的压力、含气率、流速、流动方向、流型、热流密度等许多因素有关。

4.4.6.1　滑速比模型

式（4-51）中的 x 和 β，ρ_v，ρ_l 可通过理论计算或查表得到，若能获得 S 的值，就可以计算出 α。因此滑速比模型的实质就是用试验方法得到滑速比 S 值。苏联学者提出

$$S = 1 + \frac{13.5}{(Fr_1)^{5/12}(Re_1)^{1/6}}\left(1 - \frac{p}{p_{cr}}\right) = 1 + \frac{34.8 D^{1/4} u_l^{1/6} \rho_l}{G}\left(1 - \frac{p}{p_{cr}}\right) \qquad (4-52)$$

因为在压力 $p = 1 \sim 22$ MPa 下的 $u_l^{1/6}$ 的值为 $0.071 \sim 0.075$，若取平均值为 0.073，则对于 $p > 1$ MPa 下的工况，式（4-52）变换为

$$S = 1 + \frac{2.54 D^{1/4} \rho_l}{G}\left(1 - \frac{p}{p_{cr}}\right) \qquad (4-53)$$

适用的管径范围为

$$7\left[\frac{\sigma}{g(\rho_l - \rho_v)}\right]^{1/2} < D < 20\left[\frac{\sigma}{g(\rho_l - \rho_v)}\right]^{1/2}\left(\frac{\rho_l - \rho_v}{\rho_l}\right)^{1/4} \qquad (4-54)$$

对于管径大于上式的上限值的场合，D 用上限值代入。如果管径小于上式的下限，则可用下式计算 S

$$S = (p/p_{\mathrm{cr}})^{-0.38} \qquad (4-55)$$

4.4.6.2　变密度模型

在圆管内的垂直向上流动中，流动气泡受到 Bernouli 效应和 Magnus 效应产生的作用力，使气泡有聚集到流道中心区的趋向，因此在流通截面上，空泡份额分别呈流道中心大、沿径向向外单调地减小，到流道壁面上时为零。另一方面，流道内流体流速分布也是中心区高，壁面处为零。在径向任一位置上，Bankoff 假设气相和液相间无滑移。但是由于流道截面的中心区速度要快一些，且气体密集，使气相平均速度高于液相平均速度。将两相流体视为某种密度是径向位置函数的单相流体，故称为变密度模型。

假定圆管内两相流的速度和空泡份额按下述规律分布，即

$$u/u_c = u^* = (y/R)^{1/m} = (R^*)^{1/m}$$

$$\alpha/\alpha_c = u^* = (y/R)^{1/n} = (R^*)^{1/n}$$

式中　R——管道半径；

　　　　y——离管道内壁面的距离；

　　　　$R^* = y/R$；

　　　　m，n——分布指数；

　　　　下标 c——流道中心。

液体和气体的质量流量 W_1 和 W_v 分别为

$$W_1 = 2 \int_0^R \rho_1 u (1-\alpha) \pi (R-y) \mathrm{d}y =$$

$$2\pi R^2 \rho_1 u_c \left[\frac{m^2}{(m+1)(2m+1)} - \alpha_c \frac{(mn)^2}{(mn+m+n)(2mn+m+n)} \right]$$

$$W_v = 2 \int_0^R \rho_v u \alpha \pi (R-y) \mathrm{d}y = 2\pi R^2 \rho_v u_c \alpha_c \frac{(mn)^2}{(mn+m+n)(2mn+m+n)}$$

截面上的平均空泡份额 $\langle \alpha \rangle$ 为

$$\langle \alpha \rangle = \frac{2}{\pi R^2} \int_0^R \alpha \pi (R-y) \mathrm{d}y = 2\alpha_c \frac{n^2}{(n+1)(2n+1)}$$

又 $1/x = (W_1 + W_v)/W_v$，综合上述 W_1 和 W_v 计算式得到

$$1/x = 1 - \frac{\rho_1}{\rho_v} \left(1 - \frac{K_B}{\langle \alpha \rangle} \right) \qquad (4-56)$$

$$\langle \alpha \rangle = K_B \Big/ \left[1 + \left(\frac{1-x}{x} \right) \frac{\rho_v}{\rho_1} \right] = K_B \beta \qquad (4-57)$$

式中，K_B 称为 Bankoff 流动参数，其值为

$$K_B = \frac{2(mn+m+n)(2mn+m+n)}{(n+1)(2n+1)(m+1)(2m+1)} \qquad (4-58)$$

滑速比

$$S = u_v/u_1 = \left(\frac{x}{1-x} \right) \left(\frac{1-\langle \alpha \rangle}{\langle \alpha \rangle} \right) \frac{\rho_1}{\rho_v} = \frac{1-\langle \alpha \rangle}{K_B - \langle \alpha \rangle} \qquad (4-59)$$

Bankoff 将他的计算公式与 Martineli - Nelson 的关系式相比较，得出在 $\langle \alpha \rangle \leqslant 0.85$ 范

围内，$K_B = 0.89$ 时式（4-57）可得到很满意的结果。

4.4.6.3 漂移流模型

Behringer 是第一个考虑了两相间滑移，Bankoff 是第一个考虑了流通截面上空泡份额和流速的不均匀分布。Zuber 和 Findlay 认为须同时考虑气液两相之间的滑移以及在流通截面上空泡份额和流速的不均匀分布。

两相速度任一量 F 可采用下述两种平均值定义：

按截面平均

$$\langle F \rangle = \frac{1}{A} \int_A F \, \mathrm{d}A$$

按空泡份额权重平均

$$\langle F \rangle = \frac{\langle \alpha F \rangle}{\langle \alpha \rangle} = \frac{\dfrac{1}{A} \displaystyle\int_A \alpha F \, \mathrm{d}A}{\dfrac{1}{A} \displaystyle\int_A \alpha \, \mathrm{d}A}$$

按截面平均定义的量有

$$\langle u_v \rangle = \left\langle \frac{J_v}{\alpha} \right\rangle$$

$$\langle u_v \rangle = \langle J \rangle + \langle u_{vj} \rangle$$

$$\left\langle \frac{J_v}{\alpha} \right\rangle = \langle J \rangle + \langle u_{vj} \rangle$$

按权重平均定义的量有

$$\overline{u}_v = \frac{\langle \alpha u_v \rangle}{\langle \alpha \rangle} = \frac{\langle J_v \rangle}{\langle \alpha \rangle}$$

$$\langle u_v \rangle = \langle J \rangle + \langle u_{vj} \rangle$$

$$\frac{\langle J_v \rangle}{\langle \alpha \rangle} = \frac{\langle \alpha J \rangle}{\langle \alpha \rangle} + \frac{\langle \alpha u_{vj} \rangle}{\langle \alpha \rangle}$$

将上式两侧都除以 $\langle J \rangle$，则有

$$\frac{\langle J_v \rangle}{\langle J \rangle \langle \alpha \rangle} = \frac{\langle \alpha J \rangle}{\langle \alpha \rangle \langle J \rangle} + \frac{\langle \alpha u_{vj} \rangle}{\langle \alpha \rangle \langle J \rangle}$$

令 $C_0 = \dfrac{\langle \alpha J \rangle}{\langle \alpha \rangle \langle J \rangle} = \dfrac{\dfrac{1}{A} \displaystyle\int_A \alpha J \, \mathrm{d}A}{\dfrac{1}{A} \displaystyle\int_A \alpha \, \mathrm{d}A \cdot \dfrac{1}{A} \displaystyle\int_A J \, \mathrm{d}A}$，且因 $\langle J_v \rangle / \langle J \rangle = \beta$，前式变换为

$$\frac{\langle \beta \rangle}{\langle \alpha \rangle} = C_0 + \frac{\langle \alpha u_{vj} \rangle}{\langle \alpha \rangle \langle J \rangle}$$

或表示为

$$\langle \alpha \rangle = \frac{\langle \beta \rangle}{C_0 + \dfrac{\langle \alpha u_{vj} \rangle}{\langle \alpha \rangle \langle J \rangle}} \tag{4-60}$$

且有

$$\frac{\overline{u}_v}{\overline{u}_1} = \frac{\langle J_v \rangle / \langle \alpha \rangle}{\langle J_1 \rangle / \langle 1 - \alpha \rangle} = \langle 1 - \alpha \rangle \left[\frac{\langle J \rangle - \langle J_v \rangle \langle \alpha \rangle}{\langle J_1 \rangle} \right]^{-1} =$$

$$\langle 1 - \alpha \rangle \left[\frac{(1 - \langle \beta \rangle) \langle \alpha \rangle}{\langle \beta \rangle} \right]^{-1} = \langle 1 - \alpha \rangle \left[\frac{1}{C_0 + \dfrac{\langle \alpha u_{vj} \rangle}{\langle \alpha \rangle \langle J \rangle}} - \langle \alpha \rangle \right]^{-1} \quad (4-61)$$

可运用流通截面上的流速和空泡份额分布计算 C_0 和 $\langle \alpha u_{vj} \rangle / \langle \alpha \rangle \langle J \rangle$，由（4 - 60）计算 $\langle \alpha \rangle$。C_0 考虑了流速和空泡份额不均匀分布的影响，称为分布参数。而气相的权重平均漂移速度 $\langle \alpha u_{vj} \rangle / \langle \alpha \rangle$ 考虑了两相间相对速度的影响。

假定圆管内轴对称流动和空泡份额的分布为

$$J / J_c = 1 - (r/R)^m$$

$$(\alpha - \alpha_w) / (\alpha_c - \alpha_w) = 1 - (r/R)^n$$

式中　R——圆管内半径；

　　　r——圆管内任意点处的半径；

　　　下标 w——壁面；

　　　c——流道中心。

把上述分布关系式代入到 C_0 的定义式中，可得到

当用 α_w 表示时，$C_0 = 1 + \dfrac{2}{m+n+2} \left[1 - \dfrac{\alpha_w}{\langle \alpha \rangle} \right]$

当用 α_c 表示时，$C_0 = \dfrac{m+2}{m+n+2} \left[1 + \dfrac{\alpha_c}{\langle \alpha \rangle} \cdot \dfrac{n}{m+2} \right]$

可知，如果空泡份额是均匀分布的，即 $\alpha_w = \alpha_c = \langle \alpha \rangle$，则 $C_0 = 1$；如果 $\alpha_c > \alpha_w$，则 $C_0 > 1$；如果 $\alpha_c < \alpha_w$，则 $C_0 < 1$。

4.5　预冷系统设计原则

预冷系统的设计与总体方案和总体布局是密切相关的，因为一旦贮箱的位置、管路整流罩以及箭体开口等经过确定，预冷系统中的输送管、循环预冷管等的布局也就基本确定了，可设计的余地是很小的。因此，预冷方案设计是一项贯穿火箭设计全流程的工作，从方案论证阶段就应融入预冷系统设计的内容。

4.5.1　预冷方案的确定

预冷方案应根据发动机的特点和使用环境来确定。

标准大气压下液氧的密度为 1 136.6 kg/m³，比水的密度还更大一些，通常只要回流管的长度足够，自然循环流动都是可以建立的。由于液氢的密度很低，标准大气压下仅为 70.8 kg/m³，依靠密度差的自然循环通常无法建立，因此一般适宜采用循环泵来驱动液氢循环流动。当然循环泵的研制难度是非常大的，因此早期的氢氧发动机都是采用排放预冷

方案，出于降低技术难度，简化系统的目的也可以采用排放预冷方案，这取决于引入循环泵和排放液氢两种方案的代价。人马座上面级通过加强绝热的方法将液氢排放的代价降到最小，这样的方案值得借鉴。

当自然循环动力不足时，可以采用氦气引射或者强排的方案增强预冷效果。对于一级发动机，一般适合采用氦气引射的方案，氦气及其引射系统由地面发射支持系统提供，箭上系统得到简化。对于二级、三级这样的上面级发动机，在箭上自带一套氦气引射系统的代价往往比较大，这时候可以考虑短时强排预冷的方案。当引射氦气的用量不大时也可以考虑与增压共用氦气源以达到简化系统的目的。

对于二次启动发动机，在第二次启动前推进剂一般只剩很少的量，而且通常这时处于微重力状态，自然循环是无法形成的，只能采用排放预冷的方案。有短时强排方案也有间歇式排放方案，取决于二次启动前的滑行时间。若时间较短，适宜采用点火前的短时强排方案，若滑行时间较长，则适宜采用间歇式排放的方案。

排放预冷方案简单，对各级发动机均可适用，只是由于其耗费推进剂较多，在新型火箭上已经很少采用了。

4.5.2　预冷系统布局设计

前后箱的布局直接影响着输送管和回流管的长度，如图 4-24 所示，当氧箱在前的时候液氧输送管路和回流管路就比较长，可以产生更强的循环驱动力。但主输送管越长也意味着沿输送管的漏热越多，进入发动机的液氧温度就越高。因此，输送管的长度必须与循环流量相匹配，使循环流动带走的热量大于输送管带入的热量。

贮箱的高度是根据飞行任务所需要的加注量计算得到的，贮箱高度确定后输送管的高度也就确定了，因此实际上输送管的长度往往是不可更改的。所以在方案论证时就应根据大的预冷方案确定前后箱的布局。

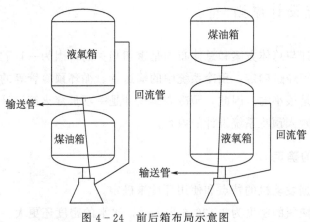

图 4-24　前后箱布局示意图

导管整流罩一方面影响着全箭的气动特性，另一方面也影响着回流管路的走向。

图 4-25 所示为某型号循环管路的布局图，可以看到由于整流罩与发动机氧主阀在周

向上相距较远，使得在循环管路布局时增加了一段水平管段。在自然循环中，水平管段是不能产生密度差的，也就不能提供循环驱动力，并且增加了循环的阻力，这在自然循环预冷系统设计中应尽量避免。因此在总体布局时应使发动机的周向布局与导管整流罩的布局相匹配，消除水平循环管的产生。

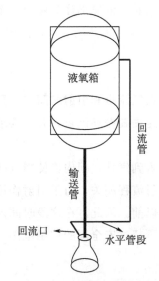

图 4 - 25　某型号循环管路布局图

同样，在箭体设置预冷排放口时也应使开口与发动机氧主阀在周向上一致，从而简化管路布局。

4.5.3　回流管参数设计

回流管设计的优劣对自然循环的影响非常重要，主要包含回流管通径、回流口位置和回流管绝热三方面内容。

回流管通径小则外界环境向回流管的导热减小，流动阻力增大，不利于循环流动，但同时循环的负载减轻了，有利于提高循环速度；回流管通径大则外界环境向回流管的导热增大，流动阻力减小，对自然循环有利，但增加了循环的负载，对自然循环不利。因此回流管通径的设计需综合考虑，选择适应于自身特点的自然循环系统的尺寸，通常情况下选择 50～60 mm 通径的回流管是比较适中的。

回流口的位置通常有三种状态：液面以上、液面以下靠近液面附近、贮箱底部。回流口在液面以上的状态时，通过回流管进入贮箱的气液两相流体会在液面以上产生局部的非稳态冷凝现象，引起循环流量脉动，自然循环稳定性较差，因此通常建议将回流口设置在液面以下。回流口在液面以下靠近液面附近的状态，回流管路长度比较大，循环驱动力也比较强，并且由于液氧的冷却作用降低了非稳态脉动现象，因此是较优的位置选择。只有当输送管足够长的时候，出于减少液氧热分层量，促进气枕空间稳定的目的，也可以将回流口设置在贮箱底部。

虽然从理论分析的角度认为，在回流管不包覆绝热层的状态下，外界环境的导热增加可以提高循环流量。但通过仿真分析和实际试验的结果都表明，与回流管包覆绝热层的状态相比，不包覆绝热层的状态下循环流量并没有明显的提升[53]。这是因为在回流管不包覆绝热层的状态下，回流管周围的水蒸气会受低温影响而凝结，在管壁上形成霜，并逐渐凝结成厚厚的冰层。从试验结果来看，液氧加注后停放 2 个小时以上冰层的厚度可以达到 10 mm 以上。因此，冰层本身就起到了隔热的效果，削弱了循环的驱动力。

4.5.4 氦气引射系统设计

氦气引射系统设计主要包括氦气流量和引射时间。引射的时间通常是比较短的，因此要求氦气流量必须足够大，能快速提高循环流量，并在要求的时间内使发动机温度降低到要求的范围内。

引射氦气通过回流管最终进入到气枕空间内，使得气枕压力升高，这是氦气引射的副作用。引射的时间往往与火箭发射流程相关，由于引射作用的时效性，引射时间一般设定在贮箱预增压以后，发动机点火以前。因此，在这段时间内还需要匹配好氦气流量和引射时间的关系，保证气枕压力升高不超过安全阀的控制范围。

4.5.5 强排时间的选择

强制排放是比氦气引射更有效的预冷增强手段，在给定箱压和排放管路的条件下排放的流量是确定的，唯一需要控制的是强排时间[54]。强排时间必须足够长才能使发动机温度降低到要求的范围内，但又不能过长。强排时间越长，消耗的推进剂越多，也就意味着起飞重量的增加，推进剂有效用量的减少和运载能力的损失。一般情况下，强排的推进剂量超过发动机液腔的灌注量即可。

4.6 预冷案例分析

一级发动机预冷在火箭起飞时结束，若在预定的时间内预冷失败，可以推迟火箭发射，在地面采取补救措施。二级发动机除了起飞前的地面预冷阶段外，在火箭起飞后至二级发动机点火前的一级飞行段需要继续预冷，称为空中预冷阶段。如果二级发动机不能按时序预冷好，就会造成二级发动机点火失败、火箭轨道偏移、液氧过多消耗而无法得到补充，严重时甚至造成火箭发射的失败。因此，二级火箭发动机预冷的难度更大，更加复杂，可靠性要求也更高。

二级或低温上面级发动机预冷分为地面预冷和空中预冷两个阶段，在地面阶段可以增加过冷液氧补加的措施，在空中阶段可以针对循环预冷增加氦气引射的措施或采用循环泵等强制循环措施，如图 4-26 所示。

针对各火箭子级，可以根据火箭的具体要求进行多种预冷方案组合，以增强预冷效果、简化预冷系统和发射时序为优化目标。

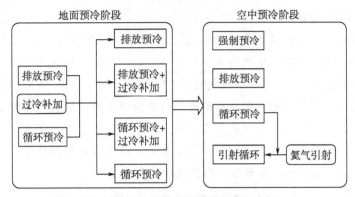

图 4-26 二级发动机预冷方案组合图

一般一级在加注后就对发动机进行了预冷，预冷方案采用排放预冷或循环预冷方案即可，无须多种方案进行组合。二级或上面级由于存在运载能力和发动机点火前预冷时序问题，需要选择地面自然循环预冷和空中排放预冷组合等多种方案。

4.6.1 地面循环预冷＋空中引射循环

4.6.1.1 方案概述

在自然循环末期，循环流动的驱动压头减弱，循环流量减小，可以通过氦气引射来增加系统的驱动压头，促进循环。预冷系统原理如图 4-27 所示。

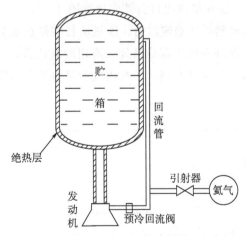

图 4-27 地面循环预冷＋空中引射循环方案原理图

引射用的氦气可以有三个来源，最常见的是由地面提供氦气。如果采用地面供气，则引射在－3 min 结束，到＋3 min 二级发动机点火总共是 6 分钟时间。从前期的分析和试验结果来看，引射具有很强的时效性，引射停止后循环流量立刻降低，发动机进出口温度很快回到引射前的温度水平。所以只在地面引射是不会对发动机最终温度产生影响的，因此，对于二级或上面级发动机，引射应该在发动机点火前进行，引射具体时间根据引射效果确定。

4.6.1.2　仿真结果及分析

针对二级发动机自然循环预冷系统，选定回流管通径为 50 mm，回流管包覆 10 mm 绝热层，设其绝热层平均热导率为 $\lambda = 0.1$ W/(m·K)，回流口距贮箱筒段上端面 0.3 m，液氧加注量 10 m³。为减少氦气用量，临射前采用 1 MPa 氦气引射。

根据仿真结果，引射开始时刻发动机进出口的温降很快，后期则下降很缓慢，长时间引射的意义不大，因此设定运载火箭起飞后 1 min 开始氦气引射。在这个时段火箭飞行动作不多，引射时序的加入不致使飞行时序过度复杂。仿真以自然循环稳定状态作为初始条件，时间同样以火箭发射前 1 h 开始，则预冷时序见表 4-5。

表 4-5　地面循环预冷＋空中引射循环方案时序

序号	项目	状态/参数	时刻/时段
1	自然循环预冷	预冷回流阀打开，自然循环逐渐建立并稳定运行	−60 min（0 s）
2	贮箱预增压	关闭排气阀，打开增压阀充入氦气，贮箱增压到 0.5 MPa	−15 min（2 700 s）
3	火箭起飞	一级发动机点火，火箭起飞	0 s（3 600 s）
4	氦气引射	引射压力 1 MPa，时间 2 min	＋1 min（3 660 s）
5	二级发动机预冷结束	自然循环预冷结束，二级发动机点火	＋3 min（3 780 s）

液氧循环流量变化见图 4-28，回流管各监测点处空泡份额变化见图 4-29，发动机进出口温度变化见图 4-30，发动机进出口温差变化见图 4-31。

从图 4-28 可以看出自然循环稳定以后，液氧流量维持在 0.7 kg/s 左右，发动机进出口的温度缓慢下降，整个循环系统大部分已处于液相浸泡状态，只在回流管中仍有气泡存在。预增压后，由于液氧饱和温度升高，系统内气泡基本消失（图 4-29），循环流量因此降低到 0.16 kg/s。

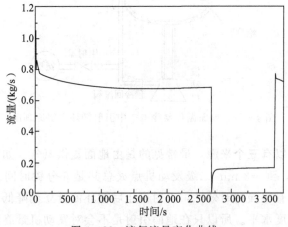

图 4-28　液氧流量变化曲线

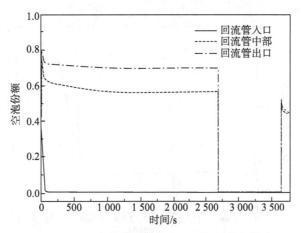

图 4 - 29　回流管各监测点处空泡份额变化曲线

从图 4 - 30 可以看出预增压后发动机进出口的液氧温度快速上升，直到氦气引射时由于循环流量大幅提高使得温度再度下降。至仿真结束时发动机入口温度为 91.5 K，出口温度为 91.8 K，满足发动机启动时进出口温度不高于 93 K 和 95 K 的要求，但设计余量较小，入口为 1.5 K，出口为 3.2 K。目前仿真状态下预增压后只停留 15 分钟，当遇到延迟发射等情况发生时，预增压后会停留较长时间，从图 4 - 30 可以看出预增压后液氧的温度逐渐升高，以目前的温度裕度不能支持过长的停放时间。在此方案的基础上，本文在地面自然循环阶段加入过冷补加措施，经仿真计算后得到同样仿真时间内，最终发动机入口温度达到 85.0 K，出口温度达到 85.3 K。

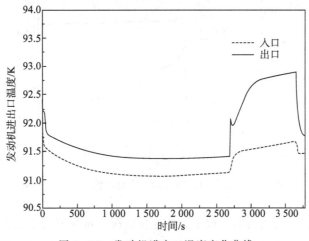

图 4 - 30　发动机进出口温度变化曲线

图 4 - 31 给出了发动机进出口的温差变化，可见温差由常压时 0.3 K 升高到增压时 1.2 K，说明压力提高后液氧的吸热速率加快。氦气引射后，液氧流量迅速提高到 0.73 kg/s，发动机出口温度处的热氧逐渐被贮箱内的冷氧代替，温度迅速下滑，发动机进出口温差缩小。

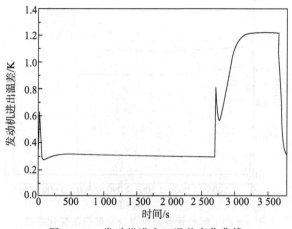

图 4 - 31　发动机进出口温差变化曲线

图 4 - 32 是氦气引射时发动机进出口温度随循环流量的变化情况，发动机入口温度本身就处于较低状态，引射后变化不大，只有 0.2 K，发动机出口的温降比较明显，达到 1.1 K。液氧流量在引射 10 s 后即稳定下来，引射 20 s 后发动机入口温度基本不再变化，而发动机出口温度在引射 40 s 后下降速度就很慢了，80 s 后温度基本稳定。而且进出口的温差也降到常压循环时的 0.3 K，可见 120 s 引射时间是足够的，发动机可以获得较好的预冷效果。

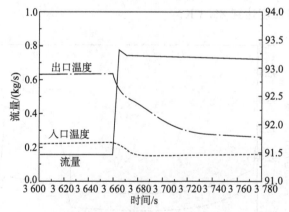

图 4 - 32　氦气引射时发动机进出口温度随流量变化

图 4 - 33 给出了氦气引射时气枕压力的变化情况，可见氦气引射在增强预冷效果的同时还起到了增大气枕压力的作用。由于氦气的不可凝和低密度特性，氦气从回流管进入贮箱后不会发生凝结或沉积，而是形成气泡从液氧中升起进入气枕空间，引起气枕压力升高。1 MPa 引射的氦气流量较小，至仿真结束时气枕压力尚未达到安全阀打开压力。1 MPa 引射时氦气流量为 3 g/s，2 min 引射时间氦气用量为 0.36 kg，氦气用量并不大，再考虑引射可提高气枕压力的作用，建议从补压气瓶中引出一路氦气供引射使用。

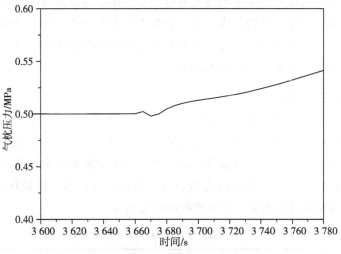

图 4 - 33　氦气引射时气枕压力变化

4.6.2　地面循环预冷＋空中排放预冷

4.6.2.1　方案概述

液氧从主输送管进入发动机并对发动机进行预冷，从发动机出来后是一个两位三通阀门，可以在回流口和排放口两个位置变换，相对应的分别是循环预冷和排放预冷。排放预冷的本质和氦气引射是一样的，都是通过提高液氧流量，加速将原来受热的液氧排出，预冷系统吸收外界热流的能力也相应得到提升，因此使发动机出口温度得到降低，自然循环预冷＋空中排放预冷的工作原理见图 4 - 34。

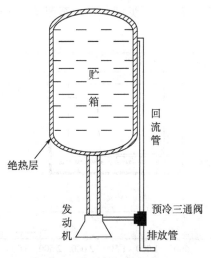

图 4 - 34　地面循环预冷＋空中排放预冷方案原理图

此方案的目的就是在二级发动机点火前由自然循环预冷转为排放预冷，增强预冷效果。这时采用将液氧直接排到空中的方式进行预冷。由于高空预冷阶段液氧直接排在大气中，为避免对地面设备和人员的伤害，在火箭起飞后 1 分钟或二级发动机点火前方才开始排放液氧。与 4.6.1 节的方案 1 相比，不用增加氦气瓶等系统组件，可以减轻箭体质量，但是排放的液氧必然导致初始加注量的增加。

4.6.2.2　仿真结果及分析

针对二级发动机自然循环预冷系统，选定回流管通径为 50 mm，回流管包覆 10 mm 绝热层，设其绝热层平均热导率为 $\lambda = 0.1$ W/（m·K），回流口距贮箱筒段上端面 0.3 m，排放管通径 22 mm，液氧加注量 10 m³。由于增压后液氧排放量较大，为减少液氧消耗量排放的时间设定在二级发动机点火前 20 s。仿真以自然循环稳定状态作为初始条件，时间同样以火箭发射前 1 h 开始，详细预冷时序见表 4-6。

表 4-6　地面循环预冷+空中排放预冷方案时序

序号	项目	状态/参数	时刻/时段
1	自然循环预冷	预冷回流阀打开，自然循环逐渐建立并稳定运行	−60 min（0 s）
2	贮箱预增压	关闭排气阀，打开增压阀充入氦气，贮箱增压到 0.5 MPa	−15 min（2 700 s）
3	火箭起飞	一级发动机点火，火箭起飞	0 s（3 600 s）
4	排放预冷	排放管通径 16 mm	+2 min（3 720 s）
5	二级发动机预冷结束	排放预冷结束，二级发动机点火	+3 min（3 780 s）

液氧流量变化见图 4-35，发动机进出口温度变化见图 4-36，发动机进出口的温差变化见图 4-37。前期地面预冷阶段为自然循环预冷，状态和方案 1 相同，流量和温度曲线的变化情况均是一致的，此处不再做分析。与方案 1 相比，预冷时序仅在发动机点火前有所不同，方案 1 为提前 2 min 氦气引射，此方案为提前 20 s 排放液氧，因此仅对最后排放液氧时段的流量和温度情况进行分析，见图 4-35 至图 4-37 中的小图部分。

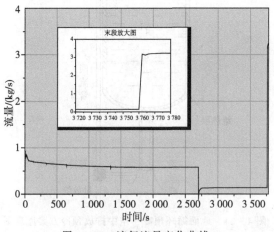

图 4-35　液氧流量变化曲线

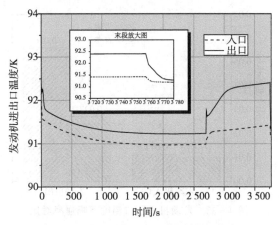

图 4-36　发动机进出口温度变化曲线

从图 4-35 可以看到，在预冷过程最后时段，排放阀打开，液氧流量迅速从 0.14 kg/s 升高到 3.3 kg/s。发动机进出口温度随之下降，入口温度由原来的 91.4 K 降低到 91.2 K，出口温度由原来的 92.4 K 降低到 91.3 K，并且进出口温差由原来的 1 K 缩小到 0.1 K。与方案 1 相同，此方案最终的温度满足发动机启动要求，但这是在限定时序内的结果，若预增压后停放时间增长则余量显得较小。在地面自然循环阶段加入过冷补加措施后，最终发动机入口温度可降低到 84.7 K，发动机出口温度可降低到 84.8 K。

对比图 4-36 和图 4-30 可知采用液氧排放时发动机进出口的温度下降更快，将最后时段发动机进出口温度平均下降速率和方案 1 引射 20 s 时的温降速率对比，见图 4-38。可见排放液氧的方法比氮气引射的预冷效果更好，但方案 1 引射时间长，最终的温度水平和方案 2 基本相同。

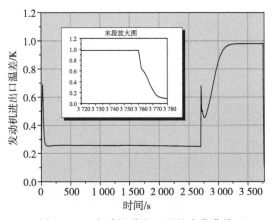

图 4-37　发动机进出口温差变化曲线

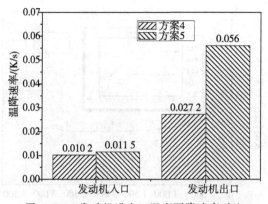

图 4 - 38　发动机进出口温度下降速率对比

第5章 增压输送系统总装设计

增压输送系统的方案在火箭上的具体实现是通过总装来实现的，根据火箭总体构型及贮箱开口和凸出物等骨架模型，需要将系统原理图中的阀门、管路布置到火箭结构中。

总装设计的主要内容包括：系统总装布局设计、系统安装、管路系统设计、密封结构和补偿器设计、紧固件设计选用，以及管路绝热、防热等。

增压输送系统设计根据火箭总体开口、凸出物、布局、增压输送系统原理图及有关技术参数要求进行设计，产品尽可能通用化、系列化，设计要求如下：

1) 与介质相容性好；

2) 能通过规定的流量并满足流阻要求；

3) 密封性符合要求；

4) 强度满足要求，可靠性高且质量小；

5) 结构协调性好；

6) 环境适应性好；

7) 使用维修操作方便；

8) 工艺性及经济性好。

5.1 增压输送系统总装布局

增压输送系统总装布局主要包括管路系统布局和阀门附件布局。火箭空间是有限的，因此增压输送系统的总装布局的空间有限，一般先确定发动机布局形式，再确定主输送管等大直径管路和增压气瓶的布局，再根据箭地连接要求确定加注阀、排气阀等主要阀门位置，最后对其他阀门附件和细管路进行布局安装。在布局设计时需要考虑以下原则：1) 满足总体构型要求；2) 箭地结构满足总体箭地连接要求；3) 管路直径和走向满足系统流阻要求；4) 需考虑安全性、工艺性、维修性。

5.1.1 管路系统布局

管路系统布局以总体骨架模型为依据，综合考虑液体和气体流动阻力、管路生产工艺性、箭体安装补偿要求等因素，确定管路系统的走向、分段面位置、补偿形式及支架布置等。

5.1.1.1 管路走向确定

在输送系统中，主输送管路的直径涉及系统压力损失和贮箱增压压力，需要在满足火箭整体布局要求的前提下，合理选择管路直径和走向，即确定管路的起止点及走向的空间部位。设计的一般原则和注意事项如下：

1) 管路管线尽可能短，弯曲半径尽可能小；

2) 管路的几何形状要有利于降低流阻，特别是管路分支和拐弯处要圆滑过渡；

3) 管路的起止端及穿舱部位要留有足够的装配操作空间；

4) 管路走向和管子中心线高度应考虑安装支撑的可能性，沿贮箱外壁走向的管路还需考虑与整流罩的高度协调。

典型舱段增压输送系统管路布局如图 5-1 所示。

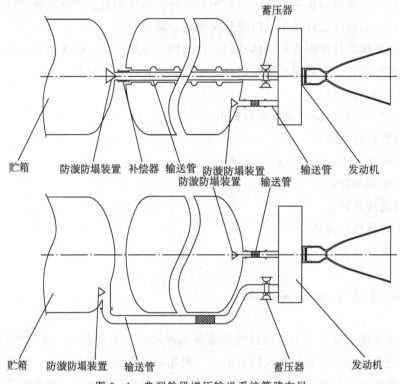

图 5-1　典型舱段增压输送系统管路布局

5.1.1.2　管路分段面设置

运载火箭管路一般都需要在各管段设置对接分段面，管路布局时，应尽量减少分离面，以便减小结构质量和提高可靠性，确定的分段面要满足以下需求：

1) 制造、检测及维修的需要；

2) 安装和操作的空间限制要求；

3) 火箭级间分离需要。

5.1.1.3　管路补偿形式选定

外径小于 $\phi 25$ mm 的管路一般不专设补偿元件。直径较大的管路，一般需专设补偿元件，在布置补偿元件时，对长导管要根据结构情况进行分段，每段单独配置补偿元件，承担所分配的补偿量。

补偿形式及安装位置的选择对载荷分布和装配工艺性有重要影响，有以下所列情况之一时，需考虑设置补偿元件：

　　1）由于制造原因连接部位存在角度和径向及轴向偏差，难于装配或不允许承受较大的装配力时；

　　2）由于高温或低温造成较大的热胀冷缩位移；

　　3）系统中有活动部件或两端有相对位移；

　　4）有强烈的振动或压力波动，需要柔性元件吸收时。

补偿结构有补偿器和补偿管两种类型，补偿器由波纹管和连接环组成，可以将其分为有限位装置和无限位装置两类。有限位装置补偿器，一般用于需要补偿较大的角位移和径向位移或需要限制波纹管推力时；无限位装置补偿器，一般用于直管段，可以补偿轴向位移及小的径向和角度偏差。

根据载荷和补偿要求可以选用单层或多层波纹管，内压较大时还需选用带加强装置的波纹管。

5.1.2　阀门附件布局

对于气瓶贮气增压系统，一般是布置于被增压贮箱箱底近旁，当贮箱为共底或气瓶数量较多时，往往集中布置于后箱后短壳内或前箱顶支架上。

阀门布局时，需注意避免阀门内弹簧调节方向与飞行方向一致。对部分在总装完成后需调节的阀门，布局时考虑操作的可行性。

5.2　增压输送系统安装

系统总装布局完成后，进行安装设计，包括管路固定形式、连接件形式设计、与阀门外形及对接面尺寸的协调等。

5.2.1　管路安装

对直径小于 $\phi 25$ mm 的导管，管路的走向应尽量靠近箱体或发动机机架以便固定，两个固定点之间的距离一般不大于 1 m，如有需悬空连接的导管，其悬空距离不可太长，一般为 $400\sim 800$ mm，具体数值依据管径和材质确定。在确定导管空间形状时，要充分考虑装配偏差和工作变形补偿问题。敷设该类导管时需考虑飞行振动时导管的振幅，与周围组件至少有 $5\sim 8$ mm 的间隙，如邻近存在刚性较弱或有相对运动的构件时，其间隙应按可能出现的最大振幅计算。固定该类导管一般采取各种样式的卡箍固定，如图 5 - 2 所示。

对直径大于 $\phi 25$ mm 的导管，一般采用固定支架和滑动支架，固定支架的基本形式是上部与导管或阀门连接，下部固定于舱体桁条、箱体上，以实现承力和传力的作用，具体结构因安装部位而不同。典型固定支架如图 5 - 3 所示。固定支架在设计上要求有足够的

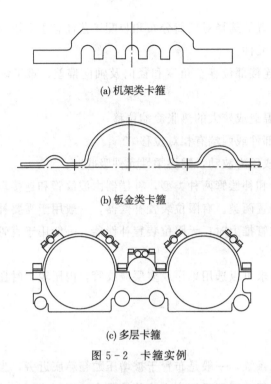

(a) 机架类卡箍

(b) 钣金类卡箍

(c) 多层卡箍

图 5 - 2　卡箍实例

强度和刚度，并应使导管或阀门牢固地固定在支架上，其安装基座应在舱体承力构件上。其中对需要在贮箱上焊接的支架，一般先在贮箱上焊接一转接板，管路支架与转接板连接，以方便大直径管路协调。

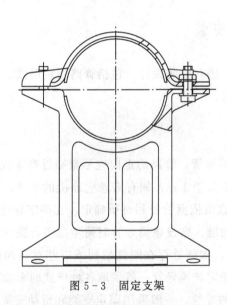

图 5 - 3　固定支架

滑动支架有完全式结构和不完全式结构之分，完全式结构如图 5 - 4 (a) 所示，具有支架的完整构件，导管全由支架支撑，多为冲压焊接件，下部底座安装依具体需要而定，一般固定于舱体内部壳段内。不完全式结构为卡箍式结构，如图 5-4（b）所示它有半圆形卡箍及支座，卡箍与支座合成完整支架，卡箍式支架多用于箱体外壁因整流罩高度限制导管中心线高度的部位，滑动式支架结构不应妨碍管路因温度变形引起的移动，当管路在支架内滑动时不应偏斜。

所有支架与安装基座对接，一般都采用螺纹连接方式，支架材料一般选用铝合金。

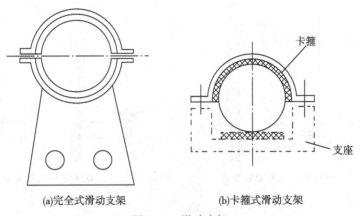

(a)完全式滑动支架　　　　(b)卡箍式滑动支架

图 5-4　滑动支架

5.2.2　阀门附件安装

阀门布置，基本上是按其功能要求安装，在进行阀门附件安装设计时应考虑以下几点：

1）气瓶因数量和体积的因素，一般集中布置在箭体力学环境相对较好的舱段；

2）阀门安装需要考虑操作性、维修性和可测试性。

气瓶的安装主要根据气瓶外形及安装条件确定。安装在箱底的柱形气瓶一般水平安装，支架焊接在贮箱前后底，采用两根箍带及尾部支座，如图 5-5 所示；安装在舱壁的柱形气瓶一般竖直安装，支架与桁条连接，采用一根箍带及尾部支座，如图 5-6 所示；

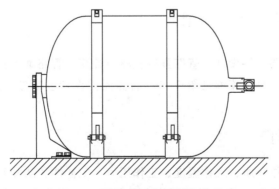

图 5-5　箱底柱形气瓶安装形式

安装在舱壁的柱形气瓶也可采用两个半圆形卡箍固定气瓶前后部位，卡箍在连接支架后与舱壁连接，此种方式不需要连接箍带，如图 5-7 所示；安装在舱壁的球形气瓶一般采用"十"字箍带，支架与舱壁连接，如图 5-8 所示。

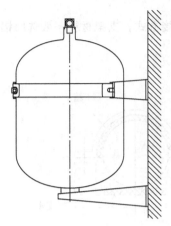 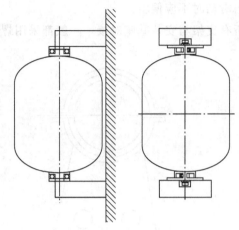

图 5-6　舱壁柱形气瓶安装形式　　　　图 5-7　舱壁柱形气瓶安装形式

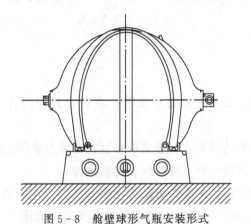

图 5-8　舱壁球形气瓶安装形式

5.3　增压输送系统管路设计

　　管路设计包括管路元件设计、管路强度校核与计算、管路强度试验、管路交付验收试验、管路可靠评估等，具体流程见图 5-9。管路元件设计包括导管设计、补偿元件设计、密封元件设计。

5.3.1　导管材料选用

　　导管材料根据工作介质、工作温度、工作压力、工艺性和防盐雾等来选择。工作介质主要考虑与材料的相容性，管材要与工作介质相容，在工作介质中不发生危害性能的质变；工作温度主要是考虑材料耐温性，必须在材料温度的使用范围内；工作压力主要是考

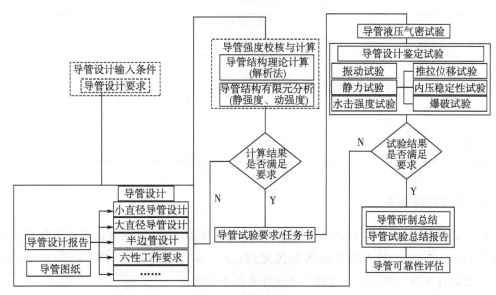

图 5 - 9　管路设计流程

虑材料的力学性能（强度，塑性，冲击韧性）；工艺性问题主要是材料的可焊性、可成形性及可加工性；防盐雾主要通过表面处理，使产品外表面形成保护膜，不锈钢材料采用酸洗钝化，铝合金材料采用阳极化。

小直径导管一般选用铝合金或不锈钢导管。铝合金导管推荐使用标准 GJB 5499—2000《航天舱体用铝合金管材规范》选用高精度导管；不锈钢导管推荐使用标准 GJB 2296A—2005《航空用不锈钢无缝钢管规范》选用高精度导管；钢管可从表 5 - 1 选用。

大直径导管和半边管尽量选用无缝钢管制成，可从表 5 - 1 选用；也可使用板材弯制而成。常温管路推荐使用不锈钢 1Cr18Ni9Ti、1Cr21Ni5Ti 和铝合金 5A06，低温管路推荐使用奥氏体不锈钢 00Cr18Ni9Ti、1Cr18Ni9（302）、1Cr18Ni9Ti（312）、0Cr18Ni9（304）、00Cr18Ni9（304L）、Cr18Ni12Mo2Ti（316）、00Cr17Ni12Mo2Ti（316L）和铝合金 5A06，高温管路推荐使用不锈钢 1Cr18Ni9Ti。铝合金板材推荐选用标准 GB/T 3880—1998《铝及铝合金轧制板材》；不锈钢板材推荐选用标准 GJB 2295A—2006《航空用不锈钢冷轧板规范》；不锈钢导管推荐使用标准 GJB 2296A—2005《航空用不锈钢无缝钢管规范》选用高精度导管；钢管可从表 5 - 1 选用。

表 5 - 1　无缝钢管规格统计表　　　　　　　　　　　单位：mm

外径×壁厚							
4×0.5	8×0.65	22×0.8	6.5×1	20×1	34×1	16×1.25	28×1.5
5×0.5	10×0.7	6×0.85	8×1	22×1	35×1	18×1.25	30×1.5
6×0.5	10×0.75	8×0.85	9×1	24×1	36×1	50×1.25	33×1.5
8×0.5	12×0.75	9.5×0.85	10×1	25×1	38×1	8×1.5	35×1.5
10×0.5	16×0.75	13×0.85	12×1	26×1	44×1	9×1.5	38×1.5

外径×壁厚							
12×0.5	20×0.75	12×0.9	13×1	27×1	8×1.1	10×1.5	43×1.5
14×0.5	6×0.8	19×0.9	14×1	28×1	12×1.1	12×1.5	7.5×1.75
25×0.5	8×0.8	7.7×0.95	15×1	29×1	15×1.1	13×1.5	10×2
6×0.6	16×0.8	5×1	16×1	30×1	14×1.2	16×1.5	11×2
8×0.6	22×0.8	6×1	18×1	32×1	8×1.25	27×1.5	20×2
48×0.25	60×0.35	86×0.5	97×0.5				

5.3.2　导管焊接要求

铝合金导管熔焊按 QJ 2698A—2011 Ⅰ级焊缝等级的规定；1 mm 以下的薄壁不锈钢管焊接按 QJ 1165A—2011 Ⅰ级焊缝等级的规定；1 mm 以上的不锈钢焊接按 QJ 1842A—2011 Ⅰ级焊缝等级的规定外，设计时还应注意以下要求：

1) 尽量采用相同的材料；

2) 壁厚应尽可能相同或接近；

3) 导管接头两端的直线段长度一般应不小于 10 mm，留有焊接直线段；

4) 导管两端圆度不大于 0.2 mm；

5) 带有纵缝的管子与半边管焊接时，避免十字交叉焊缝；

6) 大直径导管焊接采用对焊接头。

5.3.3　小直径导管设计

小直径导管设计主要包括小直径导管密封设计、小直径导管弯制、小直径导管壁厚确定。

5.3.3.1　小直径导管密封设计

小直径导管连接一般采用螺纹连接形式，按流通介质可分为锥面 O 胶圈密封形式和台阶型软金属垫片密封形式。低温密封（−77 K）可选用台阶型密封；温度在 −173～293 K 之间，可选用锥面 O 胶圈密封，密封圈材料为苯基硅橡胶 DB - 60 G256；温度在223～323 K 之间可选用锥面 O 胶圈密封，密封圈材料为丁晴胶试 5171 GJB 250A—1996；温度大于 323 K 选用锥面 O 胶圈密封，密封圈材料为氟橡胶 F - 275 Q/GHAG 42 - 98，导管连接件详见 5.4 节密封结构设计。

5.3.3.2　小直径导管弯制

小直径导管弯曲半径按图样或 QJ918 规定执行，弯曲半径不小于 1.5 D，结构如图5-10所示。管子弯曲处壁厚变薄量，应符合如下要求：

1) 铝合金导管弯曲处壁厚变薄量不大于管材壁厚名义尺寸的 25%；

2) 不锈钢导管弯曲处壁厚变薄量不大于管材壁厚名义尺寸的 20%。

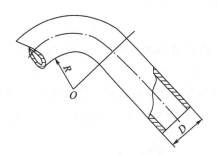

图 5 - 10　管子的弯曲半径

D—管子外径；R—弯曲半径

5.3.3.3　小直径导管壁厚计算

根据设计要求的管路通径、使用温度和压力，来确定小直径导管壁厚。导管壁厚确定应考虑以下因素：

1）导管材料特性，如强度极限、屈服极限等；

2）小直径导管设计安全系数 K_1；

3）经受环境条件如温度、振动等；

4）导管弯曲变薄量。

导管壁厚 δ 计算公式为

$$\delta = \frac{K_1}{K_2 K_3} \cdot \frac{DP}{2\sigma_b} \tag{5-1}$$

式中　P——导管设计工作压力，MPa；

　　　σ_b——导管所处环境温度下材料拉伸强度极限最小值；

　　　D——导管的内径，mm；

　　　K_1——安全系数，不小于 2；

　　　K_2——考虑导管材料的变薄量，铝合金为 0.75，不锈钢为 0.8；

　　　K_3——焊接系数，无焊缝系数取 1；1 道焊缝，1Cr18Ni9Ti 和 5A06 一般取 0.9；
　　　　　　交叉焊缝，1Cr18Ni9Ti 和 5A06 一般取 0.81。

根据公式（5-1）计算后取整，从上述管材标准中查出满足要求的管路最小壁厚。

5.3.4　大直径导管设计

大直径导管设计主要有大直径密封元件选用、大直径导管半边管设计、大直径导管壁厚计算、大直径导管密封结构选用等。

5.3.4.1　大直径密封元件选用

大直径密封元件一般采用法兰密封形式，按流通介质可分为低温差压密封结构和常温平面凹槽 O 胶圈密封结构。目前，密封结构已形成产品化，DN30 低温密封选用金属垫片密封，DN30 以上低温密封选用差压密封结构；常温密封可选用平面凹槽 O 胶圈密封结构，详见 5.4 节。

5.3.4.2 半边管设计

半边管设计时应考虑半边管最小成形要求、翻边孔尺寸及其离边缘的最小距离要求、半边管壁厚确定等。

半边管由不锈钢板或铝合金板经压弯成形。该成形工艺需考虑板材的变薄量，不锈钢板一般按 20%，铝合金板一般按 25%。半边管典型示意图如图 5-11 所示。

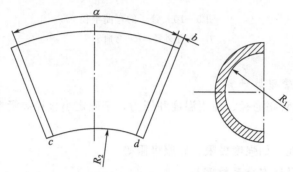

图 5-11 管子的弯曲半径

R_2—半边管内半径；R_1—半边管弯曲半径；α—转角；

$\overset{\frown}{cd}$—最短弧长；b—工艺余量，一般留 5 mm

（1）半边管最小成形要求

半边管通过模具压弯成形，为确保一定成形精度，设计时应注意以下几点：

1）最小弯曲半径一般满足 $R_1 \geqslant 0.5R_2$；

2）转角一般满足 $\alpha \leqslant 90°$；

3）$cd \geqslant 20$ mm；

4）两件对合后，半边管外径偏差不大于 0.2 mm。

（2）翻边孔尺寸及其离边缘的最小距离要求

需在直管和半边管上焊接接管嘴时，一般采用模具翻孔，如图 5-12 所示，翻孔尺寸及其离边缘的最小距离要求如下：

翻孔的圆角半径：翻边材料厚度 $t \leqslant 2$ 时，$R = (4 \sim 5)t$；$t > 2$ 时，$R = (2 \sim 3)t$；

翻孔边缘的最小厚度：$t_1 = t\sqrt{K}$；

翻边高度：$H = (D-d)/2 + 0.43R + 0.72t$；

翻边前孔的直径：$d = D_1 - \left[\pi\left(R + \dfrac{t}{2}\right) + 2h\right]$；

翻孔离边缘的距离：a 一般不小于 $(7\sim8)t$；

凸缘的最大允许直径：根据中线 $D = d/K$。

注：K 为翻边时材料变薄的最大允许范围系数；不锈钢板为 0.8，软铝为 0.76，硬铝为 0.89。

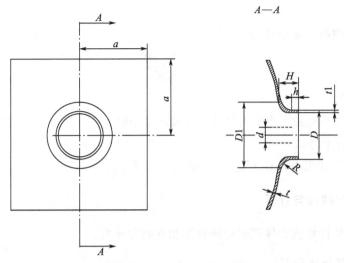

图 5-12　翻孔相关尺寸图

（3）半边管壁厚确定

半边管弯曲内圆处壁厚计算公式为

$$\delta = \frac{P_{设计}\left(R_2 - \dfrac{R_2{}^2 \cos\theta}{2R_1 + 2R_2 \cos\theta}\right)}{K_3 \cdot \sigma_b} \tag{5-2}$$

弯曲内圆处

$$\theta = 0°,\ \delta_4 = \frac{P_{设计}\left(R_2 - \dfrac{R_2^2}{2R_1 + 2R_2}\right)}{K_3 \cdot \sigma_b} \tag{5-3}$$

弯曲管侧边

$$\theta = 90°,\ \delta_5 = \frac{P_{设计} R_2}{K_3 \cdot \sigma_b} \tag{5-4}$$

弯曲外圆处

$$\theta = 180°,\ \delta_6 = \frac{P_{设计}\left(R_2 + \dfrac{R_2^2}{2R_1 - 2R_2}\right)}{K_3 \cdot \sigma_b} \tag{5-5}$$

半边管壁厚选取时，还应考虑半边管成形过程中的变薄量，故半边管壁厚计算公式在公式（5-3）～公式（5-5）基础上考虑变薄量

$$\delta_7 = \frac{\max(\delta_4 \sim \delta_6)}{K_2} \tag{5-6}$$

根据公式（5-6）计算后取整，从上述板材标准中查出满足要求的最小壁厚。

5.3.4.3　大直径导管壁厚计算

大直径导管壁厚计算时，将安全系数放入工作压力和水击压力中。一般管路所受工作

压力 $P_{工作压力}$，其安全系数取 1.5；由发动机启动、关机在管路中产生的水击压力 $P_{水击}$，其安全系数取 1。

大直径导管壁厚计算公式为

$$\delta = \frac{P_{设计} R}{\sigma_b K_3} \tag{5-7}$$

式中　　δ——壁厚；

　　　　σ_b——所处环境温度下材料拉伸强度极限最小值；

　　　　R——导管半径；

　　　　$P_{设计}$——设计压力，且 $P_{设计} = 1.5 P_{工作压力} + P_{水击}$。

5.3.5　导管强度校核与计算

导管强度校核计算包括导管解析法计算和有限元分析。

5.3.5.1　导管解析法计算

（1）载荷分析

导管解析法计算一般针对大直径管系强度校核计算，主要考虑下述载荷：

1）管路内压，内压指管路的工作压力（未含水击压力）；

2）管系内压形成的不平衡力；

3）温度变形；

4）边界条件及振动力学环境。

压力和温度在火箭飞行中都会有变化，在计算中取其极值，1），2），3）各项都以静载考虑，仅把振动作为动载。大直径导管因补偿量需要，都设置一个或多个补偿元件，第3）项温度变形引起的力一般转换到补偿元件的作用力上，故在静强度解析法计算时只考虑第1）项和第2）项。

（2）管路强度理论计算

在进行导管解析法计算时，可进行如下假定或简化：

1）把管路两端固定点视为无位移无转动的绝对刚性支点，也就是忽略固定支架的弹性以及相邻管段的影响，其计算结果偏于保守；

2）滑动支架的摩擦力，在计算中不予考虑；

3）由于管内有较大的内压，不考虑导管及液体重力所引起的作用。

对于平面管系，主要受力形式为内压和轴压、内压和弯矩联合载荷，计算时分别求出各载荷的应力，然后利用力的叠加原理，将其组合找出最大应力。

（3）典型管路解析法计算

根据安装边界（管路两端固定）及使用环境，分析计算出受力最大的管段及危险截面，求得最大的应力进行核算。下面以某典型输送管为示例进行计算，实际管路如图 5-13所示。

大直径管路不考虑弯管产生的截面扁平效应（降低刚度），以及内压组织截面畸变所

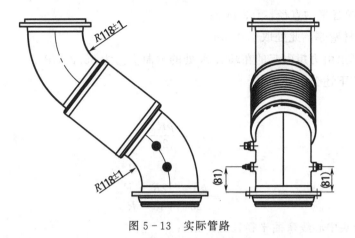

图 5 - 13　实际管路

造成的增刚因素。因此，对于大直径薄壁管，可忽略弯管因素，把它当作交接支管（折弯）来计算，管路受力如图 5 - 14 所示，该管路薄弱环节为法兰与半边管焊接处，简化为图 5 - 14 上 A 处。

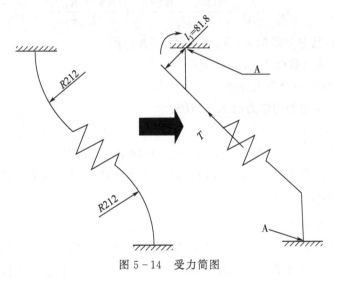

图 5 - 14　受力简图

作用于 A 处的力矩 M 为

$$M = Tl_1 \tag{5-8}$$

波纹管推力应为全面积推力

$$T = \pi R_{pj}^2 p \tag{5-9}$$

式中　R_{pj}——导管平均直径，91 mm；

p——管路内压压力，0.55 MPa；

由力矩引起的在端头 A 处的弯曲应力

$$\sigma_M = \pm \frac{M}{W} = \pm \frac{Tl_1}{W} \tag{5-10}$$

式中　　W——截面抗弯模量，对导管截面 $W = 0.8 D_{pj}^2 \delta$；

　　　　D_{pj}——导管平均直径，183 mm；

　　　　δ——板材壁厚，此处取 1.0 mm；

由此，计算出由力矩引起的在端头 A 处的弯曲应力为 55.2 MPa。

内压应力按下述公式计算：

轴向应力

$$\sigma_{1p} = \frac{pR_{pj}}{2\delta} \tag{5-11}$$

周向应力

$$\sigma_{2p} = \frac{pR_{pj}}{2\delta} \cdot \frac{2R - R_{pj}}{R - R_{pj}} \tag{5-12}$$

式中　　R——弯头中心线弯曲半径，210 mm；

　　　　R_{pj}——导管平均半径，91 mm；

计算得出 $\sigma_{1p} = 25.0$ MPa，$\sigma_{2p} = 69.1$ MPa。

由波纹管引起的内应力

$$\sigma_{1x} = \frac{T_x}{A} = \frac{\pi(R_{db}^2 - R_{pj}^2)p}{\pi D_{pj}\delta} = \frac{(R_{db}^2 - R_{pj}^2)p}{D_{pj}\delta} \tag{5-13}$$

式中　　T_x——波纹管对导管的力，$T_x = \pi(R_{db}^2 - R_{pj}^2)p$；

　　　　A——导管承力截面积，$A = \pi D_{pj}\delta$；

　　　　R_{db}——波纹管内侧最大外径。

计算出波纹管引起的内应力为 9.9 MPa。

合成应力

$$|\sigma| = |\sigma_M| + |\sigma_{1x}| + |\sigma_{1p}| + |\sigma_{2p}| \tag{5-14}$$

取压应力值，计算得 $\sigma = 159.2$ MPa，此应力为管路应力最大值，此数据未超过材料的屈服强度 196 MPa。

5.3.5.2　导管有限元分析

导管有限元分析可以分析在充压以及飞行过程中因为结构变形造成的应力分布，比解析法更加有效地指导设计和试验工作。在各种载荷工况组合下进行分析，通过静力学分析、动力学分析，分析管路的受力情况、应力应变分布情况，找出管系的薄弱点，优化管路设计。具体流程如图 5-15 所示。

（1）静力学分析

根据各阶段载荷条件，进行管路静力学分析，分析和考查各部分的 Mises 应力值，以及各监测点的应力和应变值大小，得到在各阶段载荷下管路结构的安全系数和管路的破坏压力；分析 Mises 应力值应不大于材料破坏强度极限值 δ_b。管路上端固定，下端施加轴向位移及内压，位移值按该管路所需的补偿量确定。

（2）动力学分析

一般情况下，管路结构在实际工作过程中，要承受一定的结构振动，为分析管路结构

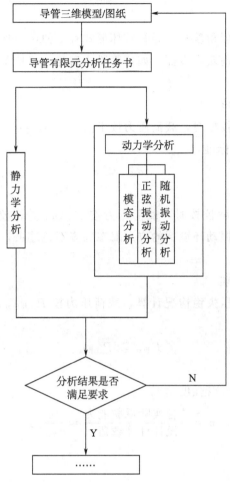

图 5 - 15　导管有限元分析流程图

在动态振动环境下的适应性，需要进行动力学仿真分析，如地面振动试验和飞行试验状态的力学环境分析。通常情况下，地面力学环境试验时的试验条件，应包括管路结构整个寿命周期内经受的结构振动，典型的地面振动试验主要有正弦扫频试验和随机振动试验。

（3）模态分析

根据设计的管路结构，建立有限元模型，进行动力学仿真分析，给出管路结构实际工作状态下的频率、振型等模态参数，评估管路结构的动力学适应性。

（4）正弦振动仿真分析

根据环境专业提出的扫频条件，对管路结构进行扫频分析，分别对轴向、径向、切向三个方向进行正弦扫描分析，得到管路各部分的 Mises 应力值和加速度响应。

（5）随机振动分析

根据环境专业提出的随机振动条件，对管路进行轴向、径向、切向三个方向单独或同时作用时的随机振动分析，同时作用时三个方向互不相关。得到各监测点的加速度响应曲线，监测点的 Mises 应力曲线、Mises 应力均方根曲线及应力功率谱密度曲线。

5.3.5.3 强度校核

根据载荷情况，从强度角度看，导管破坏形式有三种：一是破裂，内压爆破或振动疲劳断裂；二是塑性变形出现宏观表征，如弯管段压扁等；三是管段轴向失稳，主要表现为波纹管内压失稳。

（1）内压爆破强度校核

在进行内压爆破强度校核时，载荷压力按 $P_{设计}=1.5P_{工作压力}+P_{水击}$ 进行校核；以材料的抗拉强度性能 σ_b 为判断标准

$$\sigma_{破坏} \leqslant \sigma_b \tag{5-15}$$

（2）振动强度校核

在对管路进行振动强度校核时，载荷压力按 $P_{工作压力}$ 进行校核；建议在振动环境下，管路结构薄弱部位在低频振动环境下的应力瞬态响应不超过 σ_s，随机振动下的应力均方根按 3σ 不超过 σ_s。

（3）管路失稳校核标准

管路失稳按波纹管内压失稳情况计算，载荷压力按 $P_{工作压力}$ 进行校核；强度校核标准是使设计压力 $P_{设计}$ 满足式

$$P_{设计} \geqslant P_{工作压力} \tag{5-16}$$

（4）剩余强度系数

剩余强度系数 η 表示导管强度情况

$$\eta = \frac{导管实际承载能力}{设计计算载荷} = \frac{\sigma_b}{\sigma_{破坏}} \geqslant 1$$

5.3.6 导管强度试验

每一根导管交付前，都需经过液压强度试验和气密试验。

液压强度试验以 1.5 倍工作压力，保压 5 min，检查导管不应有泄漏和变形。

气密试验以 1 倍工作压力，保压 3 min，检查导管不应有泄漏和变形。

5.3.6.1 小直径导管强度试验

对主要管路，如部分高压管路、恶劣环境下工作的及某些结构薄弱的管路，需要按总体规定的条件对系统及零、组件进行静动强度试验，以考核其工作可靠性。

5.3.6.2 大直径导管强度试验

导管强度试验主要有静力试验、振动试验和水击强度试验。

（1）静力试验

管路静力试验主要包括推力位移试验、内压稳定试验和内压爆破试验。

推拉位移试验的目的是为了考核高温或低温的管路系统。根据管路补偿量，采用推力分级使导管产生相当的位移，观察系统导管变形情况。对于直管仅考虑轴向位移；对于弯管需考虑轴向、切向和径向三个方向位移。当达到预计变形量后，一般可以继续加大位

移，以测得弯头压扁的载荷（推力），用以确定该管路系统的实际承载能力。

内压稳定试验的目的是测定带波纹管管路。以测定波纹管在管路系统安装条件下的失稳破坏压力，同时对管路关键点进行静态应力应变数据采集。

内压爆破试验的目的是确定管路极限承载能力以确定设计裕度是否满足设计要求。可在管路内压稳定试验的基础上进行内压爆破试验；当波纹管出现失稳后，继续分级施加压力，直至爆破，记录破坏压力值。

管路静力试验需完成推力位移试验、内压稳定试验和内压爆破试验。管路内压稳定试验完成后，管路应无明显变形，波纹管无失稳现象，内压稳定压力值 $P_{稳定} \geqslant 1.5P_{工作压力}$。

单管路一般单独进行内压爆破试验考核，考核指标为 $P_{破坏} \geqslant 1.5P_{工作压力} + P_{水击压力}$（$P_{水击压力}$ 未含 $P_{工作压力}$）。同时，为模拟真实工况，可根据型号要求进行组合件内压爆破试验考核，考核指标为 $P \geqslant 1.5P_{工作压力} + P_{水击压力}$（$P_{水击压力}$ 未含 $P_{工作压力}$），$P_{工作压力}$ 和 $P_{水击压力}$ 取组合件中最薄弱管路的工作压力和水击压力。

（2）振动试验

为了考核管路系统结构设计的合理性，了解管路系统振动时的振动响应特性及动态应变应力情况，故需按照给定的振动环境条件，进行振动试验。一般与发动机对接的大直径管路需进行振动试验考核。

（3）水击强度试验

在管路水击压力较高而强度裕度不大时，需进行管路水击强度试验考核。

5.4　密封结构设计

5.4.1　泄漏与密封

泄漏是机械设备常产生的故障之一。造成泄漏的原因主要有两方面：一是由于机械加工的结果，机械产品的表面必然存在各种缺陷和形状及尺寸偏差，因此，在机械零件连接处不可避免地会产生间隙；二是密封两侧存在压力差，工作介质就会通过间隙而泄漏。减小或消除间隙是阻止泄漏的主要途径。密封的作用就是将接合面间的间隙封住，隔离或切断泄漏通道，增加泄漏通道中的阻力，或者在通道中加设小型作功元件，对泄漏物造成压力，与引起泄漏的压差部分抵消或完全平衡，以阻止泄漏。

对于真空系统的密封，除上述密封介质直接通过密封面泄漏外，还要考虑下面两种泄漏形式：渗漏，即在压力差作用下，被密封的介质通过密封件材料的毛细管的泄漏；扩散，即在浓度差作用下，被密封的介质通过密封间隙或密封材料的毛细管产生的物质传递。防止流体泄漏的基本原理是增加介质通过密封面时的流动阻力。当介质通过密封面的压差大于密封面两侧的压差时，介质能够被密封。

密封泄漏有两种途径：一是由于密封件材质上存在毛细管引起的渗漏，这种材料不允许用作运载火箭管路密封材料；二是由于密封组合件各部分的材料性能和它们之间的变形不合理引起的压紧面泄漏。

5.4.2　影响密封的因素

影响密封结构的因素有多个方面，主要包括：螺栓的预紧力，密封件的性能，密封面的加工质量，密封结构形式，工作介质的压力、温度及介质的理化性能等。

预紧力是结构实现密封的初始条件，提高螺栓、外套螺母的预紧力均可以增强密封结构的密封能力，但是预紧力对于密封能力的提高作用是有限的，预紧力太大，螺栓发生塑性变形，导致实际作用在密封件上的密封力变小，密封结构和密封件可能会产生塑性变形，产生密封面咬伤或密封结构严重变形，影响重复使用的密封性能，因此针对不同密封结构，通过预紧力计算和试验，选择恰当的密封力是必须的。密封比压指的是密封面单位面积上的密封压力。

密封件的变形和回弹能力是实现密封的必要条件。对于某些密封件，在预紧力的作用下存在两个过程，即不稳定的塑性变形过程和线性弹性变形过程，只有密封件处在弹性变形范围内，密封件才能正常工作。对于仅有弹性变形的密封件，表面要采取镀塑性好的金属材料，这样使密封件在预紧力作用下也会出现塑弹性过程。塑性变形可确保密封面之间啮合良好，弹性变形可确保工作时仍然有足够的密封比压确保密封效果，当然对于自紧密封，其密封比压的产生主要是由工作介质的压力作用而产生的，因而随着工作压力的提高，其密封比压也会相应地提高。

密封面直接与密封件接触，具有传递预紧力和使密封件变形的约束条件。为达到预期的密封效果，对密封面的表面质量和配合尺寸要求较高，一般表面粗糙度为 $Ra1.6$[55]。

需要指出的是，不论是自紧密封还是强制密封，都应满足密封条件，即与密封结构相适应的密封比压在预紧时必须满足，确保密封面产生塑弹性变形过程，不能认为自紧密封就不需要预紧力。

5.4.3　密封形式及选择

密封结构设计是管路和阀门结构设计中极其重要的部分，涉及的密封结构和密封件的种类也很多，按照密封结构特征可分为：

1）静密封结构——两个零件的密封副表面不发生相对运动。

2）动密封结构——两个零件的密封副表面可以相对进行往复、旋转、摆动或螺旋运动。由于密封副表面的相对运动，导致动密封结构设计中涉及的问题较多。

按照密封件的结构特征可分为：不可拆、半可拆连接，密封胶、胶黏剂，可拆连接密封，具体见图 5-16。

运载火箭低温氧系统主要采用蝶形密封结构、差压密封结构、软金属垫片密封结构；煤油系统和常温气路系统主要采用 O 胶圈密封结构，按紧固方式不同，O 胶圈密封又分为平面凹槽 O 胶圈密封和锥面 O 胶圈密封。所有这些密封结构从密封机理上又可分为强制密封和自紧密封。以上除差压密封为自紧密封外，其余均为强制密封。这些密封只要使

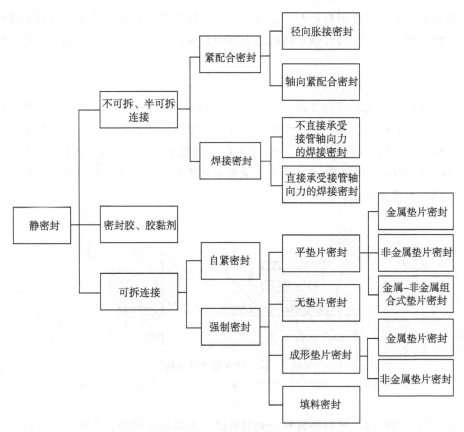

图 5 - 16　密封件结构特征分类图

用得当，用于不同的工作条件，具有良好的密封性能，可靠性很高[56]。

（1）蝶形密封

蝶形密封结构如图 5 - 17 所示。其中密封环的截面形状为平行四边形倒角而成，装配时密封环正好置于管接头和法兰组成的平行四边形腔内，密封环的两个倒角与管接头和法兰相接触形成两道密封面。蝶形密封环材料为高温合金，如 Incnel 718（国内牌号 GH

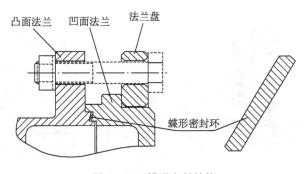

图 5 - 17　蝶形密封结构

4169）。

蝶形密封环相比平面密封环有一定弹性，可以补偿常、低温温度变化引起的结构变形量，从而保证密封。该结构在俄罗斯运载火箭中有应用，国内新一代发动机氧化剂管路也有应用。

（2）软金属密封

软金属垫圈典型密封结构如图 5-18 所示。台阶型接头正中设计有 60°凹槽，两个接头的两个台阶在装配时形成一个封闭腔，在外套螺母的拧紧力矩作用下，使得密封环在封闭腔内塑性变形，密封环变形后，不但啮入台阶型接头的凹槽内，同时还啮入配合尺寸 ϕD_1、ϕD_2 的间隙中，圆柱段 ϕD_2 不但在装配过程中起导向作用，而且在工作过程中起抗振作用，结构上保证了密封。

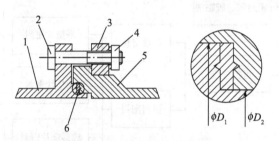

图 5-18　软金属密封结构

1—蝶形接头；2—螺栓；3—法兰环；4—螺母；5—蝶形接管嘴；6—金属垫圈

根据已有使用经验，密封环材料一般为紫铜，表面最好镀银、铟或氟。该密封结构因密封环塑性变形，不便于拆卸，使用时应注意，对需要拆卸安装或测试部位应尽量采用其他密封形式。

（3）差压密封

差压密封结构如图 5-19 所示，差压密封环有两个密封面与相邻的法兰相配合，密封环由镀银或涂特氟隆的高镍合金加工而成，如 Incnel 718（国内牌号 GH 4169），早期美国也使用 4340 号钢（国内牌号 40CrNiMoA），工作温度可达 -250℃。密封环在装配时会被压紧，这就在密封圆周上产生了载荷，在低压下实现密封。随着作用在密封环的内表面上

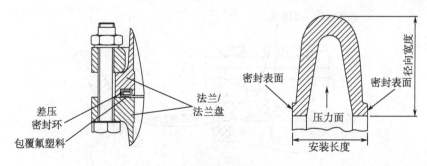

图 5-19　差压密封结构

压力的增大，在密封面接触点的作用力也增加，从而增强了密封的能力。密封环的镀层压入法兰表面，填平法兰密封面的微小粗糙处和不平点。装配应力和内表面的压力一起使得密封面校正了系统压力下的接头间隙和低温时的收缩间隙。

该密封结构广泛应用于美国土星 1、土星 5、航天飞机外贮箱及航天飞机主发动机上的低温系统，也广泛应用于我国新一代运载火箭液氧管路中。

（4）铟环密封

铟环密封是将铟制成 O 形环装配于榫槽结构的密封槽中，如图 5-20 所示，该结构被国内外航天界广泛应用于深冷流体密封。由于其密封可靠，使用方便，在长征三号运载火箭中从箱体人孔盖到导管法兰 20 多个密封部位均采用了铟环密封[57]。根据已有使用经验，这种结构的密封效果不随时间推移而降低，反而随装配状态时间的延长，铟与密封结构件干净的金属表面加强了浸润和亲合力，密封效果会越来越好。

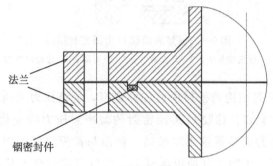

图 5-20　榫槽–铟环密封结构

需要说明的是，根据使用经验，该密封结构铟环体积需大于密封槽体积 17％ 以上，密封才可靠。该密封结构用于不需经常拆卸的部位。

（5）平面凹槽 O 胶圈密封

平面凹槽 O 胶圈密封是将 O 胶圈装配于榫槽结构的密封槽中，如图 5-21 所示。利用法兰端面作用力挤压密封圈实现密封。

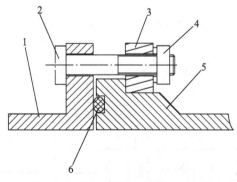

图 5-21　平面凹槽 O 胶圈密封结构

1—法兰；2—螺栓；3—法兰环；4—螺母；5—法兰；6—O 胶圈

（6）锥面 O 胶圈

锥面橡胶 O 胶圈密封结构由两个不同角度的锥面结构形成封闭腔，挤压 O 形橡胶圈，使其沿腔道变形，形成密封，如图 5-22 所示。在装配过程中，随着外套螺母的拧紧，O 形橡胶圈变形越大，密封效果越好；当管内介质有压力时，进一步挤压 O 形圈变形，提高其密封可靠性。

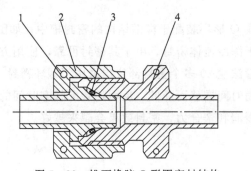

图 5-22　锥面橡胶 O 形圈密封结构
1—锥面管接头；2—外套螺母；3—O 形圈；4—锥面接管嘴

锥面橡胶 O 形圈密封结构的密封槽愈往外愈窄，管路压力愈高橡胶 O 形圈愈往外挤压，压缩比愈大密封性愈好。橡胶 O 形圈密封的漏率对压力的变化也不敏感，如果锥面接头与锥面接管嘴之间的连接螺纹出现松动，锥面与锥面之间的距离增加，橡胶 O 形圈在内压作用下向外挤压，压缩比自动得到调节，保持其密封性。从结构设计上锥面 O 形圈密封结构的密封可靠性比球头喇叭口密封结构可靠性高。同时与台阶型密封结构相同，锥面橡胶 O 形圈密封结构也有装配的导向结构，提高了接头的抗振性。

（7）卡套式接头

卡套式管接头是一种静密封结构，可用于压力 40 MPa，温度 650℃ 以下的工作环境，具有连接紧密，安全可靠，方便使用的特点。目前国内使用的卡套式管接头有单卡套式管接头和双卡套式管接头两种。其中单卡套式管接头采用线密封原理，双卡套式管接头采用面密封原理。

图 5-23 所示为典型单卡套式管接头，装配时，旋紧螺母，卡套在螺母螺旋力的推动

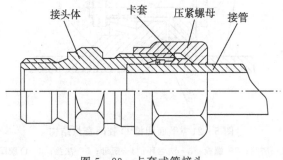

接头体　　卡套　　压紧螺母　　接管

图 5-23　卡套式管接头

下沿接头体内锥轴向前行，贴紧接头体内锥；卡套产生变形，其刃口部分向内收缩，切入钢管表壁，与钢管形成密封；同时卡套外锥向上拱起，形成龟背，与接头体内锥紧密接触，形成密封，这种密封结构属于刚性线密封，能承受 40 MPa 以下的压力，主要用于液压、气体密封。

5.4.4　法兰连接密封设计

5.4.4.1　螺栓载荷

螺栓载荷有两种，第一种是为旋紧螺栓而建立的载荷 $\overline{W}_1$

$$\overline{W}_1 = \pi b D_{\text{片}} y \tag{5-17}$$

其中，y 是垫片单位面积压紧力。第二种是在操作压力下，为保持垫片密封而需要的载荷 $\overline{W}_2$

$$\overline{W}_2 = 2b\pi D_{\text{片}} \cdot mP + \frac{\pi}{4} D_{\text{片}}^2 P \tag{5-18}$$

其中，m 是垫片系数，可由实验或查机械设计手册确定其数值。比较 $\overline{W}_1$ 与 $\overline{W}_2$，取其中较大值为螺栓载荷。在实际情况中，因为垫片很软，y 值很小，法兰都在有压力的情况下工作。所以一般来说 $\overline{W}_2 > \overline{W}_1$，可取 $\overline{W}_2$ 作为螺栓载荷。

5.4.4.2　螺栓数目

螺栓要多次使用，为防止塑性变形和断裂，螺栓直径不能过小，但也不能过大，过大将使法兰承受多余的载荷。在确定螺栓数目时要考虑以下几个条件：

1) 为保证密封，螺间距不能太大。我国常用条件是 $3d \leqslant S \leqslant 5d$。美国给出的上限是 $S_{\max} = 2d + \dfrac{6h}{m+0.5}$。如果使用的垫片很软，此条件不必严格要求，近似满足即可。

2) 螺栓数目应是 2 的整数倍。

3) 螺栓总载荷应足以满足密封要求，即不小于 $\overline{W}_2$。

为满足上述条件，我们取螺栓许用应力为 σ_s，再根据习惯确定螺栓直径。每根螺栓所能承担的载荷为 $Q = \sigma_s \cdot f$，其中 f 为螺栓截面积。因此，为满足密封所需的螺栓数为

$$n = \frac{\overline{W}_2}{Q} \tag{5-19}$$

再根据条件 2)，3)，修正 n，即可最后定出螺栓数。

5.4.4.3　垫片宽度，厚度的确定

螺栓数目一经确定，螺栓总载荷就可重新标出

$$\overline{W} = n \cdot Q \tag{5-20}$$

根据螺栓载荷的大小，给出垫片尺寸。

5.4.4.4　法兰厚度计算

法兰所受载荷是螺栓拧紧后的载荷值，即公式（5-20）中的 $\overline{W}$。$\overline{W}$ 算出后可按下面

给出的公式分别计算整体法兰和活套法兰的厚度。

（1）整体法兰

国际上常用公式有两种。一种是美国的华脱斯法。它将整体法兰的颈当作受有边界弯矩和剪力的客体，把底盘当作受有弯矩和剪力的圆环。因为该方法计算复杂，设计步骤要迭代进行，使用很不方便。第二种方法是苏联常用的悬臂梁法。它将法兰展开成一长带，再把底环视作悬臂梁。该方法简便实用，也是我国设计人员常用的一个公式。下面给出这个公式

$$h = \sqrt{\frac{6 \overline{W} l_1}{\pi D_颈 [\sigma_法]}} \tag{5-21}$$

（2）活套法兰

常用活套法兰计算公式有三种。第一种是华脱斯法，原理与前面相同。第二种是铁木辛柯转环法。第三种是悬臂梁法。根据我们的计算结果来看，华脱斯法较为先进，建议采用此公式。下面分别给出这三种公式：

华脱斯法

$$h = 0.72 \sqrt{\frac{M_o Y}{B_外 [\sigma_法]}} \tag{5-22}$$

其中

$$M_o = H l_2 + G l_3$$

$$H = 0.785 B_外^2 P$$

$$G = \overline{W} - H$$

$$Y = \frac{1}{k-1} \left[0.668\ 45 + 5.716\ 9 \frac{k^2 \lg k}{k^2 - 1} \right]$$

$$k = \frac{A_外}{B_外}$$

铁木辛柯法

$$h = 0.91 \sqrt{\frac{\overline{W} l_3}{A_内 \lg \dfrac{A_外}{A_内} [\sigma_法]}} \tag{5-23}$$

悬臂梁法

$$h = \sqrt{\frac{6 \overline{W} X}{\pi (A_外 - A_内 - 2d) [\sigma_法]}} \tag{5-24}$$

其中，$X = \dfrac{1}{2} \left[D_孔 - \dfrac{1}{2} (D_圆 + A_内) \right]$。

式中　$A_外$，$A_内$——活套外、内径；

　　　$B_外$，$B_内$——管壁外、内径；

　　　$D_片$——垫片平均直径；

　　　$D_圆$——法兰底环外径；

$D_{孔}$——螺栓孔中心直径；

d——螺栓孔直径；

b——垫片有效宽度；

f——螺栓截面积；

s——螺栓周向距离；

h——法兰厚度；

l_1——力 $\overline{W}$ 至颈底距离；

l_2——力 H 至螺孔中心线距离；

l_3——力 G 至螺孔中心线距离；

$\overline{W}$——螺栓总载荷；

H——由内压引起的轴向载荷；

G——垫片载荷；

y——垫片单位面积压紧力；

P——内压（kg/cm^2）；

$[\sigma_{法}]$——法兰许用应力；

$[\sigma_{栓}]$——螺栓许用应力。

5.4.4.5　O 形橡胶密封圈设计

O 形橡胶圈的设计按 QJ 1035.1 进行，O 形橡胶密封圈的选用和密封腔的设计按 QJ 1035.2 进行。

图 5 - 24 为典型 O 形橡胶密封圈示意图，D 表示 O 形圈内径，d 表示 O 形圈截面直径。图 5 - 25 为典型密封腔结构示意图，D_2 表示密封圈内径，t 表示密封圈内径和导管公称通径的间距，S 表示 O 形圈内径和密封腔内径的间距，h 表示密封腔深度，b 表示密封圈宽度。

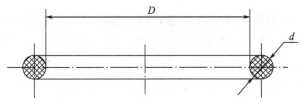

图 5 - 24　典型 O 形橡胶密封圈示意图

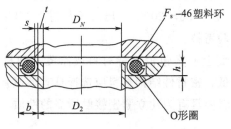

图 5 - 25　典型密封腔结构示意图

O 形橡胶圈截面的压缩率 E' 有如下计算公式

$$E' = \frac{d-h}{d} \times 100\% \qquad (5-25)$$

通常静密封时 E' 为 $20\% \sim 35\%$。

一般密封腔宽度 $b = (1.3 \sim 1.5)d$。

密封圈内径和导管公称通径的间距 $t \geqslant 1.5$ mm。

5.4.4.6　差压密封圈设计

典型差压密封圈结构图如图 5-26 所示。

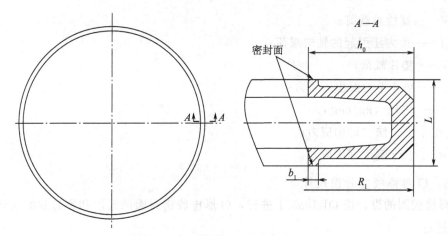

图 5-26　典型差压密封圈结构图

　　差压密封圈可以挠曲，能更好地适应法兰盘在工作载荷下的变形，可以保证运载火箭的低温管路接头不泄漏。适用于大范围的温度变化，且在承受高飞行静压、飞行动压时仍能保持密封。

　　弹性效应是由 U 形截面的环形金属密封件来实现的。带锥度的两腿在材料中提供的应力是几乎均匀的。法兰盘连接表面之间受压缩，使在两开端处的密封接触点和法兰表面接触，并产生挠曲直到两法兰接触为止。这种形式的密封能使密封腿随着法兰挠曲。密封件的开端朝向法兰连接的压力一侧，因此在高压下，系统压力产生一大部分密封接触载荷。为了密封外部压力，设计了两腿朝外的密封件。差压密封件安装在一个同心槽内键入一个法兰中，这就限制了通过密封接触点传递的法兰总预加载量。差压密封圈在管路通径从 50 mm 到 320 mm，温度 $-196 \sim 200$℃，压力不超过 1 MPa 的低温液氧管路中得到了广泛应用，并通过相关试验考核。

　　差压密封圈的接触表面上通常包覆一种材料或涂覆一种材料。通常包覆氟塑料或镀银，其弹性模量比密封件低，密封件结构材料应选择具有类似弹簧的良好性质，以获得最大的挠曲能力，而涂层材料要具有为建立紧密接触所需的性质，以防止密封件和法兰表面之间泄漏。

　　为防止泄漏，法兰表面要加工光洁，沿圆周方向粗糙度要求不大于 $Ra0.8$。密封表面要避免诸如加工台阶、刀具碰伤、划痕、材料裂纹等缺陷，以达到无泄漏的密封。典型差压密封圈法兰结构示意图如图 5 - 27 所示。

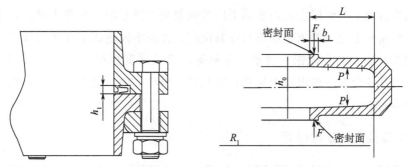

图 5 - 27　典型差压密封圈法兰结构示意图

　　根据差压型密封结构的密封原理，对密封圈进行了详细设计，包括材料选择、型面设计、镀层工艺等。

　　作为这种结构的密封圈，其材料必须具备低温下好的韧性，好的低温冲击性能，且与液氧相容，选择 GH 4169 作为密封圈材料，同时在加工时采用热处理工艺，提高材料加工性能及成形后的弹性性能。

　　密封型面设计首先要分析密封圈的受力情况，其工作状态受力情况如图 5 - 27 所示。

　　密封结构充入压力 P 后，密封面上压应力为

$$\sigma = \frac{F}{\Delta S} = \frac{F_0 + P}{\Delta S} = \frac{K(h_0 - h_1) + 2\pi L p(R_1 - L/2)}{2\pi \left(R_1 - L + \dfrac{b_1}{2}\right) b_1} \tag{5 - 26}$$

为满足密封，密封面上压应力应满足 $[p] \leqslant \sigma \leqslant [\sigma]$。

式中　　σ——密封面上压应力；

　　　　ΔS——密封接触面面积；

　　　　F——密封接触面压力；

　　　　F_0——充压前密封接触面压力；

　　　　P——密封圈内压力；

　　　　K——密封圈刚度，可通过仿真计算或试验得到；

　　　　h_0——密封圈厚度；

　　　　h_1——密封槽深度；

　　　　L——密封圈深度；

　　　　R_1——密封圈深度半径；

　　　　b_1——密封面宽度；

　　　　$[p]$——密封面需用比压；

　　　　$[\sigma]$——材料许用拉压强度。

　　由上式可知：密封面上压应力跟型面参数 h_0，h_1，L，R_1，b_1 以及型面综合参数 K

和外界压力 P 有关。通过选取合适的型面参数，使其在需用密封比压和材料许用拉压强度范围之内。此类密封结构受力的特点，即要求在未充压时压应力大于需用比压，有工作压力时压应力小于材料许用拉压强度。

密封圈密封面上的镀层主要用来填平法兰密封面的微小粗糙处和不平点，也可以将镀层镀到法兰的密封面上，要求镀层不与液氧反应，并能牢固地固定在密封圈上，无多余物产生。常用镀层的方法有镀银、镀氟、包氟等，镀层厚度控制在 $0.04\sim0.06$ mm 之间，镀好后，密封圈还应在专用设备中保存，安装时，用放大镜观测表面质量，用专用清洁材料去除表面多余物。

5.4.5 螺纹连接密封结构设计

典型台阶型软金属密封形式如图 5-28 所示，在管路装配过程中，操作者施加的拧紧力矩转化为管接头和接管嘴的预紧力。在预紧力的作用下，密封圈被挤压变形，紧贴接管嘴和管接头的密封面，从而达到密封的效果。

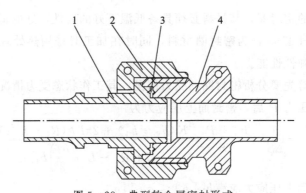

图 5-28　典型软金属密封形式

1—管接头；2—外套螺母；3—金属垫圈；4—接管嘴

根据密封的理论计算，要满足密封要求则 $q_{MF} \leqslant q \leqslant [q]$。密封面上的比压计算公式为

$$q = F_{MZ}/\pi(D_{MN} + b_M)b_M \tag{5-27}$$

工程上，密封面上的密封需用比压可应用一般公式

$$q_{MF} = (C + K_p)/\sqrt{(b_M/10)} \tag{5-28}$$

式中　D_{MN}——密封面的内径；

b_M——密封面的宽度；

p——设计压力；

C——与密封面材料有关，对于铜、黄铜铸铁 $C=3$，钢和硬质合金 $C=3.5$，铝、铝合金、聚氯乙烯 $C=1.8$；

K——在给定密封面材料下，考虑介质压力对比压值的影响系数，青铜、钢、硬质合金 $K=1$，铝合金、聚氯乙烯 $K=0.9$。

5.4.6　低温密封设计和使用准则

火箭上低温密封主要应用于低温推进剂的输送和增压系统，如液氧（−183℃）、液氢（−253℃）管路和低温氢气、氧气及氦气管路。低温密封的主要问题是密封件材料变硬、变脆以及由于冷缩变形可能引起的预紧力松弛，最终导致泄漏。要实现良好的低温密封，就要精心地选择密封材料和密封结构。低温条件要求密封材料耐深冷，材料收缩率小以及耐氧化、耐液氧冲击等。在结构设计上要特别注意对密封结构中零件收缩率不同的配合问题。密封接头中受拉应力零件的低温收缩率应大于或等于受压应力零件的低温收缩率。

适用于低温及氧系统的密封设计应注意以下几点：

1）低温的密封材料应能防止氢脆现象。

2）液氧密封件应采用与液氧相容的材料。

3）在设计法兰密封面宽度时必须考虑法兰应力或温度循环可能产生的密封结构压痕不均匀或局部偏离的因素。

4）在使用期限内，密封材料必须和任何可能接触的清洁、洗涤材料相容。

5.4.7　密封结构安装要求

5.4.7.1　一般安装要求

1）垫片与法兰密封面应清洗干净，不得有任何影响连接密封性能的划痕、斑点等缺陷存在。

2）垫片外径应比法兰密封面外径小，垫片内径应比管路内径稍大，而内径的差一般取垫片厚度的 2 倍，以保证压紧后，垫片内缘不致伸入容器或管路内，以免妨碍容器或管道中流体的流动。

3）垫片预紧力不应超过设计规定，以免垫片过度压缩丧失回弹能力。

4）安装垫片时，应按图 5−29 的顺序依次拧紧螺母。但不应拧一次就达到设计值，一般至少应循环 2～3 次，以便垫片应力分布均匀。

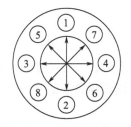

图 5−29　螺栓的拧紧顺序

5.4.7.2　安装前检查

（1）对螺栓螺母的连接

螺栓及螺母的材质、形式、尺寸应符合图纸要求；螺母在螺栓上转动应灵活，不晃动；螺栓不应有弯曲现象；螺栓螺纹不允许有断开现象。

（2）对法兰的检查

应检查法兰形式是否符合要求，密封面是否光洁，有无机械损伤、径向划痕和锈蚀。

（3）对密封圈的检查

密封圈材质、形式、尺寸是否符合要求；密封圈表面是否有机械损伤、径向划痕、严重腐蚀、内外边缘破损等缺陷。

5.4.8　密封结构检漏

产品在装配之后需要对密封件和结合面进行气密性检查，即检漏。检漏的主要方法有：皂泡法、气体分析法（氦质谱法）、保压法等，最常用的检漏方法是皂泡法和氦质谱法。

皂泡法是指将所需要检测的密封结构形成密闭腔并充气，用肥皂泡涂抹密封面，检查密封面的气密性能。充气的气体一般采用氮气、压缩空气，也可以是氦气，充气压力根据密封结构检查气密的需要确定。该方法主要用于尺寸较大的容器、导管或其他零件，以及火箭总装之后的管路系统等便于操作的密封部位。但这种方法只能检测漏率 $Q \geqslant 10^{-4}$ Pa·m³/s 的情况[58]。Q 可按下式估算

$$Q = \frac{n}{6} \pi D^3 p_b \tag{5-29}$$

式中　n——单位时间内产生的气泡个数；

　　　D——气泡的平均直径；

　　　p_b——气泡内气体压强，近似当地大气压。

氦质谱检漏法是指将所需要检测的密封结构形成密闭腔并充氦气后，对密封结构周围泄漏的氦气量进行检测，检测的漏率最大量级可达到 $10^{-10} \sim 10^{-11}$ Pa·m³/s。根据氦气收集的方法不同可分为：抽真空氦质谱检漏、吸枪法氦质谱检漏和喷枪法氦质谱检漏等，可根据密封件的具体结构来确定氦质谱检测方式。该方法检测精度高，成本也相对较高，通常用于对漏率检测要求高的产品。

5.4.9　密封结构试验

根据密封件使用和试验环境的不同，一般需进行强度试验、常温密封试验、高低温环境密封试验、低温密封试验、振动试验等验证试验。

（1）强度试验

将试验件一头堵住，另一端加液压，试验时压力由小到大逐渐升高，达到压力点时保持一段时间，并检查密封情况。先进行液压强度试验再进行气压强度试验，液压和气压压力根据密封结构的设计承压能力确定。

（2）常温密封试验

采用皂泡法和氦质谱法进行常温气密检测，漏率要求根据密封结构的密封性能要求确定。

（3）高低温环境密封试验

将常温密封试验完成后的试验件进行指定温度的高温密封试验，将密封试验件放置在高温箱内，保温一段时间后进行气密检测。为了保证环境温度，一般高低温试验后均采用氦质谱检漏。

（4）低温密封试验

对于用在低温推进剂的密封结构，在完成常温和高低温环境试验后，需要进行真实工况的低温密封试验。通常，对于液氧、液氢温区的低温密封结构，将密封试验件放置在液氮槽罐内，保温一定时间后进行氦质谱气密检测。

（5）振动试验

对于有振动环境要求的密封结构，需要进行振动试验。振动试验前对外套螺母连接处采用红色磁漆进行定位，按给定的振动环境条件进行试验，振动完成后试验件无异常则认为通过考核。

常温、低温、高温密封试验气密经常采用真空氦质谱检漏法进行检漏。典型的试验原理图见图 5-30：试验前将密封接头 6 与工艺管 7 焊接，密封接头 8 与工艺管 11 焊接，在接头外面安装密封工装 5 和 12（密封工装为法兰结构，用螺栓连接），密封工装以及密封工装与管路间用真空封泥密封。试验时将试验件放入到环境舱内（高温、低温），保持一定时间后，利用氦质谱仪将腔 B 抽真空，打开开关 3，通过氦气瓶 1 向腔 A 内通入一定压力氦气，通过抽真空检漏口检查腔 B 内的氦气含量来测量接头漏率。

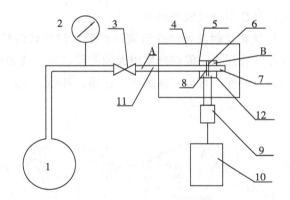

图 5-30　小直径管路真空法检漏示意图

1—气瓶；2—压力表；3—开关；4—环境舱；5—工装；6—密封接头；7—工艺管；
8—密封接头；9—氦质谱仪探头；10—氦质谱仪；11—工艺管；12—工装

如图 5-31 所示，低温（深冷）试验检漏过程采用真空氦质谱检漏法进行检漏，试验前将密封接头 9 与工装 8 焊接，密封接头 10 与工装 11 焊接，将工装 11 和工装 7 用螺栓连接，用氟塑料密封，试验时利用氦质谱仪将工装 8 和工装 7 形成的腔体 A 抽真空，将整个试验系统放到液氮槽罐 6 中，保持一定时间，使试验系统充分冷却至液氮温度。打开开关 3 从充气口充入一定压力的氦气至腔 B，用真空氦质谱仪检查腔体 A 内的氦气含量。

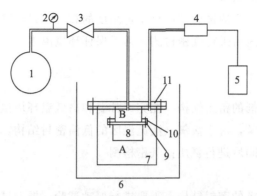

图 5 - 31　低温接头真空法检漏原理图

1—气瓶；2—压力表；3—开关；4—氦质谱探针；5—氦质谱仪；6—液氮槽罐；

7—工装；8—工装；9—密封接头；10—密封接头；11—工装

5.5　补偿器设计

5.5.1　补偿器简介

补偿器主要安装于管路系统中，在加注和飞行等过程中补偿径向、轴向和角位移偏差，也能对振动和冲击能量作部分吸收和隔离。

补偿器由波纹管、钢丝套及相关结构件组成，由于几何形状的特点，补偿器在压力、轴向力、横向力以及弯矩的作用下，能够产生很大的位移，当载荷卸除之后又能回复到原来的状态。根据这些特性，补偿器可以实现测量、连接、补偿、减振等功能，运载火箭导管用补偿器系列如图 5 - 32 所示。

图 5 - 32　运载火箭导管用补偿器系列

运载火箭导管用补偿器一般有带钢丝套波纹管和不带钢丝套波纹管两种，作为补偿器主要元件——金属波纹管，其性能取决于其结构，不同的波形结构有不同的性能。波纹管的波形分 U 形、C 形、Ω 形和 S 形等种类，具体形状通过沿轴向剖开后的波纹形式和形状来命名，典型的波形子午线如图 5 - 33 所示。在实际使用中，为了提高承压能力和降低刚度，还有多层波纹管和带加强环的波纹管等多种形式，具体波形和特性见表 5 - 2。

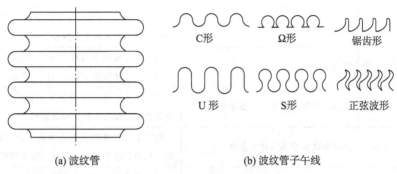

(a) 波纹管　　　　　　　　　　　　　　(b) 波纹管子午线

图 5 - 33　几种常见波纹管

表 5 - 2　波纹管的波形和特性

波纹类型	轴向刚度	行程能力	抗压能力
U 形	中等	一般	一般
U 形外加强环	高	一般	很好
U 形内加强环	高	一般	很好
C 形	高	差	一般
Ω 形受外压	很高	差	很好
Ω 形受内压	很高	差	很好
Ω 形受外压加强环	很高	差	很好
S 形	中等	一般	良好
V 形（形状可以改变）	低	良好	一般
U 形外 T 加强环	高	一般	很高

总的说来，圆环形的横截面对于承受高压力的能力是优越的，但是许用位移较小。U 形的横截面允许较大的位移而承压能力相对较低。在一般情况下，运载火箭管路系统普遍应用的波形是 U 形波纹，可以承受较高工作压力和较大位移。C 形波纹管的刚度较大，灵敏度差，非线性误差大，一般用作密封隔离元件或挠性连接件。Ω 形和 S 形波纹管主要应用在工作压力较高、工作位移小的场合，例如应用在高压阀门上作密封隔离元件。

5.5.2　补偿器设计标准

为了组织波纹管类组件的生产和应用，国内制定了许多技术标准，规定了它们的术语、分类、技术要求、试验方法、检验和设计安装规程等。有关波纹管类组件的国内技术标准，在表 5 - 3 中列出了梗概情况。

表 5 - 3　国内波纹管类组件标准

序号	标准号	名称	简要内容
1	GB 12777—2008	金属波纹管补偿节通用技术条件	规定了金属波纹管膨胀节
2	GB 12522—90	不锈钢波形膨胀节	规定了不锈钢波形膨胀节的分类、技术要求和检验规程等
3	JB/T 6171—92	多层金属波纹膨胀节	规定了多层金属波纹膨胀节的分类、技术要求、试验方法、检验规程和标志、包装、运输及贮存
4	JB/T 6169—92	金属波纹管	规定了金属环形波纹管的分类原则、系列划分原则和使用性能的基本要求与试验方法
5	JB/YQ 293—91	金属波纹管膨胀节产品质量分等	规定了无加强 U 形金属波纹管膨胀节的产品质量分等指标、试验方法和检验规则
6	GB/T 14525	波纹金属软管通用技术条件	规定了波纹金属软管的术语、技术要求、试验方法、检验规程和标志、包装、运输和贮存
7	JB/T 6373—92	焊接金属波纹管机械密封技术条件	规定了焊接金属波纹管的术语、技术要求、检验规则和试验方法等
8	QJ 3137—2001	导弹（火箭）用波纹管通用规范	规定了焊接金属波纹管的术语、技术要求、检验规则和试验方法等
9	GJB 1914—94	军用金属波纹管通用规范	规定了焊接金属波纹管的术语、技术要求、检验规则和试验方法等
10	GJB 1996—1994	管道用金属波纹管膨胀节通用规范	规定了焊接金属波纹管的术语、技术要求、检验规则和试验方法等
11	GJB 5400—2005	氢氧火箭发动机阀门用金属波纹管规范	规定了焊接金属波纹管的术语、技术要求、检验规则和试验方法等
12		结构设计[58]	运载火箭补偿器设计

5.5.3　补偿器的结构设计

运载火箭导管所用补偿器主要根据箭上使用环境、通径、压力等参数进行补偿器的设计，经过一系列分析及试验考核通过后使用。

补偿器设计主要包含波纹管设计及钢丝套设计。波纹管的波纹形状影响着波纹管的刚度、位移和承压能力。运载火箭管路系统一般选用 U 形波纹管，本节也仅对 U 形波纹管进行详细设计介绍。

5.5.3.1　波纹管设计

波纹管的尺寸规格已按内径标准系列化（见 JB/T 6169），波纹管的基本几何参数见图 5 - 34，有关符号说明如下：

d——波纹管内径，是指波纹部分最内边缘的直径；

D——波纹管外径，是指波纹部分最外边缘的直径；

t——波纹管波距；

a——波纹管波厚；

h_0——波纹管单层壁厚；

Z——波纹管壁的层数；

H——波纹管波高；

R_W——外波纹圆角半径；

R_N——内波纹圆角半径；

L——总长度（自由长度）；

L_0——波纹有效长度；

L_1——内配合接口长度；

L_2——外配合接口长度；

D_1——内配合直径；

d_1——外配合直径；

n——波纹数。

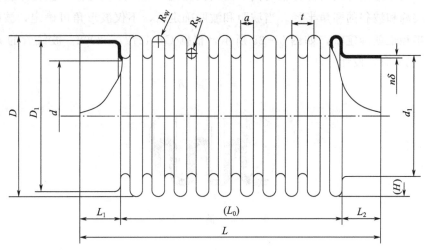

图 5-34　波纹管的基本几何参数

一般将波纹管内径或外径作为基本尺寸，其他结构参数作为相对尺寸。当内径或外径确定后，壁厚、波距、波厚等均以内径或外径为基准按适当比例确定。设计波纹管参数时要满足波纹管的性能要求，同时还要考虑波纹管的制造工艺性和结构稳定性。

（1）波纹管壁厚

波纹管壁厚是一个重要的几何参数，波纹管的主要特性（刚度和工作应力）取决于波纹管的几何尺寸，特别是取决于它的壁厚。波纹管的壁厚与内径有一定的比例关系，对于内径 ϕ（10～1 000 mm）的波纹管，壁厚与内径的比值一般控制在 0.006～0.05；如果太厚，其柔软性必定很差；如果太薄，其承压能力受到限制。因此，各种波纹管必须根据具体的使用条件和性能要求，按照内径与壁厚的相应关系，选择合理的壁厚。在设计高压波纹管的时候，为了降低波纹管的刚度和应力，需要设计多层结构的波纹管，但是多层波纹管的总壁厚与内径之比一般也不得大于 0.05。根据压力容器壁厚公式，可得出波纹管总壁厚

$$n\delta \geqslant pdk/2[\sigma]^{t} \tag{5-30}$$

式中　　p——补偿器工作压力；

　　　　d——波纹管内径；

　　　　k——安全系数；

　　　　$[\sigma]^{t}$——材料许用应力；

（2）波距和波厚

波距是波纹管及其波形结构的重要参数，影响波纹管的有效长度和性能。波距的变化趋势是随内径的增加而增加，波距占内径的百分比则随内径的增加而减小。因为内径小的波纹管成形困难，波距占内径的百分比应大些。例如内径为 $\phi 10$ mm 的波纹管，取比值 $t/d=18\%$，而内径为 $\phi 65$ mm 的波纹管，取比值 $t/d=8.9\%$。当内径确定之后，波距 $t=(8\sim 18)d\%$。

波纹管波厚是指外波纹部分轴向面上的最大宽度，在波距决定以后，波厚就直接影响波形角、波峰和波谷的圆角半径。当波距和波厚确定后，不仅波形角可确定，波峰、波谷处的圆角半径也就确定了。如图 5-35 所示，根据 GB 12777—2008，波纹管的 r_{r} 和 r_{c} 宜按照公式（5-31）设计

$$r_{r}=r_{c} \geqslant 3\delta \tag{5-31}$$

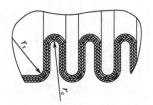

图 5-35　波纹管截面

（3）波纹数和有效长度

波纹管波纹部分的轴向总长度称波纹管的有效长度，或称波纹管的工作长度。波纹数和有效长度是紧密相关的两个参数。为了保证波纹管工作时有可靠的稳定性，有效长度 L_{0} 与外径 D 之间的关系应为：$L_{0} \leqslant 1.3D$。

如果需要长的有效长度，可以用两个或两个以上的波纹管焊接起来，接成长的波纹管，也可以采用单波连续成形等方法直接成形长的波纹管。对除金属软管之外的长波纹管，为了保证其结构稳定性，必须在波纹管的内部或外部设置导向零件。

5.5.3.2　钢丝套设计

根据《导弹结构强度计算手册》[59]，钢丝网套最大承压

$$P=\phi N\sigma_{b}\cos\theta\left(\frac{d_{1}}{2R_{PJ}}\right) \tag{5-32}$$

式中 P——波纹管所受内压，MPa；

  ϕ——钢丝网套焊接系数，冷作硬化不锈钢丝为 0.7，热处理不锈钢丝为 0.9；

  N——钢丝根数；

  σ_b——钢丝材料的抗拉强度；

  d_1——钢丝直径；

  R_{PJ}——波纹管平均半径 $R_{PJ}=0.5(R_W+R_N)$；

  R_W——波纹管外半径；

  R_N——波纹管内半径；

  θ——编织角。

5.5.4 补偿器强度校核

补偿器核心元件波纹管承受的主要载荷是内压和位移，根据式（5-30）～式（5-32）推算出波纹管单波尺寸，下面对内压及位移在管壁上作用产生的弯曲应力和薄膜应力进行详细计算分析。

5.5.4.1 内压引起的波纹管直边段周向薄膜应力

内压引起的波纹管直边段周向薄膜应力

$$\sigma_1=\frac{p\,(d+n\delta)^2 L_t E_b^t k}{2[n\delta E_b^t L_t(d+n\delta)+\delta_c k E_c^t L_c d_c]}\leqslant C_{wb}\,[\sigma]_b^t \tag{5-33}$$

式中 L_t——波纹管直边段长度；

  E^t——按 GB 150—1998 中表 F5 及其他相关标准取值的设计温度下材料的弹性模量。下标 b、c、f、p、r 分别表示波纹管、加强套环、紧固件、管子和加强件材料，MPa；

  k——σ_1 的计算系数；$k=\dfrac{L_t}{1.5\sqrt{d\delta}}$，且 $k\leqslant 1$；

  δ_c——波纹管直边段加强套环厚度，mm；

  d_c——波纹管直边段加强套环平均直径，mm；

  n——波纹管壁的层数；

  C_{wb}——纵向焊缝有效系数，下标 b、c、f、p、r 分别表示波纹管、加强套环、紧固件、管子和加强件材料；其中，当波纹管管坯纵向焊缝经 100%着色渗透探伤或射线探伤合格且焊缝内、外表面都齐平时，波纹管纵向焊缝有效系数 (C_{wb}) 可以取为 1.0。

  $[\sigma]^t$——按 GB 150—1998 中表 4-1、表 4-3、表 4-5、表 4-7 及其他相关标准取值的设计温度下材料的许用应力，下标 b、c、f、p、r 分别表示波纹管、加强套环、紧固件、管子和加强件材料，MPa。

5.5.4.2 内压引起的波纹管周向薄膜应力

内压引起的波纹管周向薄膜应力

$$\sigma_2 = \frac{pq(d+h+n\delta)}{2n\delta_m(0.571q+2h)} \leqslant C_{wb}[\sigma]_b^t \tag{5-34}$$

式中　δ_m——波纹管成形后一层材料的名义厚度，$\delta_m = \delta\sqrt{\dfrac{d}{d+h+n\delta}}$，mm；

　　　　q——波纹管中任意相邻波纹对应点间距离，$q = 2(r_c + r_r + n\delta)$；

　　　　h——波高的数值，$h = 0.5(D-d) - n\delta$；

5.5.4.3　内压引起的波纹管子午向薄膜应力及弯曲应力

内压引起的波纹管子午向薄膜应力计算公式如下

$$\sigma_3 = \frac{ph}{2n\delta_m} \tag{5-35}$$

内压引起的波纹管子午向弯曲应力计算公式如下

$$\sigma_4 = \frac{ph^2 C_p}{2\delta_m^2} \tag{5-36}$$

式中　C_p——波纹管 σ_4 的计算修正系数。

需满足下列条件

$$\sigma_3 + \sigma_4 = \frac{ph}{2n\delta_m} + \frac{ph^2 C_p}{2n\delta_m^2} \leqslant C_m[\sigma]_b^t \tag{5-37}$$

式中　C_m——低于蠕变温度的材料强度系数，$C_m = 1.5$，用于热处理态波纹管；$C_m = 3$，用于成形态波纹管。

5.5.4.4　疲劳寿命

位移引起的波纹管子午向薄膜应力

$$\sigma_5 = \frac{E_b \delta_m^2 e}{2h^3 C_f} \tag{5-38}$$

式中　E——按 GB 150—1998 中表 F5 及其他相关标准取值的室温下材料的弹性模量。下标 b、c、f、p、r 分别表示波纹管、加强套环、紧固件、管子和加强件材料，MPa；

　　　　e——计算单波总相当轴向位移的数值。

　　　　C_f——波纹管 σ_5 的计算修正系数。

位移引起的波纹管子午向弯曲应力

$$\sigma_6 = \frac{5E_b \delta_m e}{3h^2 C_d} \tag{5-39}$$

式中　C_d——波纹管 σ_6 的计算修正系数，查表分别为 1.8，2.14，2.42。

子午向总应力

$$\sigma_t = 0.7(\sigma_3 + \sigma_4) + \sigma_5 + \sigma_6 \tag{5-40}$$

波纹管设计疲劳寿命

$$[N_c] = \left(\frac{12\,820}{\sigma_t - 370}\right)^{3.4}/n_f \tag{5-41}$$

式中　n_f——设计疲劳寿命安全系数，$n_f \geqslant 10$。

5.5.4.5　单波轴向刚度

波纹管单波轴向刚度

$$f_{iu} = \frac{1.7(d + h + n\delta)E_b^t \delta_m^3 n}{h^3 C_f} \qquad (5-42)$$

波纹管波数

$$N \geqslant e_\Sigma / e \qquad (5-43)$$

式中　e_Σ——单个波纹管总补偿量。

波纹管刚度

$$K = f_{iu}/N \qquad (5-44)$$

5.5.4.6　稳定性计算

波纹管两端为固支时，柱失稳的极限设计内压

$$P_{sc} = \frac{4n\pi^2 E_b f_{2k}(\delta/k)}{6N(1-\mu^2)L_0 \left(\dfrac{D+b_1}{4}\right)^2} \qquad (5-45)$$

式中　f_{2k}——刚度修正系数，$f_{2k} = \dfrac{k^2}{(k^2+1)\ln k - k^2 + 1}$；

　　　μ——泊松比，0.3；

　　　k——外径内径比，$k = D/d$；

　　　b_1——计算内径，$b_1 = d + 2n\delta$；

　　　L_0——波纹管的有效长度，$L_0 = nq$。

5.5.5　补偿器试验

按照标准规范的要求以及运载火箭实际应用，补偿器需进行以下性能试验。

5.5.5.1　耐压性能

补偿器应有符合要求的耐压性能。一般应进行水压试验，对于受内压补偿器的水压试验压力一般取 1.5 倍的工作压力。试验合格标准如下：补偿器无渗漏；结构件无明显变形；受压时最大波距与受压前波距的比值不得大于 1.15。

5.5.5.2　疲劳性能

补偿器应有符合要求的疲劳性能。在规定试验位移循环次数的疲劳试验中波纹管应无穿透壁厚的裂纹。对于低温管路应用的补偿器，一般浸泡液氮或内腔充液氮进行试验。疲劳试验完成后耐压性能应符合 5.5.6.1 的规定。

5.5.5.3　压力-位移性能

补偿器在额定位移状态下应有足够的耐压性能，试验压力为工作压力，试验压力下补偿器应无渗漏、无失稳现象，在疲劳试验前后各进行一次。试验装置原理如图 5-36 所示。对于低温管路应用的补偿器，一般浸泡液氮或内腔充液氮进行试验。

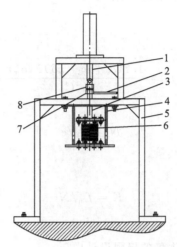

图 5-36　压力-位移试验装置原理图

1—试验机液压缸活塞杆；2—加压管；3—连杆；4—吊框；
5—试验机框架；6—波纹管；7—位移传感器；8—力传感器

5.5.5.4　极限承压性能

补偿器的极限承压性能应大于或等于 2.25 倍工作压力。对于低温管路应用的补偿器，一般浸泡液氮或内腔充液氮进行试验。

5.5.5.5　耐振性能

补偿器在箭体振动环境条件和边界条件下进行耐共振试验，试验后进行耐压性能及气密性能试验。由于单独补偿器无法模拟安装在管段上的状态，因此只能结合管路振动试验考核。

5.5.5.6　刚度试验

刚度试验目的是按设计要求测量补偿器的抗拉刚度、弯曲刚度和扭转刚度等。试验时把试件夹在工装上，测量相应的变形（位移和转角等）以确定轴向、横向或转角的刚度。

补偿器轴向刚度试验为不充压状态，要求波纹管刚度允许偏差为 10%，此试验为交付验收试验。

5.5.5.7　循环寿命试验

试验目的是确定在脉动压力或定压下循环挠曲的疲劳寿命，试验在专用的疲劳试验机上进行，在补偿器发生疲劳破坏以前，周期地使其变形，随着往复变形加上压力脉冲（或定压）。

5.5.5.8　允许位移试验

补偿器的允许位移，实际就是补偿器吸收系统位移的能力。补偿器在正常工作时，要吸收系统位移而产生位移变形，同时还要保证一定数量的正常安全工作位移循环次数。

允许位移试验实际上就是检测补偿器在承受公称位移载荷时，所有波纹的波距最大变形不均匀性，当波纹波距变形不均匀性超过一定比例时，就认为波纹管已失效。通常波距最大变形不均匀性不大于 15%。

允许位移检测时，首先使被测件处于原始自由状态，沿着补偿器的圆周方向等分 m 个点（$m \geqslant 4$），分别测试并记录各点位置上每个波的波距。然后压缩或拉伸补偿器至最大允许位移处，每个波上测量点均发生位移变化，测得每个波上的 m 个点的最大变形量与最小变形量之差，当某一波的变形量之差除以波距不大于 15% 时，则代表波纹管未失稳，通过允许位移试验。

实际工作位移一般取允许位移的 40%～50%。

5.5.6　补偿器制造技术

补偿器制造技术核心为波纹管的制造。各种用于成形波纹管的材料，要求其塑性和焊接性能良好。直径较小的波纹管通常用无缝管制造，而直径超过 25 mm 的波纹管，可用板材或带材成形圆筒后纵向缝焊，再成形波纹管。

用于制造波纹管的材料，不论是管材、带材还是板材，根据波纹管使用性能要求，确定所需材料的厚度公差。当刚度不是主要性能要求时，其壁厚公差可为厚度的 ±10%，当刚度要求较高时，其壁厚公差为厚度的 ±5%。波纹管材料成形前的晶粒度应小于 35 μm，晶粒的不均匀度不大于 2 级。

用于制造波纹管的材料，主要有不锈钢、锡青铜和铍青铜等。

奥氏体不锈钢（1Cr18Ni9Ti、0Cr18Ni9、00Cr17Ni14Mo2 等）的力学性能、耐腐蚀性能好，用它制造的波纹管较多地用作隔离介质或密封元件。

锡青铜（QSn65‐0.1、QSn65‐0.4）有一定的弹性，工艺性能好，迟滞较小，疲劳强度高，有较好的耐腐蚀性，在仪表中应用较多。

铍青铜（QBe2）工艺性好，有较高的弹性和塑性，迟滞小，耐腐蚀性好，疲劳强度高，弹性温度系数小，用它制造的波纹管一般用于要求较高的场合。

黄铜（H80）塑性和工艺性能好，但弹性差，迟滞较大，用它制造的波纹管常与弹簧配合使用，一般用在要求不高的场合。

除了上述常用材料外，还有恒弹性合金 Ni36CrTiAl（3J1）、高温合金 Incnel 718 等。材料的检验与验收要按有关标准进行。制造波纹管的材料要有质量证明书，材料的使用要准确无误，且具有可追溯性。

5.6　紧 固 件 选 用

紧固件主要从结构形式、力学性能等级、材料、螺纹类型及精度、使用部位、使用环境等方面要求进行选取，以符合产品设计所需的连接功能、性能和使用要求。

5.6.1　紧固件选用一般要求

（1）强度要求

承力部位通常都要求紧固件具有高的强度，因此应选用合理的高强度紧固件。过高的强度会导致脆性增加、韧性降低，紧固件的综合性能变差。所以在选用高强度紧固件时，一定要综合考虑紧固件的使用环境，不能片面地追求高强度。紧固件强度选择时还需注意的事项有：

1）强度满足使用要求；

2）安装力矩的确定；

3）头型和氢脆的影响；

4）使用温度对强度的影响；

5）表面污染对紧固件强度的影响。

（2）重量要求

当要求减小紧固件的重量时，应在保证使用功能的前提下，选用比强度高的紧固件。

（3）表面防护要求

表面防护对被连接件力学性能有不同程度的影响。主要受力件在选择镀覆层时，应考虑其耐蚀性、耐磨性、使用环境、介质、应力集中敏感性、强度、疲劳性能、氢脆等要求。选择镀层时除了注意使用温度范围，还需考虑防腐蚀要求。使用温度超过所允许范围时，不仅影响镀覆层耐蚀性、耐磨性等性能，还可能导致结构开裂和脆断。

（4）防松要求

紧固件的防松，主要指螺纹连接的防松。防松结构的失效对整体安全或人身安全造成威胁时，不能仅依靠自锁螺母等锁紧系统来防松，还需要附加其他锁紧机构，如加保险丝、保险销、止动垫片、防松胶等。弹簧垫圈、弹性垫圈的防松能力很差，不能用于重要部位的防松。对涂胶防松位置要求工艺有防松记录，拆装后重新喷涂。

1）氧系统防松采取打保险、止动垫片、自锁螺母；

2）导管及电缆整流罩中支架螺钉采用低温胶进行防松。

（5）装配空间

选用紧固件要考虑空间的装配适应性，要考虑安装紧固件所用的装配工具。

5.6.2　典型紧固件选用

5.6.2.1　螺栓的选用

细牙螺纹的承载能力和防松能力要比粗牙螺纹高。高精度的细牙螺纹能够明显提高装配精度，改善螺纹的受力情况，所以在重要连接处选用的螺纹紧固件，应选用合理精度的细牙螺纹。对于承受复杂应力的部位，应采取具有抗疲劳性能的 MJ 螺纹，以提高紧固件在循环应力条件下的疲劳寿命。

采用以下设计方法可改善螺栓受力情况：

1）在同一连接接头部位，应避免螺栓和铆钉一起混合使用。承受较大拉力时，应使用螺栓连接。同一螺栓孔的布置要尽量避开高应力区。

2）对于受剪螺栓，一般情况下可采取结构较简单的单剪形式。当载荷较大时，为了避免产生附加弯曲，应采取双剪形式。对于受剪螺栓，螺栓与夹层接触部分应无螺纹。

对于受拉螺栓，提高螺栓抗疲劳性能的方式有：

1）增大螺栓的螺纹根部圆角半径（如采用 MJ 螺纹）或改善螺纹的加工工艺；

2）增大螺栓头下圆角半径；

3）如果拉伸载荷大，装配时应在其头部和螺母下加垫圈。

5.6.2.2　螺母的选用

螺母的材料选择应考虑配合螺栓的强度和承载形式，应满足螺纹连接的等强度设计准则。由于在连接中螺母的受力状况比螺栓好，一般螺母材料的强度等级不高于螺栓的材料强度等级；螺母螺纹的精度等级不高于螺栓螺纹的精度等级。

六角螺母便于扳手扳拧而获得较大的拧紧力矩；厚螺母用于受拉或拉剪复合受力的连接处。薄螺母与较薄螺母主要用于受剪部位的连接。

安装中间过程中一般不使用自锁螺母，正式产品拆装时自锁螺母需更换。单个螺栓的连接部位防松不得使用自锁螺母，当单个螺栓连接失效后会影响使用安全。

5.6.2.3　垫圈的选用

平垫圈的材料一般与被连接件的材料相同，通常是钢、不锈钢、铝合金等。

平垫圈的内径尺寸按螺纹或螺杆直径较大值选取，选择在螺栓或螺钉头下放置垫圈时，为避免头下圆角与垫圈干涉，可选用带内孔倒角的平垫圈；对于直径较大的重要螺栓或为了增加抗挤压能力，应采用钢垫圈。受拉螺栓或拉剪复合螺栓连接应采用钢垫圈。

5.6.2.4　铆钉的选用

铆钉主要用于受剪部位，在受拉或有夹紧力要求的部位不适用铆钉，总装时一般采用 3.5～4 mm 直径的铝铆钉，铆钉在选取时注意：

1）铆钉的连接层数不宜过多，尽量不超过 4 层，高抗剪铆钉连接层数应不超过 3 层，以免由于夹层过多，使铆接件之间出现间隙；

2）尽量避免采用直径大于 4 mm 的钢铆钉，以免铆接过程中零件变形过大。

5.6.3　低温下紧固件选用要求

低温下紧固件选用时需考虑紧固件在低温下的性能，防止氢脆，低温下一般不使用弹簧垫圈。

5.7　绝热设计

对高低温管路、阀门附件，需采取相应的绝热措施。一般管路绝热结构主要由缓冲层、绝热层、防护层组成，不同的管路结构选择不同的绝热方案。低温输送系统还有 CO_2 冷凝真空绝热的方案[60]。一般需要绝热的管路主要包括三部分：直管段、波纹管补偿器、法兰及不规则部件。各部分绝热初步方案如下：

1）舱内直管段：缓冲层为 DW-3 低温胶和 DW-1 粘接胶；绝热层为硬质聚氨酯发泡绝热材料；防护层为无碱玻璃布及 SW-2 环氧胶。

2）舱外直管段、低温阀门：缓冲层为 DW-3 低温胶和 DW-1 粘接胶；绝热层为聚酰亚胺软泡沫绝热材料；防护层为无碱玻璃布及 SW-2 环氧胶。

3）高温管路：缓冲层为 DW-3 低温胶和 DW-1 粘接胶；绝热层为聚酰亚胺软泡沫绝热材料；防护层为无碱玻璃丝带。

4）补偿器缓冲层为 DW-3 低温胶和 DW-1 粘接胶，绝热层为聚酰亚胺软泡沫绝热材料；防护层为无碱玻璃丝带及单面带胶镀铝薄膜。要求波纹管补偿器在管路安装到箭上后进行包覆，且波纹管及钢丝网套外侧不允许有缓冲层。

5）通类等不规则部件：缓冲层为 DW-3 低温胶和 DW-1 粘接胶，绝热层为聚酰亚胺软泡沫绝热材料；防护层为无碱玻璃丝带及单面带胶镀铝薄膜。

6）法兰类不规则部件：总装后无法进行气密检查的密封面设缓冲层，缓冲层 DW-3 低温胶和 DW-1 粘接胶，其余法兰类均不设缓冲层；绝热层为聚酰亚胺软泡沫绝热材料；防护层为无碱玻璃丝带及单面带胶镀铝薄膜。该类型部件待管路安装对接完成，并且气密试验通过后进行包覆。

5.8　防热设计

根据总体热专业提供的各舱段热流密度条件进行防热试验。

增压输送系统防热包覆的方法一般有：

1）对热流密度较高的产品，先用高温绝热带包扎，再用无碱玻璃纤维布绑扎固定，然后再包覆两层镀铝薄膜，镀铝薄膜外用无碱玻璃纤维布绑扎固定。

2）对热流密度不高的产品直接在导管表面粘贴 2 层聚酰亚胺镀铝薄膜，镀铝薄膜贴好后用无碱玻璃纤维布绑扎固定。

3）气瓶如需防热，一般采用直接在气瓶表面粘贴 2 层聚酰亚胺镀铝薄膜，镀铝薄膜贴好后用不锈钢丝绑扎成网状，将防热层固定牢固，网格不大于 40 mm×40 mm。

4）对一些输送管路，还有包覆玻璃纤维毡的方法，如图 5-37 所示。

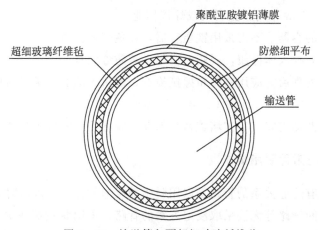

图 5 - 37　输送管包覆超细玻璃纤维毡

5.9　低温氧系统安全性

在选择用于液氧系统材料时，不仅要考虑材料在低温时的物理特性，还应注意材料和液氧的化学反应特性，以免发生意外事故。

凡是与液氧接触的各种结构材料、密封材料、一级其他零部件材料都必须是与液氧相容的。液氧具有低温性、强氧化性，针对低温性，材料的选择主要根据它们的物理特性，即抗拉强度、屈服极限、延伸、抗冲击强度和缺口不敏感性，要求材料在低温下这些物理特性具有一定的最小数值。另外，对金属材料，必须是金相稳定的，即晶体结构的相态不随时间或冷热循环而变化；对非金属材料，必须是不变脆，即在低温下仍具有一定的弹性，且其线性膨胀系数最好接近于金属；对润滑脂，必须是不固化、不变脆。针对强氧化性，材料的选择主要根据它们的化学特性，即分子组成，要求它们的分子不与液氧发生化学反应。

满足上述要求的金属材料有不锈钢、9％镍镉合金、铝及其合金、铜及其合金、镍及其合金等。由于钛与液氧能发生缓慢反应，因此钛及钛合金不能用作液氧结构材料。碳钢在低温下会变脆，也不宜选用。与液氧相容的非金属材料较少，主要有聚四氟乙烯（F4）、未增塑的聚三氟氯乙烯（F3）、氟橡胶、氟醚胶、石棉、玻璃纤维、硬聚氨酯泡沫塑料等。乙丙橡胶（8101）、聚乙烯、尼龙、软聚氨酯泡沫等与液氧不相容，它们在液氧中遇到冲击时会发生着火或爆炸。与液氧相容的润滑脂是氟碳润滑脂和全氟化碳油，碳氢化合物类的石油基润滑脂在与液氧接触并受到冲击时会发生着火爆炸，不能选用，因此低温氧系统一般严禁有油，在零部件总装前必须除油脱脂。

5.9.1　脱脂一般要求

脱脂溶剂一般采用 HT 型脱脂清洗剂。

在室内脱脂时，应使用机械通风或自然通风，但不得让风砂进入液氧箱。

脱脂场所周围 25 m 以内禁止明火或焊接作业。

盛脱脂溶剂用的容器，不得采用铁质容器，以免带入铁锈。

脱脂溶剂蒸气有损人体健康，脱脂时应尽量戴防毒面具。

使用脱脂溶剂处理后，应用白绸布擦拭检查，确认无油脂、无纤维时为止，需脱脂产品含油量检验按 JB/T 6896—2007 C2 类标准执行。

脱脂后的管路两端需安装工艺堵盖密封保存，脱脂后的零件需封装保存。

5.9.2　管路及阀门附件脱脂要求

所有与氧系统有连通关系的管路采取用脱脂剂浸泡的方案，浸泡时间不小于 30 分钟。

对于较长及空间管路等无法采取浸泡方案的管路，采用脱脂剂灌洗方式，要求灌洗次数不少于 3 次，灌洗时一端用堵盖封闭，另一端灌入脱脂剂，两端封闭后，摇晃、滚动管路达到脱脂目的。灌洗完成后再从一端灌脱脂剂，另一端用白绸布遮住出口，要求白绸布上无油污，用白绸布擦拭容器内表面时无油迹。要求对此类管路先采用工艺管路，运用该种方法进行脱脂，脱脂后剖切工艺管路进行含油量化验，符合要求后允许对箭上管路采用该种方法进行脱脂。

安装于液氧贮箱内部的管路、标准件等，在总装之前需再用脱脂剂浸泡，浸泡时间不小于 30 分钟。

管路及总装直属件脱脂完成后需用洁净的压缩空气吹干，所有管路脱脂完成后安装塑料堵盖密封，打保险丝，总装之前禁止拆除；总装直属件需封装保存。

氧系统所使用的阀门、加泄连接器、插拔连接器管接头需在总装交付之前完成除油脱脂处理。

氧系统所用温度及压力传感器在总装之前直接用脱脂剂擦拭并晾干后安装。

第6章　增压输送系统仿真分析

传统增压计算方法主要采用集总参数法，将贮箱假定成一个均质节点进行贮箱的增压计算[1,12]。它能够较好地宏观反映贮箱内的增压过程，但当贮箱内的气液交换剧烈时，则不能展示箱内物理量的径向及局部分布，存在一定的局限性。在对低温贮箱增压计算的实际应用中，气枕空间内的温度、速度、压力等场分布及气液界面层的气液分布对增压设计较为重要。低温贮箱内气液热交换和质量交换较为剧烈，增压过程的物理量变化将根据贮箱内增压路扩散器布局不同和推进剂种类不同而存在较大差异。而贮箱的三维仿真分析能够真实地反映贮箱内的物理场状态，能够为增压能力、液体不可用量、贮箱的结构设计等提供一定的依据，可以更好地理解贮箱内的换热过程。

在增压输送系统的全系统仿真分析时，往往是分步分段进行的，在快速设计、故障模式分析等方面，存在一定难度。搭建一个完整的增压输送全系统仿真平台，能够进行增压输送系统各部分的联合仿真计算，对实现系统增压方案论证以及系统与单机的快速设计十分有利，同时能够对系统试验提供理论指导。

本章将着重介绍贮箱三维仿真分析和全系统仿真分析方法。

6.1　贮箱三维仿真分析

低温推进剂贮箱的增压问题极其复杂，在地面停放及升空阶段，推进剂贮箱内部要经历长时间、变参数、多工况的复杂程序操作，造成贮箱内部物理场变化极其复杂，且存在着复杂的质量和热量交换。增压过程中增压气体的流量、温度、出流速度及角度，输送管的排液量等，都影响气枕空间物理场的变化。

火箭飞行过程中，高温气体自贮箱顶部进入气枕，造成气枕顶部温度较高，而底部由于液面的冷却作用温度较低，整个气枕存在明显的轴向温度分层[61-63]。合理利用贮箱气枕内的温度分层，有利于优化贮箱结构设计。本节将介绍运用 Fluent 商业软件对液氧贮箱进行三维仿真分析的方法，结果可为贮箱的增压和内部结构件设计提供一定的依据。

6.1.1　液氧贮箱物理模型

低温液氧贮箱内部结构件多且杂，如传感器、防晃板等，在数值模拟中，模型的简化可以提高计算效率和充分发挥 CFD 的计算优势。因此，在保证贮箱内部场可靠性及稳定性的前提下对其物理过程进行合理的简化处理，可以实现数值计算对模型物理过程简化要求。主要简化如下：

　　1）真实贮箱结构复杂，存在内部结构件，忽略传感器、防漩防塌装置、防晃板等结构件，仅考虑增压管、扩散器、排液管；

　　2）本节主要考虑发动机点火后的贮箱增压阶段，贮箱内的计算初始条件为点火前状态参数；

　　3）增压气体考虑流量加速性及温度加速性；

　　4）考虑过载系数的影响；

　　5）地面试验阶段的外壁按自然对流换热考虑，飞行阶段考虑气动加热；

　　6）以液氧贮箱作为研究对象，根据结构特点及计算考虑，分为固壁区、气枕区、液氧区和气液相界面区，其中固壁区包括了贮箱金属壁和绝热层。

6.1.2　液氧贮箱数学模型

6.1.2.1　控制方程

　　对于贮箱内部的气液多相流体，采用 VOF（Volume of Fluid）方法处理气液界面的瞬态追踪。

　　VOF 方法通过单元中各相的体积分数来控制相的组成，假设第 q 相流体的体积分数为 α_q，$\alpha_q = 0$ 表示第 q 相流体在单元中是空的，$\alpha_q = 1$ 表示第 q 相流体在单元中是满的，$0 < \alpha_q < 1$ 表示单元中包含了第 q 相流体和其他一相或多相流体的界面。其控制方程可以写成如下形式[64-65]：

　　第 q 相的连续方程为

$$\frac{\partial \alpha_q}{\partial t} + \mathbf{v} \cdot \nabla \alpha_q = \frac{S_{aq}}{\rho_q} \tag{6-1}$$

其中，$\sum\limits_{q=1}^{n} \alpha_q = 1$。

　　动量方程

$$\frac{\partial}{\partial t}(\rho \mathbf{v}) + \nabla \cdot (\rho \mathbf{vv}) = -\nabla p + \nabla \cdot \left[\mu (\nabla \mathbf{v} + \nabla \mathbf{v}^{\mathrm{T}}) - \frac{2}{3} \mu \nabla \cdot \mathbf{v} I \right] + \rho \mathbf{g} + F_{\mathrm{vol}} \tag{6-2}$$

　　能量方程

$$\frac{\partial}{\partial t}(\rho E) + \nabla \cdot [\mathbf{v}(\rho E + p)] = \nabla \cdot (k_{\mathrm{eff}} \nabla T) + Q \tag{6-3}$$

其中，表面张力转化为体积力 $F_{\mathrm{vol}} = \sum\limits_{\text{pairs}ij, \, i<j} \sigma_{ij} \dfrac{\alpha_i \rho_i \kappa_j \, \nabla \alpha_j + \alpha_j \rho_j \kappa_i \, \nabla \alpha_i}{\frac{1}{2}(\rho_i + \rho_j)}$，$\rho$ 为密度，S 为源项，E 为能量，k_{eff} 为等效热导率，σ 为表面张力，κ 为表面曲率。

　　采用压力隐式分裂算子（PISO）处理压力-速度耦合关系，它是基于压力-速度校正之间的高度近似关系的一种算法，经过一个或更多的附加 PISO 循环，校正的速度会更接近满足连续方程和动量方程。

6.1.2.2　相变计算方法

　　推进剂贮箱上部空间的压力受贮箱内部质量交换的影响，这是因为质量交换影响到气枕气体质量。质量交换可以以几种方式发生，这主要取决于所用的增压系统类型以及推进剂和增压气体的物理性质。冷凝现象通常发生在推进剂液体表面、贮箱壁表面，或者在气体内部以雾的形式存在。蒸发可能发生在液体表面，或者以沸腾的形式在液体内部发生。

对于液氧，最常见的质量交换现象是液体表面层的蒸发和冷凝现象，气液相界面的热质交换直接影响到气枕空间的数值模拟，因此，需对气液热交换模型进行重点分析。在针对贮箱增压过程的集总参数模型与一维分层模型分析中，采用经验公式确定其换热与质量传递的大小[66]。也可以直接考虑相间热质交换的转移机理，假设增压过程中相界面始终处于热平衡状态，界面温度等于气枕压力对应的饱和温度 T_{sat}，计算中通过比较网格温度 T_{node} 与 T_{sat} 大小来判定是否发生相变，若产生相变应在连续方程、动量及能量方程中添加相应的源项。其数学描述如下：

当 $T_{node} \geqslant T_{sat}$ 时，液相蒸发

$$\dot{m}_1 = -\dot{m}_v = -c(1-\alpha_v)\rho_1 \frac{|T_{node} - T_{sat}|}{T_{sat}} \tag{6-4}$$

当 $T_{node} < T_{sat}$ 时，气相冷凝

$$\dot{m}_1 = -\dot{m}_v = c\alpha_v\rho_v \frac{|T_{node} - T_{sat}|}{T_{sat}} \tag{6-5}$$

式中　$\dot{m}$——相变时的质量转移速率；

　　　α——体积分数；

　　　c——控制相变强弱的控制参数；

　　　下标 1，v——分别表示液相和气相。

伴随着质量转移，能量转移速率为：$\dot{S} = -\dot{m}_v h_{fg}$，其中 h_{fg} 为流体的汽化潜热。

根据上述数学描述，编写控制相变的 UDF 自定义函数，选用 Mass - Transfer 宏函数[67]，只需确定其质量传递率，即可自动实现对由质量传输引起的动量、能量及其他方程的影响。

6.1.2.3　典型增压方案贮箱计算网格

网格划分是实现数值计算的前提条件，网格数量的多少将直接影响计算结果的精度和计算规模的大小。一般情况下，网格数目的增加可以提高计算精度，但同时计算规模也有所增加，因此在确定网格数量时需综合考虑计算精度及计算规模。

结合液氧贮箱自身结构特点，贮箱柱段直径一般为几米，而局部增压管及输送管直径只有几十至几百毫米，整体尺寸与局部尺寸相差过大，给网格划分带来很大难度。综合考虑这些因素，对贮箱进行网格划分，液氧贮箱两端封头采用四面体非结构化网格，柱段和输送管采用六面体结构化网格，并对增压管、扩散器、输送管等部位进行局部加密，即整体疏化、局部细化的方案，并在保证网格质量 0.2 以上的情况下尽可能降低网格数量，可以提高计算效率和精度。

6.1.2.4　边界条件处理

（1）贮箱壁热边界条件

气壁之间换热的计算方法与第 2 章液氧自生增压模型中的换热计算模型类似，包括地面试验阶段的自然对流换热和飞行过程中的气动加热。火箭升空阶段贮箱壁的热流主要受五方面因素影响：气动加热、太阳的直接辐射、大气反射太阳光线、地球表面的辐射及贮箱壁表面对外的辐射。

当飞行器靠近地球飞行时，其他行星对贮箱的辐射作用可忽略不计，一般只考虑太阳对贮箱的直接辐射作用。

太阳的直接辐射被贮箱壁表面所吸收的热流量

$$q_c = \beta \cdot S \cdot \cos\psi \tag{6-6}$$

式中　S——阳光垂直照射时的辐射热流量，一般有 $S = 1\,389\ \mathrm{W/m^2}$；

　　　　β——蒙皮对太阳热的吸收系数，它与表面材料、结构及温度有关；

　　　　ψ——太阳光线与蒙皮表面法线间的夹角。

大气反射太阳光线被贮箱壁表面吸收的热流量

$$q_a = 66.944(1 + 2\cos\psi)\beta \tag{6-7}$$

地球表面的辐射被贮箱壁表面吸收的热流量

$$q_e = 29.288(1 + 2\cos\psi)\beta \tag{6-8}$$

在吸收外界热辐射的同时，贮箱表面同样也向外界环境辐射热量

$$E = \varepsilon\sigma T_{bi}^4 \tag{6-9}$$

其中，玻耳兹曼常数 σ 为 $56.7 \times 10^{-9}\ \mathrm{W/(m^2 \cdot K^4)}$，蒙皮向外辐射系数 ε 与表面材料、涂层性质及温度有关。

（2）出入口边界

增压气体的入口及出口流量采用质量流入口边界条件，用来描述边界的质量通量。用自定义的 UDF 函数描述启动段的增压气体流量、温度及输送管流出量的变化，稳定段按固定值输入。

（3）内部边界

由于三维贮箱模型的两端封头采用四面体结构网格，柱段和输送管采用六面体网格，需用一个界面隔开，而在交界面处的节点单元是两个区域公用的，因此设定为内部界面。

6.1.3　典型算例

以某次液氧贮箱自生增压试验为例，计算得到的气枕压力曲线如图 6-1 所示，测点温度曲线如图 6-2 所示，气枕压力计算结果与试验值接近，平均误差为 7.5%，对应测点温度的平均误差为 23%，这主要是由于初始时将该点温度假设为气枕的平均温度。模型所计算的结果可信，验证了数值模拟的正确性，能够有效地预测气枕空间压力场、温度场和速度场的分布情况。

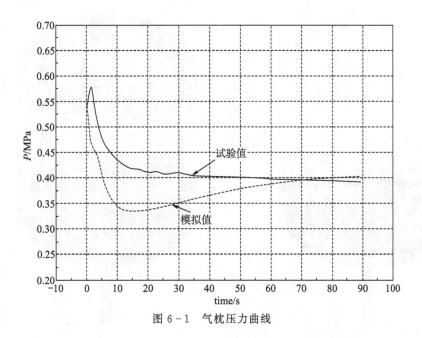

图 6-1　气枕压力曲线

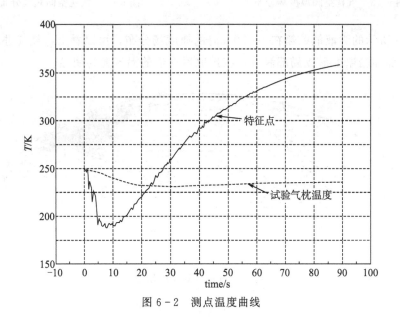

图 6-2　测点温度曲线

　　图 6-3 所示的是 $t=70$ s 时气枕空间温度场分布，温度分层且较高温度区域集中于贮箱顶部的增压管附近，同时，热量向下的扩散速度受进口气氧温度、流量及浮升力的影响，气枕空间温度场的扰动明显受气体动量和浮升力影响。

　　图 6-4 所示的是 $t=70$ s 时气枕空间氧气的体积分布，发动机点火阶段，由于氧气密度比氦气密度大，氦气主要集聚在气枕空间顶部区域，且靠近扩散器处的氧气体积分数较大。

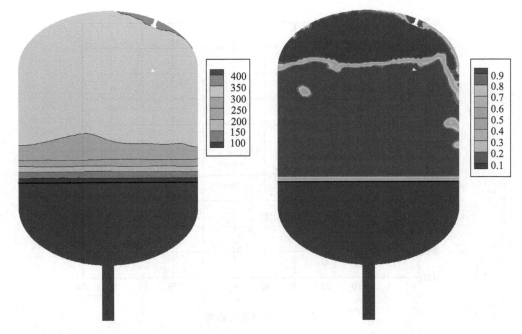

图 6-3　气枕空间温度场分布　　　　　　　图 6-4　气枕空间氧气分布

图 6-5 所示的为液氧贮箱在 $t=70$ s 时的速度场分布,可以看出,氧气进入一段时间后,在相界面和箱壁处形成局部涡流,在扩散器附近的涡流尤为明显。

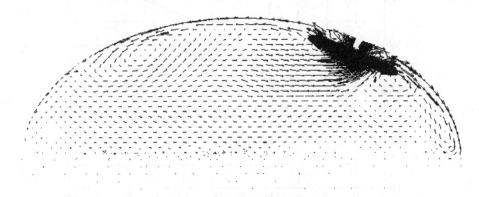

图 6-5　气枕空间速度场分布

6.2　全系统仿真分析

在动力系统仿真技术平台研究方面,国外起步早而且处于领先地位。早期对液体火箭动力系统的仿真研究主要集中在组件或单机的特性仿真上,比如管道流动的瞬态仿真、阀门的动态特性研究或者涡轮泵、燃烧室的特性研究。完整意义上的系统仿真平台应归结于20 世纪 80 年代末由美国马歇尔空间飞行中心(MSFC)开发的火箭发动机瞬态仿真系统

(ROCETS)，ROCETS 的成功也使世界各国认识到了开发动力系统仿真软件的必要性和价值[68]。

国内液体火箭动力系统设计中发动机系统和增压输送系统的分工相对独立，以发动机入口管路为分界面各自研制。现有增压输送系统仿真计算模型大都只针对推进剂贮箱的增压过程进行一维或三维仿真，对增压输送系统的全系统仿真建模较少。面对增压输送系统的地面验证试验规模大、周期长等特点，往往需要在设计阶段通过理论仿真分析找出设计重点和薄弱环节，增强试验的针对性和有效性。因此，需要借助高性能的模块化建模仿真平台，将机械，液压，气动，热，电控等多学科物理领域的模型进行集成分析。搭建一个完整的增压输送全系统仿真平台，能够进行增压输送系统各部分的联合仿真计算，对实现系统增压方案论证以及系统与单机的快速设计十分有利，同时能够对系统试验提供理论指导。在平台中，可以将增压方案论证及计算、输送系统设计和阀门单机等有机结合起来，使各个单独模块的设计边界能够真实有效，能够对全系统设计提供有力依据。

国内用于建立增压输送系统全系统的仿真软件主要有 AMESim、Sinda/Fluint、SimulationX 等，在系统仿真建模方面都有各自的特点和优势。本文主要以 AMESim 软件为例，介绍增压输送全系统的仿真分析过程。根据增压输送系统的组成及物理结构等情况，采用模块化建模与仿真。在完成对增压输送系统阀门、增压系统、输送系统等各子系统仿真的基础上，将各模块连接起来，构成整个仿真系统，实现对增压输送系统设计的仿真，并实现对系统进行故障仿真及监测。

增压输送系统全系统的多科学领域复杂系统建模仿真平台，把系统不同的功能单元进行模块分割，划分为机械、液压、气动和控制等模型库，这些应用模型库是由不同学科领域的预先定义的元件模型所组成的经过了验证。进行增压输送系统建模时，AMESim 用图形方式来描述系统中各元件及其之间的相互联系，各模块图形采用工程领域的通用符号，形象直观，所搭建的系统仿真模型和系统功能原理图接近，具备较强的可读性[69]，基本功能模块见图 6 - 6。

在用作增压输送系统仿真平台基础方面，AMESim 的模型库具备一定优势[70]。该平台中，热流体库可以进行各种流体介质的物性参数的计算，其中的混合气体模型及两相流模型适用于低温推进剂增压输送系统的仿真建模。而且用户可以根据需要自定义流体属性添加到相应的库中，方便重复应用。气动库包含常用的气动系统元件，且具备换热能力，可以描述气动系统温度、压力和流量动态过程，用户还可以根据需要依据部件几何结构和物理属性进行气动元件的设计。这使得 AMESim 具备气动阀门附件以及管路的建模能力。

6.2.1　模块化建模

对整个增压输送系统进行全系统建模时，考虑到系统建模通用性，对全系统进行了简化，并拆分成多个通用模块，各个模块组合成不同系统后，可进行快速分析和计算。通用模块主要包括：气源模块、增压气路模块、贮箱增压模块、输送管路模块及阀门单机模块。仿真模型建成后，可以较为便捷地搭建增压输送系统全系统模型，对气瓶参数、增压

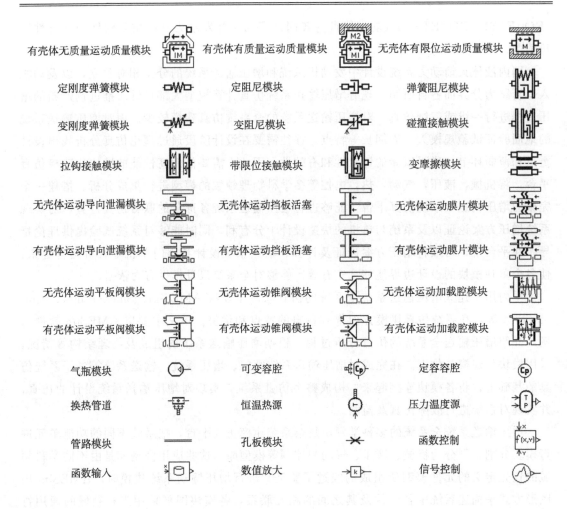

有壳体无质量运动质量模块	有壳体有质量运动质量模块	无壳体有限位运动质量模块
定刚度弹簧模块	定阻尼模块	弹簧阻尼模块
变刚度弹簧模块	变阻尼模块	碰撞接触模块
拉钩接触模块	带限位接触模块	变摩擦模块
无壳体运动导向泄漏模块	无壳体运动挡板活塞	无壳体运动膜片模块
有壳体运动导向泄漏模块	有壳体运动挡板活塞	有壳体运动膜片模块
无壳体运动平板阀模块	无壳体运动锥阀模块	无壳体运动加载腔模块
有壳体运动平板阀模块	有壳体运动锥阀模块	有壳体运动加载腔模块
气瓶模块	可变容腔	定容容腔
换热管道	恒温热源	压力温度源
管路模块	孔板模块	函数控制
函数输入	数值放大	信号控制

图 6 - 6　AMESim 基本功能模块

参数和主要阀门参数进行参数匹配分析和仿真计算。

6.2.1.1　气源模块

高压气瓶放气的过程中，气体通过管路向外排放，同时与气瓶内壁面之间产生换热，且在气瓶外表面，受到外界环境的自然对流换热和对天空的辐射换热，气源模型见图6 - 7。

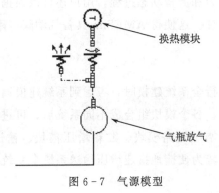

换热模块

气瓶放气

图 6 - 7　气源模型

6.2.1.2　增压气路模块

　　增压气体管路模型，包括直管和弯管的直径、长度、局部阻力系数、管路材料、换热系数计算等。在建立模型的过程中，将管路分段进行换热计算。将管路壁厚集成为质量块，根据管路形状因子换算质量块体积与换热面积。增压输送系统增压气路模块的典型仿真模型见图 6-8。

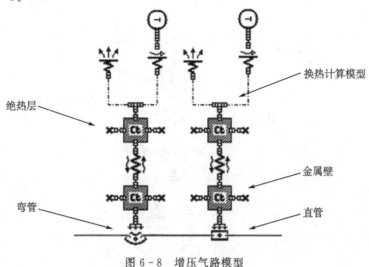

图 6-8　增压气路模型

6.2.1.3　贮箱增压模块

　　贮箱增压模块模型包括气枕空间模型、液体空间模型和安全阀等阀门子模型，还包括气液之间的换热计算模型。图 6-9 为典型贮箱增压模型，该模型借用了活塞模型，可进行无剧烈传热传质情况下的贮箱增压快速计算。在详细计算时，可采用计算程序对贮箱进行专门建模后封装到全系统仿真模型中。

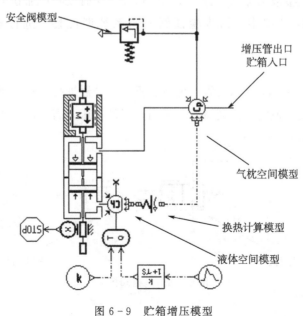

图 6-9　贮箱增压模型

6.2.1.4　输送管路模块

输送管路模块模型包括液体管路模型和换热计算模型，其中换热计算模型具备绝热包覆层的换热计算能力。输送管路模型见图 6-10。

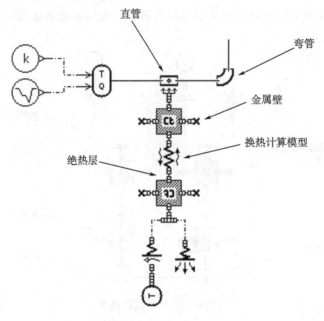

图 6-10　输送管路模型

6.2.1.5　阀门单机模块

阀门单机模块，包括电磁阀、减压阀、安全阀、压力信号器、节流圈、排气阀等。在系统建模过程中，可根据实际情况代入标准元件或自定义阀门单机模块。自定义单机模块可通过实际阀门的测量数据输入，标定模型的精度，实时反映产品在工作状态下的物理特性表征，并在全系统模型中，初步验证阀门与系统匹配性，进行多种阀门故障模式分析。

（1）电磁阀

电磁阀模型如图 6-11 所示，阀门可通过压力信号器进行逻辑控制，即当贮箱压力低于压力信号器接通设定值时，接通该路电磁阀；当贮箱压力高于该路压力信号器断开设定值时，该路电磁阀断开。

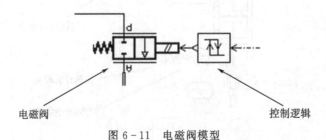

图 6-11　电磁阀模型

（2）减压阀

减压阀模型见图 6-12，采用可变节流孔、压力传感器、质量和弹簧元件组成，可通过弹簧元件、节流尺寸等参数设置来调节减压阀性能参数。

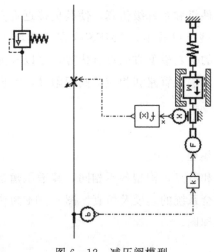

图 6-12　减压阀模型

（3）安全阀

安全阀可以直接采用 AMESim 自带的溢流阀模型，也可以将安全阀的详细模型打包生成超模块，插入系统中使用，安全阀模型见图 6-13。

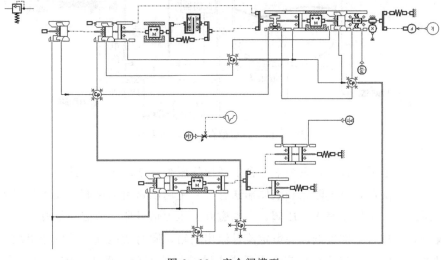

图 6-13　安全阀模型

根据产品的结构参数进行一维建模。在建模中需充分考虑膜片、弹簧、波纹管等弹性元件的刚度及力的影响。模型建立后，可以仿真分析充气过程中阀门的开启关闭压力、入口出口流量、指挥阀的质量流量、阀芯的运动规律等，还可以进一步进行安全阀启闭压力随不同流量的动态变化，阀门开度的动态变化，阀门压力稳定性等方面的特性仿真。同时可以从摩擦阻尼力、泄漏量等因素对产品性能的影响进行分析。

　　仿真的意义在于：1）仿真模型经验证后，可用于安全阀故障复现及排除，指导安全阀参数设计及优化等工作，进一步提高产品可靠性，提升设计水平；2）单机仿真模型经过验证后，将逐渐扩展到组件级和系统级仿真，使其更接近真实工况。

　　由以上各模块的仿真模型可以看出，AMESim 在搭建增压输送系统的气源模块、增压气路模块和输送管路模块的仿真模型方面具有优势，可以较为便捷地搭建增压输送系统模型，包括气瓶、增压管路、输送管路和相应的阀门附件，实现全系统联动的仿真分析。

6.2.2　全系统建模及分析

6.2.2.1　典型全系统仿真模型

　　液体火箭根据自身要求和特点，构型各不相同，其增压输送系统方案也不同。针对典型的气体增压系统，进行了全系统的建模及仿真。图 6-14 为典型的采用全冗余气体增压方案的贮箱增压输送系统原理图。

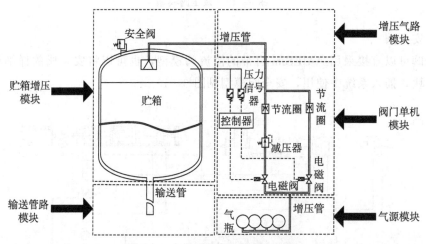

图 6-14　典型贮存气体增压系统

　　从图 6-14 中可以看出，系统中包含了高压气瓶组，增压气体管路及流量控制阀门附件，增压气体加温器，液体贮箱和液体输送管等。主增压路由电磁阀＋压力信号器＋减压阀＋节流圈组成，副增压路无减压阀，由电磁阀＋压力信号器＋节流圈组成。

　　系统开始工作时，推进剂以一恒定流量流出贮箱，同时增压气体从气瓶沿增压气体管路，经过各路电磁阀、减压阀和节流圈后进入贮箱气枕部分，形成一定压力，排挤液体。压力传感器感受贮箱压力后，通过 2 个不同的压力信号器向 2 路电磁阀反馈开关信号，分别控制各增压路电磁阀的开闭，从而控制进入贮箱的增压气体流量，保证贮箱气体压力在一定范围内。当气枕压力过高超过安全阀打开压力值时，则安全阀打开，向外界排气，使气体压力下降。

建立的全系统仿真模型如图 6 - 15 所示。

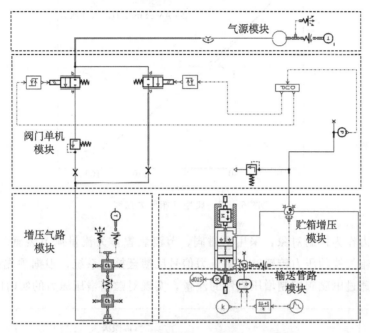

图 6 - 15　典型贮存气体增压方案全系统仿真

用上述全系统仿真模型搭建煤油贮箱增压系统，其气枕压力的典型计算结果如图 6 - 16 所示，气瓶压力计算结果如图 6 - 17 所示。其中，在参数选取后，压力一般控制在主副路压力带之间，防止故障状态下单路流量过大。由于全系统模型在贮箱建模方面进行了一定的简化，该增压仿真模型的增压参数取值，需要在与地面验证试验对比修正模型后确定。

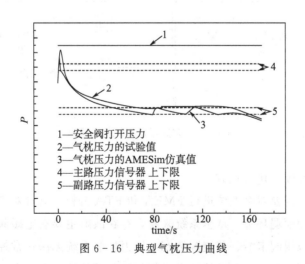

1—安全阀打开压力
2—气枕压力的试验值
3—气枕压力的 AMESim 仿真值
4—主路压力信号器 上下限
5—副路压力信号器 上下限

图 6 - 16　典型气枕压力曲线

同样，可建立多路"电磁阀＋节流圈"形式的增压系统模型，如图 6 - 18 所示。增压

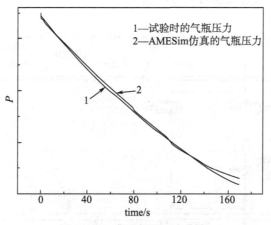

图 6-17 典型气瓶压力曲线

系统以贮箱压力作为控制对象，采用电磁阀、节流装置作为流量调节装置。控制过程为：通过设置在贮箱气枕的压力传感器，将压力信号反馈至控制系统，根据预先设置好的贮箱压力控制带，通过电磁阀控制增压氦气的流量，实现对贮箱增压压力的实时闭环控制。

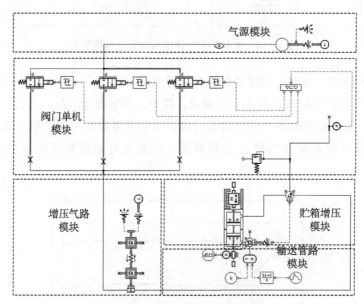

图 6-18 多路增压系统仿真模型

6.2.2.2 故障模式仿真建模处理

在系统设计时，需要对全系统进行 FMEA 和 FTA 分析，并针对各种故障工况进行仿真，找出关键参数和薄弱环节。从全系统来看，存在故障主要有电磁阀无法打开、电磁阀打开后无法关闭、减压阀卡滞、节流圈堵塞、压力控制系统无法正常控制电磁阀打开关闭等。其中，压力控制系统无法正常控制电磁阀打开关闭的故障模式在模型中可以用最终电磁阀无法正常打开关闭的结果来涵盖。

　　仿真时，针对模拟电磁阀打不开的现象，可以将该电磁阀打开压力设得极高，使电磁阀打开信号始终无法触发。针对模拟电磁阀打开后关不上的现象，可以将电磁阀打开压力按正常值设置而关闭压力设得极高，使电磁阀处于打开后始终无法触发关闭的状态。

　　对于模拟减压阀卡滞故障，可以根据减压阀最大和最小卡滞后的流通面积来等效固定孔径节流圈的方法来模拟该故障模式。

　　对于节流圈堵塞的故障，只考虑最恶劣的节流圈全部堵塞工况，可以用电磁阀无法打开的工况来模拟。

　　通过各个单机的故障模式的处理和组合，可以实现增压系统各种故障模式的仿真分析。其中，主、副路增压电磁阀打不开的工况最为恶劣，对每一路的增压流量需要在经过多种故障模式分析和计算后确定，防止单路工作时增压流量过大导致贮箱安全阀打开，从而最终导致增压能力损失。

第7章 低温推进剂POGO抑制设计

7.1 POGO的起源

POGO一词最早是在研究液体火箭结构系统与推进系统纵向耦合不稳定性振动问题时引入的。在液体火箭发射过程中，有时会出现一种显著的沿箭体纵向的振动，它随着火箭飞行自动产生、增大然后逐渐减小，直至消失。反映在过载-飞行时间曲线上，真实过载会偏离设计过载而出现一个鼓包，如图7-1所示。这种特殊的振动现象因振动方向为纵向，和欧美小孩经常玩的一种弹跳玩具——POGO Stick非常相似，故被命名为POGO振动，有时也简称为POGO。当然，发生在火箭上的POGO振动并不一定发生在箭体纵向模态，也有发生在横向弯曲模态上的，如阿里安4。POGO振动后来用于指所有由液体发动机和结构耦合而产生的火箭自激振动。在国内POGO也被翻译为纵向耦合振动或者跷振。图7-1为典型的POGO振动示意图。

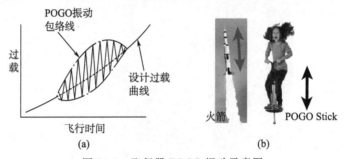

图7-1 飞行器POGO振动示意图

7.2 POGO振动原理及抑制方法

大型液体运载火箭在飞行过程中普遍存在纵向耦合振动（POGO）的潜在危险，而在火箭的初始设计阶段，由于对构成POGO振动重要因素的泵和管路动态特性、汽蚀特性等不能给出正确、可信的理论预计等原因，设计阶段不能保证飞行期间不发生POGO振动，整个火箭也不能设计得完全承受POGO振动载荷。因此，在火箭的研制计划中，必须及早考虑抑制运载火箭纵向耦合振动（POGO）的预防措施。

7.2.1 POGO振动原理

所谓纵向耦合振动（POGO），是指箭体结构和箭上液路系统，在振动频率和相位等参数相一致或接近时的一种闭合回路系统的谐振现象，是一种不稳定的闭环自激振动。当箭体结构系统在某种干扰力作用下激起纵向振动时，便在液路系统中产生压力脉动，此种压力脉动引起发动机推力的脉动，脉动的推力又反回来加剧结构的振动，如此构成闭路循环系统。由于箭体结构频率特性随时间是变化的，POGO 振动有一个产生、加剧和消逝的过程，其原理框图如图 7 - 2 所示[71]。

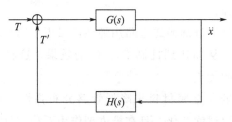

图 7 - 2　纵向耦合振动原理框图

T—脉动干扰力；T'—液体系统反馈引起的脉动推力；$\ddot{x}$—结构的响应加速度；

$G(s)$—结构的传递函数；$H(s)$—液体系统反馈传递函数

7.2.2　POGO 抑制方法

纵观国内外对 POGO 的抑制研究工作，抑制措施可分为主动式抑制和被动式抑制两大类型。

主动式 POGO 抑制方法，即采用主动式抑制器来消除飞行器 POGO 不稳定性的一种方法。主动式抑制器由感应飞行器振荡的仪器（感受压力、流量、加速度等参数或任意组合）以及电动液压活塞式脉冲发生器所组成。脉冲发生器作为输送管路的分支装置，将推进剂以适当的振幅和相位注入输送管路，以主动增加飞行器的 POGO 稳定性。脉冲发生器的活塞、作动器和三通伺服阀的结构示意图如图 7 - 3 所示[74-76]。

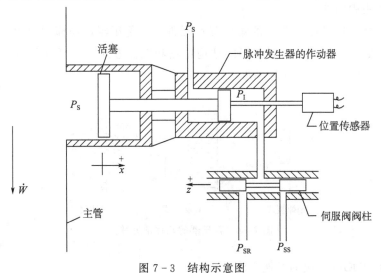

图 7 - 3　结构示意图

对大型液体运载火箭或飞行器的 POGO 现象的抑制研究，大多采用将箭体固有振动频率与推进剂输送系统固有振动频率分开的原则。由于改变箭体固有频率几乎是不可能的，因此，通常采用改变输送管路液体固有频率的方法。这些方法，可以统称为飞行器的被动式 POGO 抑制方法。

目前国内外降低推进剂输送管路中液体固有频率的基本方法主要包括如下几个方面。

（1）降低管路的分布弹性

这种方法是将某一部分推进剂输送管路用弹性模量很小的材料制造或采用某种特殊结构来降低管路的分布弹性，从而达到抑制 POGO 的效果。这种方法具有结构尺寸小、重量小、可靠性高等一系列的优点。

若采用弹性模量很小的非金属材料来降低管路分布弹性，则该材料需满足弹性模量小，强度高，弹性模量不随温度变化，且在推进剂作用下稳定性好等特点。目前，利用非金属材料降低管路分布弹性的方法还未见应用。

（2）降低液体分布弹性

通过向推进剂输送管中注入不冷凝气体（氦气、氮气），增加推进剂的可压缩性，降低液体的分布弹性，从而降低推进剂输送系统的固有频率，实现抑制 POGO 效应的目的。通常也简单称之为注气法。

利用注气法抑制 POGO 效应的研究，最大优点是可以利用现有部件，对火箭结构改动最小，尤其适合在现有的成熟型号上采用，只需要附加气体供应系统并保证它的流量即可在输送管路上实现。

利用氦气注入法来控制输送系统的柔性，从而抑制飞行器 POGO 效应，其实现的可能性已经得到了证实，但是，必须进行飞行器的稳定性分析才能确定最大稳定裕度所需要的注气量，同时最佳注气量对泵和发动机性能的影响也必须通过相应的试验鉴定，即需要大量的复杂的调试和大量的发动机热试车试验考核。

（3）引入集中弹性

在发动机泵入口增加一个大的集中弹性元件——蓄压器，是抑制 POGO 效应的最通用和最现实有效的措施。根据蓄压器的结构特点和工作方式，又可以分为如图 7-4 所示的弹簧式、储气式和注气式几种类型。

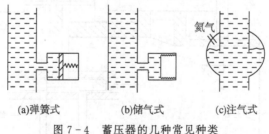

(a)弹簧式　　　　(b)储气式　　　　(c)注气式

图 7-4　蓄压器的几种常见种类

（4）抑制 POGO 效应的其他方法

根据一些零星资料以及近年来与相关专业人员的技术交流（包括对外交流合作）的情

况，在俄罗斯的很多运载火箭中，不采用专门的 POGO 抑制装置，而是在发动机的结构设计上采取某些特别的措施，利用发动机泵的汽蚀柔度对系统频率的影响来避免 POGO 效应。

7.3　POGO 抑制设计一般方法

对 POGO 的研究首先要建立数值分析模型，将推进剂管泵系统划分成若干小段，每段为一个元件，这些元件主要有直管、弯管、波纹管、旁通接头、多路分支接头、泵、蓄压器等。用一个拉普拉斯域的四极点方程建立每一元件的数学模型，然后将各元件的数学模型按实际串联或并联形式组合起来，从而得到系统的数学模型，再结合一定的初始边界条件对该模型求解。模型中的大部分未知参数可以用分析的方法确定，但某些主要参数如结构阻尼、泵的汽蚀柔度 C_p 和动态增益 $(m+1)$ 只能通过试验得到。

火箭结构纵向振动特性建模，作为工程实用并得到认可的建模方法一般有两种：一种是有限元法，即把火箭结构分为壳体单元、流体单元，考虑推进剂—箭体结构（液固耦合）相互影响的有限元模型；另一种是等效弹簧—质量模型的集中质量参数法，被等效的火箭结构由受约束的质量、弹簧和充液贮箱组成，其中充液贮箱按流体动力学和弹性力学法则，用液体—弹性贮箱壁之间的相互作用，即液固耦合进行分析，等效成弹簧—质量系统。

建立旋转对称的三维模型，特别适用于 POGO 效应的研究。结构和推进剂采用的有限元是旋转对称的，并能展开为傅里叶级数，也可以进行呼吸振型的计算，其中要考虑发动机机架模型，复杂模型的缩聚以及液体建模技术等。该技术国外在 20 世纪六七十年代已经基于 NASTRAN 软件进行了分析[77]。

7.3.1　数学模型

（1）贮箱动力学方程

贮箱底部脉动压力、流量方程如下

$$P_t = \rho h_t \ddot{x}_t - L_t \dot{Q}_R = \rho h_t \varphi_i(t) \ddot{q} - L_t \dot{Q}_R \tag{7-1}$$

$$Q = Q_R - A_1 \dot{x}_t = Q_R - A_1 \varphi_i(t) \dot{q} = Q_R - Q_t \tag{7-2}$$

式中　P_t——贮箱底部脉动压力；

　　　h_t——贮箱内推进剂高度；

　　　ρ——推进剂密度；

　　　$\varphi_i(t)$——贮箱底部纵向振动振型；

　　　q——广义坐标；

　　　Q，Q_R，Q_t——分别为绝对体积流量、相对体积流量和脉动体积流量；

　　　A_1——连接输送管路的截面积；

$\dot{x}_t$、$\ddot{x}_t$——分别为贮箱底部纵向振动速度和加速度。

（2）液体管路动力学方程

① 直管分布参数动力学方程

$$\begin{bmatrix} P_2 \\ Q_2 \end{bmatrix} = \begin{bmatrix} \mathrm{ch}\theta & -Z_1\theta^{-1}\mathrm{sh}\theta \\ -\theta Z_1^{-1}\mathrm{sh}\theta & \mathrm{ch}\theta \end{bmatrix} \begin{bmatrix} P_1 \\ Q_1 \end{bmatrix} - \begin{bmatrix} AZ_t\theta^{-1}\mathrm{sh}\theta \\ A(1-\mathrm{ch}\theta) \end{bmatrix} \dot{x}_1 \tag{7-3}$$

式中　P_1，P_2——分别为上游和下游端面处的压力；

Q_1，Q_2——上游和下游端面处的流量；

$\theta^2 = s^2\tau^2 Z_1/(sL)$，$\tau = l/c$；

直管管路中液体声速 $c = \sqrt{\dfrac{E_x}{\rho\left(1 + \dfrac{d}{\delta}\dfrac{E_x}{E}\right)}}$；

液路阻抗 $Z_1 = sL + R$；

液路惯性 $L = \rho l / A$；

s——拉普拉斯算子；

R——液路阻力；

$\dot{x}_1$——管壁刚体振动速度；

ρ——推进剂质量密度；

E_x——流体体变形刚度；

E——管材杨氏模量；

d，δ，l，A——分别为均匀直管的内径、厚度、长度和截面积。

为简化系数矩阵，根据泰勒级数展开公式（7-3）中的超越函数项，得到简化的直管分布参数动力学方程

$$\begin{bmatrix} P_2 \\ Q_2 \end{bmatrix} = \begin{bmatrix} 1 + \theta^2/2 & -Z_1(1 + \theta^2/6) \\ -Z_1^{-1}(\theta^2 + \theta^4/6) & 1 + \theta^2/2 \end{bmatrix} \begin{bmatrix} P_1 \\ Q_1 \end{bmatrix} \tag{7-4}$$

② 直管集中参数动力学方程

$$\begin{bmatrix} P_2 \\ Q_2 \end{bmatrix} = \begin{bmatrix} 1 \\ 0 \end{bmatrix} \begin{bmatrix} 0 \\ 1 \end{bmatrix} \begin{bmatrix} P_1 \\ Q_1 \end{bmatrix} + \begin{bmatrix} AR\dot{x}_1 \\ 0 \end{bmatrix} \tag{7-5}$$

③ 弯头动力学方程

$$\begin{bmatrix} P_2 \\ Q_2 \end{bmatrix} = \begin{bmatrix} 1 \\ 0 \end{bmatrix} \begin{bmatrix} 0 \\ 1 \end{bmatrix} \begin{bmatrix} P_1 \\ Q_1 \end{bmatrix} + \begin{bmatrix} 0 \\ A_1\dot{x}_b + A_2\dot{z}_b \end{bmatrix} \tag{7-6}$$

式中　A_1，A_2——上游和下游管路的截面积；

$\dot{x}_b$，$\dot{z}_b$——弯头在横向与纵向的刚体振动速度。

（3）多通接头的动力学方程

假定有（1+N）通短接头，有 N 个截面相同的支管，此时有平衡及连续条件

$$P_2 = P_1，Q_1 = \sum_{1}^{N} Q_2 = NQ_2$$

则有多通短接头的传递方程

$$\begin{bmatrix} P_2 \\ Q_2 \end{bmatrix} = \begin{bmatrix} 1 & 0 \\ 0 & 1/N \end{bmatrix} \begin{bmatrix} P_1 \\ Q_1 \end{bmatrix} \tag{7-7}$$

（4）波纹管分布参数动力学方程

波纹管的动力学方程分析，采用等效直管代替的方法，具体方程如下

$$\begin{bmatrix} P_2 \\ Q_2 \end{bmatrix} = \begin{bmatrix} \mathrm{ch}\theta & -Z_1\theta^{-1}\mathrm{sh}\theta \\ -Z_l^{-1}\theta\,\mathrm{sh}\theta & \mathrm{ch}\theta \end{bmatrix} \begin{bmatrix} P_1 \\ Q_1 \end{bmatrix} + \begin{bmatrix} 0 \\ K_b \end{bmatrix} (\dot{x}_1 - \dot{x}_2) \tag{7-8}$$

式中　P_1，P_2——上游和下游端面处的压力；

Q_1，Q_2——上游和下游端面处的流量

$$\theta^2 = s^2\tau^2 Z_1/(sL) \tag{7-9}$$

$$\tau = l/c_1 \tag{7-10}$$

$$c_1 = \cfrac{c}{\sqrt{1 + \dfrac{\rho c^2}{V}\dfrac{2n\pi r_0 h^5}{mE\delta^3}\left(\dfrac{1}{30} - \dfrac{R^2}{h^2} + \dfrac{2R^3}{h^3} - \dfrac{R^4}{h^4}\right)\beta}} \tag{7-11}$$

$$Z_1 = sL + R \tag{7-12}$$

$$L = \rho \cdot l/A \tag{7-13}$$

$$K_b = \pi(R_n^2 + R_m^2 + R_n R_m)/3 \tag{7-14}$$

波纹管容积

$$V = lA \tag{7-15}$$

式中　Z_1——液路阻抗；

L——液路惯性。

公式（7-11）中的 R——波纹圆角半径；

β——体积弹性修正系数；

公式（7-14）中的 R——液路阻力；

$\dot{x}_1$，$\dot{x}_2$——波纹管两端面不同的刚体振动速度；

R_n，R_m——波纹管的最大、最小半径；

c——等效直管中的声速；

c_1——波纹管中的等效声速；

r_0——波纹管平均半径；

n——波数；

m——管壁层数；

h——波纹高度；

δ——有效壁厚。

应考虑倾斜和水平放置的波纹管中的机械夹气量。这种机械夹气量的估算应尽量准确，特别是系统柔性很小时（如泵不旋转、不安装蓄压器的情况），实验值比计算值低。

（5）泵系统动力学方程

① 一般泵的动力学方程

$$\begin{bmatrix} P_2 \\ Q_2 \end{bmatrix} = \begin{bmatrix} m+1+sC_pZ_p & -Z_p \\ -sC_p & 1 \end{bmatrix} \begin{bmatrix} P_1 \\ Q_1 \end{bmatrix} + \begin{bmatrix} -A_1Z_p & -sL_pA_2 \\ A_1 & A_2 \end{bmatrix} \begin{bmatrix} \dot{x}_p \\ \dot{y}_p \end{bmatrix} \quad (7-16)$$

式中　$m+1$——泵增益；

　　　$(\dot{x}_p, \dot{y}_p)$——泵出口处刚体振动速度。

　　泵阻抗

$$Z_p = sL_p + R_p \quad (7-17)$$

式中　R_p，L_p——泵的阻力和惯性；

　　　C_p——泵的汽蚀柔性，泵的汽蚀柔性与泵入口复杂汽蚀过程形成的含有离散气泡的气液混合体的特性有关。它定义为

$$C_p = \frac{dV_p}{dP_s} \rho g \quad (7-18)$$

式中　g——重力加速度；

　　　dV_p/dP_s——气液混合体中等效气泡容积 V_p 随泵入口压力 P_s 的变化率。

　　dV_p/dP_s 在理论上是无法计算的，因此，C_p 值一般要通过推进系统动态试验或冷流试验确定。

　　泵的汽蚀柔性 C_p 对输送管路系统谐振频率的影响很大。由于它是影响输送管路以及 POGO 稳定性分析的关键参数之一，所以应该先确定 C_p 值。

② 不稳定汽蚀泵的动力学方程

$$\begin{bmatrix} P_2 \\ Q_2 \end{bmatrix} = \begin{bmatrix} m+1+sC_pZ_p & -Z_p(1-\alpha s) \\ -sC_p & 1-\alpha s \end{bmatrix} \begin{bmatrix} P_1 \\ Q_1 \end{bmatrix} \quad (7-19)$$

式中　α——泵的质量流量增益因子，其他参数物理意义与一般泵相同。针对质量流量增益因子，有无量纲数 $\alpha^* = \alpha/(\pi d/nu_t)$，其中，$u_t$ 为泵诱导轮叶片尖端速度，n 为诱导轮的个数，d 为泵诱导轮尖端直径。

（6）发动机系统动力方程

① 泵后管的动力学方程

$$\begin{bmatrix} P_j \\ Q_j \end{bmatrix} = \begin{bmatrix} 1 & -Z_D \\ 0 & 1 \end{bmatrix} \begin{bmatrix} P_D \\ Q_D \end{bmatrix} + \begin{bmatrix} A_DR_D\dot{y}_D \\ 0 \end{bmatrix} \quad (7-20)$$

式中　P_D，Q_D——泵后管入口处的压力、流量；

　　　P_j，Q_j——泵后管出口处的压力、流量。

$$Z_D = sL_D + R_D \quad (7-21)$$

式中　L_D，R_D，Z_D，A_D、$\dot{y}_D$——分别为泵后管路的惯性、阻力、阻抗、截面积和纵向振动速度。

② 推力室的动力学方程

$$P_c = Z_c(Q_j - A_j\dot{y}_c) \quad (7-22)$$

$$R_c = \rho c^* / A_{th} \qquad (7-23)$$

$$Z_c = R_c / (1 + s t_c) \qquad (7-24)$$

式中　P_c——燃烧室压力；

　　　　Q_j——喷嘴处流量；

　　　　A_j——喷嘴处截面积；

　　　　$\dot{y}_c$——燃烧室纵向振动速度；

　　　　A_{th}——燃烧室喉部截面积；

　　　　c^*——燃烧室的特性速度；

　　　　t_c——燃烧室时间常数；

　　　　R_c、Z_c——燃烧室的阻力和阻抗。

（7）蓄压器的动力学方程

蓄压器为一种具有惯性、阻力和柔性的线性装置，其动力学方程的建立主要需要蓄压器的惯性、阻力和汽蚀柔度。惯性可以通过计算得出，也可以由实验测得。阻力和汽蚀柔度只能由实验测得。其动力学方程为

$$\begin{bmatrix} P_2 \\ Q_2 \end{bmatrix} = \begin{bmatrix} 1 & 0 \\ -L_a^{-1} s \{ s^2 + 2\zeta_a \omega_a s + \omega_a^2 \}^{-1} & 1 \end{bmatrix} \begin{bmatrix} P_1 \\ Q_1 \end{bmatrix} \qquad (7-25)$$

式中　P_1，P_2——蓄压器入口和出口处脉动压力；

　　　　Q_1，Q_2——蓄压器入口和出口处脉动流量；

　　　　ω_a，ζ_a——蓄压器的固有频率和阻尼比；

　　　　$\omega_a^2 = (L_a C_a)^{-1}$，$\zeta_a = R_a C_a \omega_a / 2$；

　　　　L_a，R_a，C_a——蓄压器的惯性、阻力和汽蚀柔度。

阻力蓄压器假设为一种具有惯性、阻力和柔性的线性装置，其动力学方程的建立主要需要蓄压器的惯性、阻力和汽蚀柔度。惯性可以通过计算得出，也可以由实验测得。阻力和汽蚀柔度只能由实验测得。

7.3.2　频率窗口曲线

将各个飞行时刻管路系统的各阶固有频率绘成曲线，跟火箭结构固有频率画在一张图上，称为频率窗口曲线。

通过观察频率窗口曲线上管路频率和结构频率是否有交合来初步判断有无产生 POGO 振动的可能，但最终全箭是否产生 POGO 振动是要通过 POGO 稳定性分析来进行判断的。图 7-5 为典型的频率窗口曲线。

7.3.3　稳定性分析

POGO 稳定性分析模型可由图 7-6 表示。

$\dot{x}_e$ 是发动机推力作用点（一般指发动机机架处）k 阶模态振动速度；T_e 是推进系统各有关部分引起的作用于火箭结构上的广义力之和；$G(s)$ 反映了箭体结构纵向振动的固有

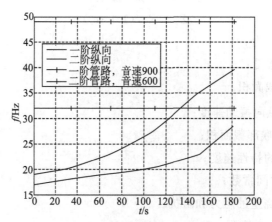

图 7 - 5　典型的频率窗口曲线

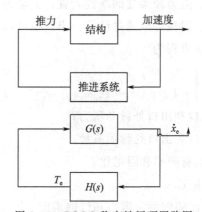

图 7 - 6　POGO 稳定性闭环回路图

特性；$H(s)$ 反映了推进系统的特性，它是发动机燃烧室脉动压力、贮箱底部脉动压力和脉动流量、泵入口和出口脉动压力以及泵入口脉动流量等的复杂函数。

（1）结构系统传递函数的分析

结构系统传递函数 $G(s)$ 的表达式如下

$$G(s) = \frac{G_n(e) \cdot s}{s^2 + 2\zeta_n \omega_n s + \omega_n^2} \tag{7 - 26}$$

式中　ω_n，ζ_n——结构系统的固有频率与模态阻尼比；

　　　s——拉普拉斯算子；

　　　$G_n(e)$——结构增益，它等于推力作用点振型 $\varphi_n(e)$ 的平方与结构广义质量 M_n 的
　　　　　　比值，可表示为公式（7 - 27）的形式

$$G_n(e) = \frac{\varphi_n^2(e)}{M_n} \tag{7 - 27}$$

（2）推进系统反馈传递函数的分析

由推进系统反馈传递函数 $H(s)$ 的含义和推进系统的分析可知，需要确定各部分构件

在受到脉动压力、脉动流量以及其他随机振动作用下所产生的外力方程。各部分构件的外力方程如下：

① 贮箱底开口处相对脉动流量 Q_R 引起贮箱液体质心脉动对结构的作用力

$$f(f) = \rho h_t \dot{Q}_R = \rho h_t (Q_t + A_1 \dot{z}_t) \qquad (7-28)$$

式中　h_t——贮箱内液体高度；

　　　Q_t——绝对体积流出量；

　　　$\dot{z}_t$——箱底纵向振动速度；

　　　A_1——箱底开口面积。

② 贮箱底开口处脉动压力 P_t 对结构的作用力

$$f(t) = A_1 P_t = A_1 \rho h_t \left(\ddot{z}_t - \frac{\dot{Q}_R}{A_t} \right) \qquad (7-29)$$

式中　A_t——贮箱截面积；

　　　$\ddot{z}_t$——箱底纵向振动加速度。

③ 横管管段上，包括直管与波纹管，由于液体粘性引起对结构的作用力

$$f^{(x)}(ld) = -\frac{AR}{Z}(P_1 - P_2 + sLA\dot{x}_1) \qquad (7-30)$$

式中　P_1，P_2——管段入口、出口处的压力；

　　　A，R，Z，L，$\dot{x}_1$——对应管段的截面积、阻力、阻抗、惯性和横向振动速度。

④ 竖管管段上（包括直管与波纹管）由于液体粘性引起对结构的作用力

$$f^{(z)}(ld) = -\frac{AR}{Z}(P_1 - P_2 - sLA\dot{z}_1) \qquad (7-31)$$

⑤ 横竖泵或横弯头前后脉动压力动量变化对结构的作用力

$$f^{(x)}(px) = -A_1 P_2 - \overline{Q}\left(2\frac{Q_1}{A_1} + \dot{x}_p \right) \qquad (7-32)$$

$$f^{(x)}(pz) = -A_2 P_2 - \overline{Q}\left(2\frac{Q_2}{A_2} - \dot{z}_p \right) \qquad (7-33)$$

式中　P_1，P_2——管段入口、出口处的压力；

　　　Q_1，Q_2——管段入口、出口处的流量；

　　　A_1，A_2——管段入口、出口处的截面积；

　　　$\dot{x}_p$，$\dot{z}_p$——管段入口、出口处的横向、纵向振动速度；

　　　$\overline{Q}$——推进剂平均质量流量。

⑥ 竖弯头前后脉动压力动量变化对结构的作用力

$$f^{(z)}(pz) = A_1 P_2 + \overline{Q}\left(2\frac{Q_1}{A_1} - \dot{z}_p \right) \qquad (7-34)$$

$$f^{(z)}(px) = A_2 P_2 + \overline{Q}\left(2\frac{Q_2}{A_2} + \dot{x}_p \right) \qquad (7-35)$$

⑦ 竖泵前后脉动压力动量变化对结构的作用力

$$f^{(z)}(pz) = P_1 A_1 - P_2 A_2 + 2\overline{Q}\left(\frac{Q_1}{A_1} - \frac{Q_2}{A_2}\right) \tag{7-36}$$

公式中的参数物理意义与公式（7-32）和公式（7-33）相同。

⑧ 泵间、泵后管路由于液体粘性引起对结构的作用力

$$f^{(z)}(bp) = AR(Q_2 - A\dot{z}_{bp}) \tag{7-37}$$

式中　Q_2——管路出口处的流量；

　　A，R，$\dot{z}_{bp}$——相应管段的截面积、液路阻力和刚体纵向振动速度。

⑨ 燃烧室喷嘴脉动压力 P_j 对结构的作用力

$$f(ej) = A_j P_j \tag{7-38}$$

式中　A_j——喷嘴的横截面积。

⑩ 发动机燃烧室脉动压力 P_c 引起脉动推力

$$T_c = N A_{th} C_f P_c \tag{7-39}$$

式中　N——发动机台数；

　　C_f——有效推力系数。

由以上的方程经过运算可以得到

$$T_e = H(s)\dot{x}_e = \frac{1}{\varphi_n(e)}\sum \varphi_n(j)f(j)$$

$$= \frac{1}{\varphi_n(e)}[\varphi_n(e)T_c + \varphi_n(p)f(p) + \varphi_n(tp)f(tp) + \varphi_n(f)f(f) + \varphi_n(t)f(t)]$$

$$\tag{7-40}$$

（3）POGO 稳定性判别方法

采用闭环的矩阵法判别运载火箭的 POGO 稳定性，将图 7-6 进行改动，加入虚拟盒 K_D，如图 7-7 所示：

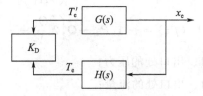

图 7-7　矩阵法的 POGO 稳定性闭环回路

把 POGO 系统经过一系列的矩阵消元之后，简化为如下的表达式

$$\dot{x}_e = G(s)T'_e = \frac{M_G(s)}{D_G(s)}T'_e \tag{7-41}$$

$$T_e = H(s)\dot{x}_e = \frac{M_H(s)}{D_H(s)}\dot{x}_e \tag{7-42}$$

$$T'_e = K_D T_e \tag{7-43}$$

上述方程组的矩阵形式为

$$\boldsymbol{A}(s) = \begin{bmatrix} D_G(s) & 0 & -M_G(s) \\ -M_H(s) & D_H(s) & 0 \\ 0 & -K_D & 1 \end{bmatrix} \tag{7-44}$$

$$\boldsymbol{x} = (x_e, \ T_e, \ T'_e)^T \tag{7-45}$$

由特征方程 $|\boldsymbol{A}(s)| = 0$ 的根的实部和虚部，即可判定系统在何种频率范围内稳定。令 $K_D = 1$，由式（7-44）可得

$$B(s) = |\boldsymbol{A}(s, \ K_D = 1)| = D_G(s)D_H(s) - M_G(s)M_H(s) = 0 \tag{7-46}$$

令 $S = X + iY$，则有

$$B(s) = U(x, \ y) + iV(x, \ y) = 0 \tag{7-47}$$

或

$$\begin{cases} U(x, \ y) = 0 \\ V(x, \ y) = 0 \end{cases} \tag{7-48}$$

由此即转化为二元非线性方程组的求解问题。一般先从求低于运载器结构最低模态频率的低阶根开始。若求高阶根，则需剔除已经求得的复根 s_k。假定已经求得前 $n-1$ 阶根，若要再求 $B(s) = 0$ 的第 n 个复根，可以作第 n 阶复函数

$$B_n(s) = B(s) / \prod_{k}^{n-1} (s - s_k) \tag{7-49}$$

重复利用上述数值计算方法，可求得 $B(s) = 0$ 的第 n 个复根。特征根的形式为

$$s_k = x_k \pm iy_k \tag{7-50}$$

根据有阻尼的单自由振动系统形式，S_K 可改写成

$$s_k = -\omega_k \zeta_k \pm i\omega_k \sqrt{1 - \zeta_k^2} \tag{7-51}$$

式中

$$\omega_k = \sqrt{x_k^2 + y_k^2}, \ \zeta_k = -x_k / \omega_k \tag{7-52}$$

ω_k，ζ_k 可以认为是 POGO 系统的特征频率和阻尼比。

若令

$$G(i\omega_k) = G(s) \Big|_{s=i\omega_k} = \frac{G_{nk}(e) \cdot s^2}{s^2 + 2\zeta_{nk}\omega_{nk}s + \omega_{nk}^2} \Big|_{s=i\omega_k} = [G_{nk}(e)\sin\theta_{Gk}/(2\zeta_{nk})]e^{i\theta Gk}$$

$$\tag{7-53}$$

$$\theta_{Gk} = \arctan[(2\zeta_{nk}\omega_{nk}\omega_k)/(\omega_k^2 - \omega_{nk}^2)] \tag{7-54}$$

$$H(i\omega_k) = H(s) \big|_{s=i\omega_k} = |H(i\omega_k)| e^{i\theta Hk} = H_R(\omega_k) + iH_I(\omega_k) \tag{7-55}$$

$$\theta_{Hk} = \arctan[H_I(\omega_k)/H_R(\omega_k)] \tag{7-56}$$

$$\Phi(i\omega_k) = G(i\omega_k) \cdot H(i\omega_k) = \Phi(s) \Big|_{s=i\omega_k} = \frac{G_{nk}(e)|H(i\omega_k)|\sin\theta_{Gk}}{2\zeta_{nk}} e^{i\theta \Phi k} \tag{7-57}$$

$$\theta_{\Phi k} = \theta_{Gk} + \theta_{Hk} \tag{7-58}$$

若在运载器结构振动模态频率 ω_{nk} 附近存在 $\omega_k = \omega_{ck}$，使得 $\theta_{\Phi k}(\omega_{ck}) = 0$，即

$$\theta_{Gk}(\omega_{ck}) = -\theta_{Hk}(\omega_{ck}) \tag{7-59}$$

则将式（7-59）代入式（7-57），可以得到

$$|\Phi(\mathrm{i}\omega_{ck})| = \frac{G_{nk}(e)\,|H(\mathrm{i}\omega_k)|\,\sin\theta_{Gk}}{2\zeta_{nk}} \tag{7-60}$$

此时令

$$\zeta_{ck} = \frac{G_{nk}(e)\,|H(\mathrm{i}\omega_k)|\,\sin\theta_{Gk}}{2} \tag{7-61}$$

式中　ζ_{ck}，ζ_{nk}，ω_{nk}——k 阶 POGO 系统的模态阻尼比、结构系统阻尼比和固有频率；

　　$G_{nk}(e)$—— 系统 k 阶结构增益。

由式（7-60）和式（7-61）可得

$$|\Phi(\mathrm{i}\omega_{ck})| = \frac{\zeta_{ck}}{\zeta_{nk}} \tag{7-62}$$

工程上通常用稳定裕度来衡量闭环系统的稳定程度，常用的指标有幅值稳定裕度与相位稳定裕度。

此时，POGO 系统的 k 阶幅值稳定裕度 Δ_k（dB）为

$$\Delta_k(\mathrm{dB}) = 20\lg(|\Phi(\mathrm{i}\omega_{ck})|^{-1}) = 20\lg\frac{\zeta_{nk}}{\zeta_{ck}} \tag{7-63}$$

若 $\zeta_{ck}<0$，则表明系统已经是稳定的；若 $\Delta_k>0$，则系统是稳定的；若 $\Delta_k\leqslant0$，系统是不稳定的。

若在运载器结构振动 k 阶模态频率 ω_{nk} 附近存在 $\omega_k=\omega_{rk}$，使得

$$|\Phi(\mathrm{i}\omega_{rk})| = \frac{G_{nk}(e)\,|H(\mathrm{i}\omega_{rk})|\,\sin\theta_{Gk}(\omega_{rk})}{2\zeta_{nk}} = 1 \tag{7-64}$$

$$\theta_{Gk}(\omega_{rk}) = \arcsin\frac{2\zeta_{nk}}{G_{nk}(e)\,|H(\mathrm{i}\omega_{rk})|} = \arctan\left(\frac{2\zeta_{nk}\omega_{nk}\omega_{rk}}{\omega_{rk}^2 - \omega_{nk}^2}\right) \tag{7-65}$$

此时，POGO 系统的稳定性相位裕度为

$$\theta_{rk} = \theta_{Gk}(\omega_{rk}) + \theta_{Hk}(\omega_{rk}) \tag{7-66}$$

（4）临界阻尼法

临界阻尼法又称估计法。对多阶结构模态和多种推进剂参与的 POGO 系统，通过矩阵法和单传法，可得到闭环系统的前向传递函数 $G(s)$ 和反馈函数 $H(s)$。由实际系统闭环特征值的计算结果和之前的分析可以知道：发生系统 POGO 时的频率与航天运载器结构系统模态频率相差不大，实际上 POGO 不稳定性发生在接近于结构系统频率 ω_n 的一个频率上；此外，采取 POGO 抑制措施前，反馈频率特性 $H(\mathrm{i}\omega)$ 相对于 $G(\mathrm{i}\omega)$ 是缓慢变化的，因此，可以得到如下的关系式

$$|H(\mathrm{i}\omega_c)| \approx |H(\mathrm{i}\omega_r)| \approx |H(\mathrm{i}\omega_m)| \approx |H(\mathrm{i}\omega_n)| \tag{7-67}$$

$$H_R(\omega_c) \approx H_R(\omega_r) \approx H_R(\omega_m) \approx H_R(\omega_n) \tag{7-68}$$

式中，各个频率值 ω_c，ω_m，ω_r，ω_n（结构模态频率）分别满足下列关系

$$\theta_\Phi(\omega_c) = 0，\ 即\ \theta_G(\omega_c) = -\theta_H(\omega_c) \tag{7-69}$$

$$|\Phi(\mathrm{i}\omega)|_{\max} = |\Phi(\mathrm{i}\omega_m)| \tag{4-70}$$

$$|\Phi(\mathrm{i}\omega_r)| = 1 \tag{7-71}$$

取 $H_R(\omega_c)$ 的近似值

$$H_R(\omega_c) \approx H_R(\omega_n) \tag{7-72}$$

可以近似估计 ζ_c

$$\zeta_c = G_n(e) H_R(\omega_n)/(2\omega_n) \tag{7-73}$$

近似稳定裕度

$$\Delta = 20 \lg\left(\frac{\zeta_n}{\zeta_c}\right) \tag{7-74}$$

假定结构模态阻尼比 $\zeta_n = 0.01$，若 $\zeta_c = 0.01$，$\Delta = 0$，此 POGO 系统中性稳定；若 $\zeta_c = 0.005$，$\Delta = 6$ dB，此 POGO 系统 6 dB 稳定；若 $\zeta_c = 0.02$，$\Delta = -6$ dB，此 POGO 系统 6 dB 不稳定。由式（7-73）可知，重要的参数结构增益 $G_n(e)$ 增大与低阶结构模态 ω_n 易使 POGO 系统的阻尼比 ζ_c 增大，导致发生 POGO 不稳定性。

临界阻尼法去掉了频率变量 ω，各阶模态可以独立进行研究。此种估计方法的实质，就是把本来变化的扫描频率 ω 人为地固定在某单阶模态频率处。这样的计算量较小，便于判别预测估计。

7.3.4　蓄压器参数设计

为了使泵吸入管路系统的一阶频率低于系统的一阶频率，要求有一个大柔性的蓄压器，这是因为改变泵的柔性一般是不现实的。只有借助大的充填气体压力和气室容积才可以获得大的柔性。不过充填气体必须比作用于气泡的泵吸入管路系统的工作压力小，否则会由于气室变硬或壳体干扰使蓄压器的作用受到限制，或者蓄压器没有柔性，因而失去其功能。

大多数的运载器有多个结构共振频率，有些运载器可能存在与这些频率有关的小增益，因此考虑结构振型的高阶共振频率也是相当重要的。

不仅一阶振型可能出现 POGO 振动，二阶振型也可能出现不稳定的情况。一个大柔性的衰减装置用于降低管路系统的一阶共振频率，实际上还会降低管路系统的二阶共振频率。这样通过正确地选定蓄压器的安装位置和设计蓄压器，泵吸入管路的二阶共振频率就可能高于相应的高阶次的结构振型频率，而不致耦合，因此正确地设计蓄压器是很关键的。

研究蓄压器最本质的问题就是管路频率的调节原理，使管路频率落在合适的区域，远离火箭结构的纵向耦合特征频率。由于结构和液路的复杂性及其相互作用，对该问题的研究需要从实验与理论两方面进行分析。首先，应根据频率调节原理，采用已经被试验证明的分析方法，建立反映问题本质的数学模型，来预示系统的频率。然后，要有一个蓄压器参数设计的方法。

在泵入口附近管路上附加一个大柔性的蓄压器用来降低管路频率，假定管路中流体为不可压缩，可得到管路的一、二阶共振频率的简化公式

$$f_1 = \frac{1}{2\pi}\sqrt{\frac{1}{(C_a + C_p)L_1}} \tag{7-75}$$

$$f_2 = \frac{1}{2\pi} \sqrt{\frac{C_a + C_p}{(L_1 + L_a)C_a C_p}} \qquad\qquad (7-76)$$

式中　f_1，f_2——管路的一、二阶频率；

　　　L_1，L_a——泵至蓄压器管路及蓄压器的惯性；

　　　C_a，C_p——蓄压器的柔性和泵的柔性。

　　对储气式蓄压器

$$C_a = \frac{\rho V_0 P_0}{\gamma P^2}$$

　　对注气式蓄压器

$$C_a = \frac{\rho V}{\gamma P}$$

式中　V_0，P_0——初始充气体积和压力；

　　　V，P——蓄压器工作时的体积和压力；

　　　γ——充气体积的比热比；

　　　ρ——流体的密度。

　　当知道原管路液柱频率（即与火箭结构耦合后的频率）后，就可以使附加蓄压器系统的反共振频率 $f_a = (1/2\pi)\sqrt{1/(L_1 + L_a)}$ 与原液路频率相等，从而确定蓄压器的柔性参数，这就是动力吸振器的设计原则。

7.3.5　POGO 试验

　　对于新研制的运载火箭，一般需要进行相关的 POGO 试验。一类是参数获取试验，用来获取数学建模和蓄压器设计中无法用理论分析得到的相关参数，包括管路中的音速、管路流阻系数、蓄压器液阻和液感、泵的汽蚀柔度、泵的动态增益；一类是验证性试验，用来验证理论分析的正确性和蓄压器设计的有效性，包括管路系统动态试验、输送系统动态试验、蓄压器变频降压试验、蓄压器搭载热试车试验。

　　（1）管路中的音速试验

　　管路中的音速反映了液体的分布柔性。影响音速的因素有很多，包括介质的物性、管道几何参数、材料机械性质、结构支撑方式、介质含气量等，单纯的理论分析很难完全考虑上述因素的综合影响，因而必须通过试验获得。典型的音速测量方法有两种：

　　1）驻波法：用正弦扰动的蝶型阀（或活塞激励）产生不同频率的正弦激励，在管路中形成驻波。若相邻两个波节（压力脉动为 0）的长度为 l_0，则液路的音速为 $a = 2l_0 f$。这种方法对管路长度有一定要求，对两端为开的管路，要形成驻波，管路长度应为半波长的整数倍。因此，对较短的管路，采用驻波法测量较为困难。驻波法测音速如图 7-8 所示。

　　2）水击法：流体管路水击时，液压水击波的传播速度等于液体中的音速。这种方法在液体稳定流动后采用蝶型阀门快速关闭，产生水击波。在各段管路布置脉动压力测点，测定第一个水击波的波前通过各测点所需的时间，则各段管路的音速为 $a_i = l_i / \Delta t_i$。需要

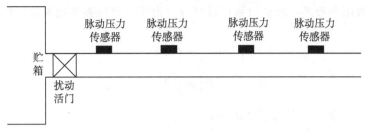

图 7-8 驻波法测音速

注意的是，由于阻尼的作用，波前通过不同测点的形状是略有不同的，这给确定相位点带来一定困难，因而一般采用一个人为的保准，即取波峰值一半的点作为"同相位"点。木击法测音速如图 7-9 所示。

图 7-9 水击法测音速

一般情况下，音速的测量需采用真实推进剂作为工作介质。如果介质在设计流速下产生的汽蚀气泡对等效音速有较大影响，则采用真实推进剂在额定流速下测量音速；如果无汽蚀问题，且推进剂额定流速小于实际音速的 2% 时，则可以在静止状态下测量介质音速。

（2）管路流阻系数试验

管路流阻系数表示单位脉动流量所引起的压力损失，主要与液体的流速、粘性、紊流及管路特性有关，可通过稳态流动阻力系数线性化得到

$$R = \frac{2(P_i - P_o)}{G} \tag{7-77}$$

式中　R——管路流阻系数；

　　　P_i——管路进口压力；

　　　P_o——管路出口压力；

　　　G——管路中推进剂的重量流量。

管路流阻系数测量试验在专门的试验台上完成，要求平台能够实现试验介质的流动控制和回收。把被测元件连接到试验平台上，在元件的两端设置压力传感器，在其中一端安装稳态流量计，待试验介质稳态流速达到要求值并稳定后，测量元件两端的压力值和流量值，按上述公式计算流阻系数。

试验中要求管路元件的结构设计与装箭状态一致、推进剂状态与飞行状态一致；设计被测管路元件入口和出口的连接件时，尽量避免局部流场干扰测量结果。

（3）蓄压器液阻和液感试验

蓄压器的液阻和液感一般通过蓄压器气液隔离膜的自振频率结果进行反推得到

$$L_a = \frac{1}{C_a \omega_a^2} \tag{7-78}$$

$$R_a = \frac{2\zeta_a}{C_a \omega_a} \tag{7-79}$$

式中 L_a，R_a——蓄压器的液感和液阻；

C_a——蓄压器的气腔柔度；

ω_a——蓄压器的自振频率；

ζ_a——蓄压器的阻尼比。

蓄压器气液隔离膜的自振频率是指蓄压器的气腔充一定压力的情况下，输送管内推进剂以一定的脉动频率流动时，蓄压器气液隔离膜的耦合频率。利用脉动压力发生器激励管路内液体，使之产生压力脉动响应，通过对输入/输出脉动压力响应信号的传递函数进行分析，从而确定蓄压器气液隔离膜的自振频率。

（4）泵的汽蚀柔度试验

泵的汽蚀柔度定义为每单位压力变化所产生的体积变化，其可以直接由测量泵入口处汽蚀区的脉动流量和脉动压力来确定，但由于脉动流量测量的问题，往往用间接方法确定，即通过专门的试验来观察液路共振频率，再由数学模型来推断泵进口汽蚀柔度值

$$C_p = \frac{l}{\omega_1 aL\tan(\omega_1 l/a)} - \frac{l_0}{\omega_0 a_0 L_0 \tan(\omega_0 l_0/a_0)} \tag{7-80}$$

式中 ω_1，ω_0——测定的泵工作和不工作（关闭启动活门，相当于开闭管）时的主输送导管液路的一阶频率，即分别为管泵频率和管路频率；

L、l、a——管泵试验时抽吸管的惯性、长度和音速；

L_0、l_0、a_0——管路试验时管路的惯性、长度和音速。

（5）泵的动态增益试验

泵的动态增益表示泵前压力扰动值经过泵时增加的倍数，虽然可以从泵的常规液流试验数据得到，但这种方法得到的增益值接近于 1，然而国内外的很多试验表明动态条件下泵的增益远远大于 1，这样泵将对入口的脉动压力起放大作用，因而需通过试验准确地获取泵的动态增益大小。

可根据泵的动力学性能方程导出下式进行泵的动态增益估算

$$m + 1 = \frac{P_2}{P_1}\left(1 + \frac{Z_p}{Z_d}\right) \tag{7-81}$$

式中 P_2/P_1——泵出口和进口脉动压力之比，简称泵压比；

Z_p——泵的阻抗；

Z_d——泵后排放系统的阻抗。

（6）管路系统动态试验

管路动特性试验在泵不参加工作的条件下进行，用来验证管路系统数学模型和管路音

速大小的正确性。

管路动特性试验原理如图 7 - 10 所示，主要技术问题包括激振技术、试验系统的安装、管路系统频率的确定、测量和数据的处理。

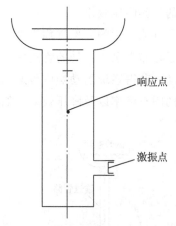

图 7 - 10　管路系统动态试验原理图

支撑系统：通常，流体系统中的输送管路处于垂直状态，要求支撑刚度值大于或等于箭上实际支撑值。

激振系统：由激励三通管（短管，长度一般小于 4％波长，直管或直管加波纹管）、活塞作动器和电磁振动台组成。实际使用的激振系统需处理并解决好激振的传递途径、激振源及激振部位等问题。在地面试验时，采用直接激励液路引起系统共振，比较直观，也易于实现。由活塞直接激励液体介质需要的推力比较小，低频波在介质中也比较容易传递。激振源一般放在输送管路下端处。

用试验方法求管路系统的频率通常有两种方法：一是用正弦扫描激励求共振响应的方法；另一种方法是在随机激励的情况下，用激振点与响应点的传递关系来确定。

（7）输送系统动态试验

输送系统动态试验用来验证输送系统数学模型和涡轮泵动态参数的正确性。

此项试验采用模拟发动机的等效系统来保证冷流试验动态测试结果与热试车结果的一致性，它不采用发动机点火工作，从而可以节省价格昂贵的推进剂。分析表明，在发动机燃烧室不点火的条件下用涡轮泵来传输两种推进剂并将其回收，对回路的动特性影响极小。

试验系统由四部分组成，即输送系统、回收系统、激振系统与模拟发动机系统。

箭上系统主导管下面有多条支管、多台泵，而地面试验系统只能接一条支管、一台泵，因而一般利用相似原理采用缩比管来模拟抽吸导管。

由于发动机不点火工作，因而须对发动机进行模拟：代替燃烧室喷注器的模拟件是多孔板，多孔板的液感、液阻与喷注器相近（液流通过孔板的压力损失等于泵后系统的压力损失）；代替喷管的模拟件是汽蚀管，装于多孔板后的管路上，使多孔板后的压力与燃烧室压力相等，并用以控制流量。

需要注意的是，试验前一定要分析飞行中参数变化，使试验尽量接近 POGO 分析阶段的工况。

（8）蓄压器变频降压试验

此项试验用来验证蓄压器的变频降压效果。

试验方法是确定一个真实的（或模拟的）推进剂输送系统，选择一个非正式的（或原理性的）蓄压器试件，将其连通在靠近泵入口处的管路中，激励液体使其产生波动，测量结构振动加速度与流体压力波动，获得系统的动响应传递函数，并获得装与不装蓄压器的流体系统的固有频率、蓄压器的固有频率以及降压效果，如图 7-11 所示。

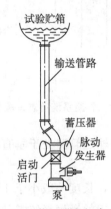

图 7-11　蓄压器变频降压试验

（9）蓄压器搭载热试车试验

POGO 抑制设计的正确与否，能否预示飞行中的实际情况，地面唯一最好的大型试验是搭载发动机试车，至少有一次装有蓄压器，一次不装蓄压器，来验证蓄压器的工作可靠性及其对发动机系统的影响。每次搭载试车都用脉动压力传感器测量氧化剂和燃料启动活门前（即泵前）压力，并作出频谱分析。

试验系统的核心部分包括：由模拟贮箱、输送模拟管路、蓄压器组件和发动机等组成的动力系统；推进剂加注管路和回收系统；系统压力控制系统；动态参数测量系统。

由于试车台与运载火箭不同，因此试车的 POGO 理论预示应与运载火箭不同，而应以试车台系统为对象去预示，看看相同的理论方法对试车台系统的预示是否正确，由此去推断此理论方法对火箭飞行情况预示的正确性。

7.4　低温推进剂 POGO 抑制特点

目前，我国正在研制高性能、高可靠性、无毒、无污染的新一代液体运载火箭。由于液体运载火箭的质量大，箭体结构固有频率较低，"箭体-输送管路-发动机"回路系统产生耦合从而引起纵向耦合振动的可能性很大。解决运载火箭纵向耦合振动即 POGO 振动问题是这种液体运载火箭研制过程中的关键技术之一。

新一代液体运载火箭的动力装置为分级燃烧循环方式发动机[7]（见图 7-12），与以往型号有很大不同：采用低温推进剂；液氧路存在预压泵和主泵，泵间管路为气液混合两相流；氧主泵后管路内流体先是液体，后是气体。这些特点都给蓄压器的设计工作带来相当大的难点，主要体现在：

1）推进剂是低温液氧，其流体动力特性与常温推进剂不同，地面试验模拟更难。

2）新一代补燃方式的发动机，其液氧经过预压泵和主泵，压力达到 30～40 MPa，温度达到 500～600 K，中间还存在气液混合的两相流，其动特性难以用常规的方程描述。

3）存在两个泵是否需要得到两个泵增益（$m+1$）参数，低压泵与高压泵的动态特性的差异需要分析。

4）POGO 冷流试验时如何对液氧进行激励，确保安全并能有效获得数据。

5）发动机煤油管路的流量调节器直接影响流量和发动机推力，而且存在 20 Hz 以内的谐振，该谐振频率可经燃气发生器和高压富氧燃气传至燃烧室，引起发动机燃烧和推力的脉动，具体如何影响尚待分析。发动机副系统也存在耦合的可能。

6）泵后管路复杂，与常规发动机不一样，需要建立合适的动力学方程。

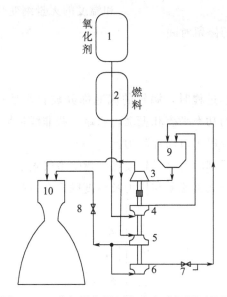

图 7-12 分级燃烧循环方式发动机原理简图

1—液氧贮箱；2—煤油贮箱；3—主涡轮；4—氧化剂主泵；5—燃料一级泵；

6—燃料二级泵；7—流量调节器；8—节流阀；9—燃气发生器；10—推力室

7.4.1 数学模型

火箭的液路系统从贮箱出口经输送管路到发动机推力室，传统的火箭采用四氧化二氮和偏二甲肼作为推进剂，其液路系统一般由直管、弯管、波纹管、蓄压器、泵、阻力元件和推力室等元件组成。新一代运载火箭采用液氧煤油作为推进剂，其液路系统还包括了燃气发生器、燃气导管等元件。这些元件的传递特性各不相同，由它们组成的液路系统，其传递特性更为复杂。

直管、弯管等元件的模型在许多文献和书籍中都有详细介绍[71]，这里不再赘述，本书重点介绍燃气导管、涡轮、发生器、推力室等气路元件的传递矩阵模型[78-80]。

（1）燃气导管

建立气路模型时，必须考虑熵波的影响，并且采用分布参数绝热模型。认为燃气以一维绝热可压缩的形式流动并且不考虑摩擦、扩散、热交换和质量源；根据圆柱形导管中可压缩流轴向运动的 N‐S 方程、连续方程和熵变方程，得到联系气体管路两端压力、流量和温度参数扰动的六端网络传输方程，其传递矩阵为

$$
\begin{bmatrix} \delta p_2 \\ \delta q_2 \\ \delta T_2 \end{bmatrix} = \begin{bmatrix} 1 & 0 & 0 \\ -\left[\dfrac{s\tau_2}{k} + \dfrac{k-1}{k}(1-e^{-s\tau_2})\right] & 1 & 1-e^{-s\tau_2} \\ \dfrac{k-1}{k}(1-e^{-s\tau_2}) & 0 & e^{-s\tau_2} \end{bmatrix} \begin{bmatrix} \delta p_1 \\ \delta q_1 \\ \delta T_1 \end{bmatrix} \tag{7-82}
$$

式中　δp_1，δq_1，δT_1，δp_2，δq_2，δT_2——分别为发生器入口和出口燃气的压力、流量和温度的无量纲变化量；

　　　　τ_2——燃气在导管中的停留时间；

　　　　k——燃气绝热比。

（2）涡轮

在描述低频流体动力学过程时，涡轮的流通部分被看作是具有附加输入量（转速 n）的网络。不考虑涡轮泵轴的功率平衡和振动，忽略一些非线性因素，在线性小偏差范围内进行分析，将涡轮简化为分段出口局部阻力。

当具有亚临界压降的局部阻力（涡轮喷嘴、燃烧室气喷嘴、平衡叶栅等）位于流路出口时，可根据气体动力学公式把流量与压力及温度联系在一起

$$
\begin{bmatrix} \delta p_2 \\ \delta q_2 \\ \delta T_2 \end{bmatrix} = \begin{bmatrix} 1+\dfrac{1}{\varepsilon} & -\dfrac{1}{\varepsilon} & -\dfrac{1}{2\varepsilon} \\ 0 & 1 & 0 \\ 0 & 0 & \dfrac{\overline{T_1}}{\overline{T_2}} \end{bmatrix} \begin{bmatrix} \delta p_1 \\ \delta q_1 \\ \delta T_1 \end{bmatrix} + \begin{bmatrix} 0 \\ 0 \\ -\dfrac{\overline{T_1}-\overline{T_2}}{\overline{T_2}}(2\delta c + \delta\eta_t) \end{bmatrix} \tag{7-83}
$$

式中　δp_1，δq_1，δT_1，δp_2，δq_2、δT_2——分别为涡轮入口和出口燃气的压力、流量和温度的无量纲变化量；

　　　　$\overline{T_1}$，$\overline{T_2}$——分别为涡轮入口、出口的静温；

　　　　δc——从涡轮喷嘴喷出的燃气流速波动；

　　　　$\delta\eta_t$——涡轮效率波动。

（3）燃气发生器

燃气发生器是气液连接部件，其中既有液氧和燃料的燃烧过程又有燃烧产物的流动过

程。因此在建模过程中，把发生器分为两个部分：燃烧区和燃气流动区，并假设燃烧区不占发生器容积。

发生器具有最大的特征时间常数与熵波幅值，其对液路系统频率特性的影响较大。假设推进剂进入发生器后，经过一个纯时滞在燃烧区瞬间燃烧；忽略声学效应的影响，认为燃气处于绝热条件且是理想的。

发生器流动区的传递矩阵模型与燃气导管的一致，而其燃烧区的模型为

$$
\begin{bmatrix} \delta p_1 \\ \delta q_1 \\ \delta T_1 \end{bmatrix} = \mathrm{e}^{-s\tau\Gamma} \begin{bmatrix} \dfrac{1}{\mathrm{e}^{-s\tau\Gamma}} & 0 & 0 \\[2mm] 0 & \dfrac{K_{m1}}{K_{m1}+1} & \dfrac{1}{K_{m1}+1} \\[2mm] 0 & \psi & -\psi \end{bmatrix} \begin{bmatrix} \delta p_1 \\ \delta q_{\mathrm{mog}} \\ \delta q_{\mathrm{mfg}} \end{bmatrix} \qquad (7-84)
$$

式中　δp_1，δq_1，δT_1，δp_2，δq_2，δT_2——分别为发生器入口燃气的压力、流量和温度的无量纲变化量；

δq_{mog}、δq_{mfg}——通过喷嘴的液体氧化剂和燃料的流量脉动量；

$\psi = (K_{m1}/T)(\partial T/\partial K_{m1})$——燃烧产物温度与推进剂组元混合比的关系曲线的无量纲斜率。对于富氧燃气发生器（$K_{m1} > 15$），$\psi \leqslant -0.8$。ψ 值的大小对燃气发生器内温度波动幅值的影响很大，因而对熵波幅值的影响也很大。

（4）推力室

推力室的建模与发生器类似，将其视为可累积工质和热量的容腔，忽略气喷嘴与燃烧室内燃气之间的耦合，有燃烧室接口模块的传递矩阵方程

$$
\begin{bmatrix} \delta p_{\mathrm{c}} \\ \delta q_{\mathrm{mc}} \end{bmatrix} = \begin{bmatrix} 1 & -\left[\dfrac{s\tau_3}{k_{\mathrm{c}}} + \dfrac{k_{\mathrm{c}}-1}{k_{\mathrm{c}}}(1-\mathrm{e}^{-s\tau_3}) \right] \\[3mm] 0 & \dfrac{\overline{q}_{\mathrm{mlg}}}{\overline{q}_{\mathrm{mc}}} + \psi_{\mathrm{c}}\left(1 - \dfrac{\overline{K}_{mc}}{\overline{K}_{m1}}\right)(1-\mathrm{e}^{-s\tau_3}) \end{bmatrix}^{\mathrm{T}} \begin{bmatrix} \delta p_{\mathrm{c}} \\ \delta q_{\mathrm{mg}} \end{bmatrix} +
$$

$$
\begin{bmatrix} 0 \\[2mm] \dfrac{\overline{q}_{\mathrm{mfc}}}{\overline{q}_{\mathrm{mc}}}\mathrm{e}^{-s\tau\Gamma_3} + \psi_{\mathrm{c}}\left(-\dfrac{(1+\overline{K}_{m1})\overline{q}_{\mathrm{mfc}}}{A}\mathrm{e}^{-s\tau\Gamma_3}\right)(1-\mathrm{e}^{-s\tau_3}) \end{bmatrix} \{\delta q_{\mathrm{fc}}\} \qquad (7-85)
$$

式中　τ_3——燃气在燃烧室中的停留时间。

δp_{c}——燃烧室内脉动压力的无量纲变化量；

δq_{mc}——燃烧室总的脉动流量的无量纲变化量；

k_{c}——燃烧室内燃气的绝热指数；

$\psi_{\mathrm{c}} = (K_{mc}/T_{\mathrm{c}})(\partial T_{\mathrm{c}}/\partial K_{mc})$——燃烧室内燃气温度与组元混合比的关系曲线的斜率。

$\overline{q}_{\mathrm{mlg}}$——由燃气导管通过喷嘴进入燃烧室的富氧燃气流量；

$\overline{K}_{m1}$——由燃气导管通过喷嘴进入燃烧室的燃气混合比；

$\overline{K}_{mc}$——燃烧室混合比；

$\overline{q}_{\mathrm{mfc}}$——供入燃烧室的液体燃料；

$\tau_{\Gamma 3}$——燃烧室内液体燃料转化为气体的时间；

$A = \overline{q}_{\mathrm{mlg}} + (1 + \overline{K}_{m1})\overline{q}_{\mathrm{mfc}}$。

7.4.2　低温蓄压器设计

目前主流的蓄压器包括膜盒式蓄压器和注气式蓄压器，国内运载火箭常用的为膜盒式蓄压器。相比常温推进剂，低温推进剂对蓄压器的结构、性能、充气方式等各方面都会带来影响。

7.4.2.1　膜盒式蓄压器

膜盒式蓄压器，是以金属焊接膜盒作为蓄压器的封闭气室，来提供蓄压器所需的柔性。膜盒式蓄压器的结构示意图如图 7-13 所示。

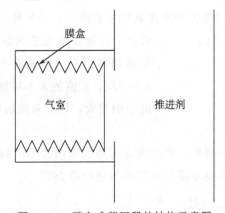

图 7-13　膜盒式蓄压器的结构示意图

（1）低温对结构的影响问题

金属膜盒蓄压器中膜盒组件的膜片一般为不锈钢 1Cr18NI9Ti 材料，采用氩气体保护熔焊的方法焊接成形。该材料和焊接结构在低温（液氧、液氮温区）下可以可靠工作。同时，膜片材料也可以采用高温合金 GH 4169 等强度更高、耐低温性能更好的材料。

蓄压器的壳体与膜盒组件之间的密封圈，在低温工作环境下一般采用金属密封圈等一些成熟的低温静密封结构。其他如壳体、连通管等金属零件，均可以选用耐低温性能良好的材料和结构设计。

（2）低温对性能的影响问题

对于储气式蓄压器来讲，其性能主要取决于蓄压器的 PV 值。无论输送管内的推进剂是低温的液氧还是常温的四氧化二氮或者水，对于蓄压器本身的固有特性是没有影响的。因此，低温对蓄压器性能的影响，主要就是低温对蓄压器气腔的 PV 值的影响。

对于蓄压器的封闭气腔，其气体的质量是始终不变的（不考虑泄漏）。根据理想气体状态方程 $PV = mRT$，为了保证蓄压器的 PV 值为定值，气腔的温度需保持稳定。

金属膜盒的封闭气室的传热包括两个方面：一方面是通过组件壳体与外界大气换热；另一方面，通过膜片组和活动端盖与输送管内的低温推进剂换热。在推进剂加注后，膜盒内的气体温度将与推进剂的温度逐步达到平衡。而蓄压器与外界大气的换热，则主要表现在对低温推进剂的影响，进而影响到蓄压器气腔温度。

因此在蓄压器壳体外部采取相应的绝热措施，如聚氨酯发泡绝热等，控制外界与蓄压器内推进剂的换热。同时，输送系统在加注后停放期间采用循环预冷，蓄压器内推进剂的温度与贮箱基本保持一致，气腔的温度可保持相对稳定，从而保证低温下蓄压器气腔的 PV 值。

（3）低温对蓄压器气腔充气的影响

目前常温应用的膜盒蓄压器，一般采用定压充气。即根据蓄压器设计的 PV 值要求，按照气体的等温状态变化方程和蓄压器的初始结构容积来确定初始的充气压力。在推进剂加注前进行充气，推进剂加注后和火箭飞行期间蓄压器的气腔变化均按照等温过程考虑，其 PV 值不变。

对于低温输送管路采用的膜盒蓄压器，如果按上述的定压充气方法，当低温推进剂（液氧）加注后，气腔温度急剧下降，气腔压力也将急剧下降，PV 值将不符合要求。

为此，对于低温应用的膜盒蓄压器，其充气方法必须重新考虑，目前主要有如下几种方法：

① 低温气体定压充气

按照蓄压器实际工作时的气体温度（90 K 左右）为蓄压器充入同样温度的氮气/氦气。这样，需要对蓄压器充气气体进行预冷，并且保证气体温度在很小的范围变化，该方法在工程上较难实现。

② 常温定质量充气

在常温充气时保证充入蓄压器气腔的气体质量与实际工作温度下、要求的 PV 值下的气腔气体质量相同。即将温度降低引起的能力损失在初始充气时预先考虑进去。该方法有两种缺点：一是常温充气的压力较高，约为低温压力的 4 倍以上，对膜盒的结构设计和可靠性均有不利影响；二是由于温度的影响，计算的误差较大，对性能有一定的影响。

③ 低温定质量充气

将进入蓄压器气腔的气体（氮气或氦气）先进行液氮预冷，实际测量预冷后的气体温度，按照定质量充气方法计算确定初始的充气压力，给蓄压器充气。这样，初始的充气压力不会太高，温度偏差对计算的影响也较小。

④ 加注后的定 PV 值充气

在低温推进剂加注后，蓄压器气腔的温度、压力与液腔基本相同，此时向蓄压器气腔充气只会改变蓄压器的容积而不改变压力。为此，可在膜盒蓄压器气腔设置压力传感器和位移传感器，充气过程中实时检测蓄压器气腔的压力（与液腔平衡变化较小）和容积变化，从而可以达到系统要求的 PV 值。这种方法可以保证蓄压器气腔的 PV 值较为准确，但是需要在蓄压器的气腔增加位移传感器和压力传感器，而这两个参数不仅在充气时需要，在后续的工作过程中也是非常必要的。这种方法可以与低温定质量充气相结合，先利用前面的方法对蓄压器进行预充气（要求降低，可不测实际气体温度），然后再利用定 PV 值充气的方法进行补充充气。考虑到传热换热及微泄漏等多种不确定的影响，定 PV 值充气法可以在发射前进行多次的补充充气，从而准确控制蓄压器的 PV 值。

7.4.2.2　注气式蓄压器

在各种国外低温液体运载火箭的 POGO 抑制装置中，普遍采用注气式蓄压器。几种典型的注气式蓄压器主要有阿里安火箭用蓄压器（图 7-14）、美国航天飞机用液氧蓄压器（图 7-15）和天顶号液氧蓄压器（图 7-16）。

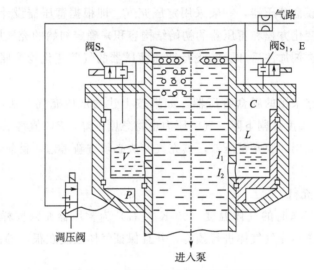

图 7-14　阿里安火箭蓄压器装置示意图

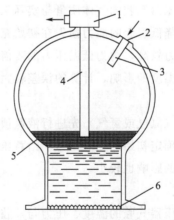

图 7-15　航天飞机用蓄压器结构示意图

1—回流隔离阀门；2—气氧流入口；3—气氧入口扩散器；4—气氧溢出管；5—隔热小球层；6—表面张力筛

相比储气式蓄压器，注气式蓄压器有一定的优势，也存在一些不足：

1）结构上，注气式蓄压器不存在气液隔离膜，在低温应用下的结构设计较为简单；

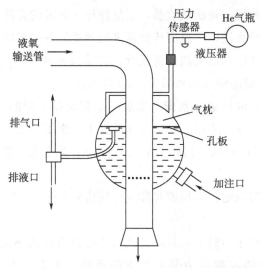

图 7 - 16　天顶号液氧蓄压器结构示意图

2）膜盒式蓄压器气腔气体是与外界隔绝的，没有质量交换，工作时压力和容积均有变化，但 PV 值不变；而注气式蓄压器的气腔气体则根据需要不停地注入或排出，工作时保证气腔的容积和压力均基本不变；

3）膜盒式蓄压器受结构设计的限制，其气腔的工作容积不能太大，而注气式蓄压器可与输送管路一体设计，其容积受限制较小；

4）注气式蓄压器一般需要相应配备一套蓄压器气腔充气系统，包括高压气瓶、充气开关、电磁阀、减压阀、单向阀及相应管路等，系统较为复杂。而膜盒式蓄压器则相对独立即可完成预定功能。

5）注气式蓄压器气腔气体可能随输送管路的推进剂进入发动机，对发动机的启动或正常工作有不利影响。虽然，国外的相关研究试验表明，推进剂中注入一定量和一定速率的氦气泡对发动机的性能没有不利影响，但是国内尚未进行过相关研究。

7.4.3　低温 POGO 试验

对于低温推进剂的火箭，由于低温推进剂（液氧、液氢）的易燃易爆特性，需考虑安全及试验费用等因素，一般都用水作为模拟推进剂进行等效试验，在有条件的情况下可进行低温试验。

在低温介质（液氧、液氢、液氮）的试验中，由于试验系统（如贮箱、管路）内外的热交换可能引起系统内部的低温介质温度上升导致汽化，因而引起介质物理特性变化，而与实际飞行过程中不相符合。为了避免这种现象，低温介质试验过程中必须采取必要的温度防护和介质预冷循环措施。

温度防护措施一般包括：在试验系统的贮箱、管路等位置包覆绝热聚氢酯泡沫材料，或者安装发泡材料进行保温。

介质预冷循环可以有效消除由于低温介质加注过程而引起的介质汽化问题。在试验时设计一套预冷加注循环系统。每次试验前，往复循环一定量的介质，以均衡试验系统内的介质温度。一般通过试验系统内部温度传感器来监测系统各位置的介质温度。

由于低温试验的复杂性和巨大的经济代价，目前只有日本的 H2 火箭一子级做过全系统的低温 POGO 试验，以验证蓄压器的 POGO 抑制效果。

主要的试验方案为：液氧输送系统上安装一个蓄压器类型的 POGO 抑制装置，在其输送系统进行正弦激励，通过管路上的活塞脉冲发生器作用产生流量扰动（稳态流量值的 1%，2.4 L/s；10～35 Hz 扫频，扫频速率 0.7 Hz/s；为避免共振，30～35 Hz 范围内激励幅值为 1.8 L/s）。

试验件由移动运载器固定，未模拟实际飞行的边界条件。试验中测量结构加速度和供给系统上的压力脉动。

试验结果：主燃烧室压力谱上，对应激励频率处没有峰值响应；POF-1 压力谱上的三个峰值频率对应于管路在两端为开条件下的手风琴模态；POI 和 PPSD 压力谱上的 1.5Hz 峰值对应于由于蓄压器柔性和液氧惯性引起的一阶液氧管路模态；泵入口的压力脉动很好地被抑制；系统 POGO 稳定。试验工况见表 7-1，液氧输送系统见图7-17，纵向加速度谱见图 7-18，燃烧室压力谱见图 7-19。

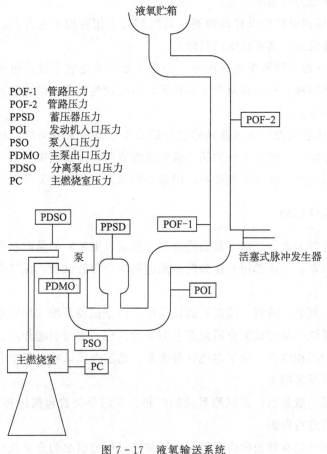

POF-1　管路压力
POF-2　管路压力
PPSD　蓄压器压力
POI　　发动机入口压力
PSO　　泵入口压力
PDMO　主泵出口压力
PDSO　分离泵出口压力
PC　　主燃烧室压力

图 7-17　液氧输送系统

表 7-1 试验工况

状态	推进剂装载比/（%）		燃烧时间/s
	液氧	液氢	
C1H01	30	30	10
C1H02	30	30	20
C1H03	100	100	20
C1H04	30	100	102.5
C1H05	100	100	353.3
C1H06	100	100	59.2

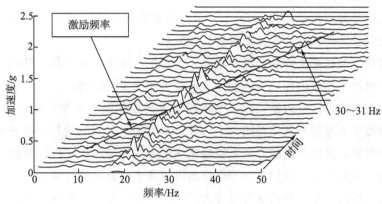

图 7-18 纵向加速度谱

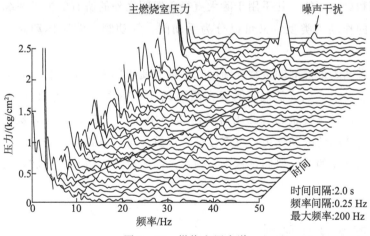

图 7-19 燃烧室压力谱

第8章　阀门设计、分析与试验

在液体运载火箭增压输送系统中，需要大量多种类型的流体控制器件，来执行流体通路的启闭、流体的定向和换向、流量和压力的调节以及保护系统的安全等。所有这些控制流体流动或调节流体参数的机械（或机电）装置统称为阀门。在液体火箭增压输送系统中常用的阀门主要有加注阀、泄出阀，单向阀，安全阀，电磁阀，电爆阀，破裂膜片，压力调节器，压力信号器以及手动开关等[81]。它们是系统极为重要的组成部分，任何一个阀门失效都有可能导致严重的后果甚至发射任务失败。

液体火箭增压输送系统的阀门种类繁多，大多是在民用工业产品的基础上，为适应火箭和飞行器严格的工作要求和恶劣的使用环境改进和演变而来的。

按照阀门的功能可以分为断流阀、节流阀和方向控制阀三大类。断流阀也叫截止阀、开关阀，总是处于不是打开就是关闭两个位置；节流阀也叫控制阀，一般分为压力控制阀和流量控制阀两种，是以节流的方式来控制流体压力或流量的；方向控制阀，典型的如各种电磁换向阀，控制流体流动的方向，严格地讲也属于断流阀的范畴。

按照阀门的结构类型，阀门又可以分为菌阀、蝶阀、球阀、闸阀、套筒阀、旋塞开关等[82]。在所有这些阀门中，菌阀、蝶阀、球阀是应用最广泛的三种阀门形式。其中，菌阀又是最可靠和最通用的，几乎用于除大直径前置阀之外的所有的推进系统中。

按照阀门的作动力类型，又可以分为手动阀、气动阀、液压作动阀、电动阀、电磁阀、电爆阀等。

在以液氧煤油为推进剂的运载火箭中，根据其使用环境和工作特点，对阀门的设计提出了一些特殊的要求，如抗低温，需要在耐液氧（−183℃）、液氮（−196℃）温区下可靠工作；耐高压，增压气瓶的气源压力高达 35 MPa；严密封，尤其对氦气、煤油等易泄漏介质；要承受严酷的振动环境；可靠性高，以及重量、体积、特殊的安装要求等。上述技术要求均应在产品的多轮研制过程中，通过产品的设计、仿真分析和试验验证等手段逐一得到解决。

8.1　阀门基本设计原则

液体火箭增压输送系统的阀门，都必须满足在其严峻的工作环境下功能可靠。对于典型的新设计的阀门来讲，一般必须满足如下的基本要求[83]：

1）满足密封性要求（满足允许的漏率）；

2）满足压降和流通能力的要求；

　　3）能够适应气候环境和力学环境要求，满足与相接触的介质（液体和气体）的相容性要求；

　　4）动作响应时间短；

　　5）工作寿命和贮存期限长；

　　6）工作可靠性高；

　　7）使用维护方便；

　　8）尺寸小，质量小，工艺性好，成本低。

8.1.1　密封性和漏率要求

　　阀门的所有静、动密封部位的可靠密封是极为重要的，而所有密封部位的允许漏率，必须保证在技术要求所规定的环境条件下（诸如温度、振动、冲击、长期贮存等）均满足设计要求。

　　阀门泄漏分为内泄漏（在流动通道方向上的泄漏）和外泄漏（泄漏到外部环境）两种。在应用中需要根据产品全寿命周期内的各个任务剖面合理确定实际的漏率要求，既要满足使用需求，又不能过于严苛。因为过度严格的漏率要求将增加阀门的设计难度，延长研制周期和提高阀门的成本。

　　影响阀门泄漏要求的因素主要有：

　　1）压力或推进剂损失。通过阀门的流体损失必须限制在能够防止系统由于过早损耗而失效或功能降低的数值范围内；

　　2）对系统的损害。当工作流体的泄漏会引起严重的腐蚀，甚至着火爆炸时，泄漏必须限制在能防止系统损坏的范围内；

　　3）对人员的危害。如果流体是有毒的，则应控制泄漏量对工作环境造成的污染在允许范围内。

　　对具体的阀门应用，上述因素的正确评估将有助于确定合理的漏率要求。这个漏率容许值的确定，直接影响到阀门类型的选择和具体的结构设计。比如，对于容许较小漏率的阀门，最好选择菌阀，因为其启闭件与阀座之间基本没有摩擦，不会因为密封副的磨损而使漏率增高。而对于需要隔离推进剂而要求达到零泄漏水平的阀门，则需采用诸如破裂膜片的形式。

　　为了保证所要求的密封性，在结构设计中还应考虑活动元件的对中性，密封部位的同轴度、垂直度，以及密封表面的加工质量等。配合尺寸需要达到严密的公差要求。

8.1.2　压降和流通能力

　　压降和流通能力是相互关联的，它们在一定程度上反映阀门阻碍介质流通的程度。对于给定的阀门，当压降确定时，流通能力也就确定了。在确定流通能力或压降时，需要准确给出实际工作条件下的压力、温度、流动介质以及系统的进出口条件。在阀门设计时，一般要求尽量减小通路压降和增大流通能力，此时应考虑：

　　1）尽量使流道圆滑或设计没有任何凸出元件的全开流动通道（如球阀、破裂膜片等）；

2）尽量少地改变流体流动方向，最好采用不改变流体方向的直通流道；

3）各流通截面积保持不变，即使改变也应缓慢过渡。

在压降较大的液体调节器的设计中，还应考虑有无产生汽蚀的可能。

8.1.3 环境和工作条件的适应性

阀门设计从方案选定到具体的结构设计，从验收要求到进行的各项环境试验，都要充分考虑到所适用的环境和工作条件，诸如工作温度（高温、低温），工作压力，工作介质，冲击和振动，真空，湿度，微重力等。

8.1.3.1 工作温度

工作温度必须同时考虑流动介质温度和环境温度，选取的材料尤其是要适应最恶劣的温度条件。

由于温度的急剧变化，可能引起组件内不同材料零件尺寸因膨胀或收缩产生差异致使活动元件卡死，或者使密封部位变形从而导致流体的泄漏。

选取润滑剂和密封件，甚至密封结构的设计必须考虑温度因素。过高的温度能够引起润滑剂的流失和密封件的破坏；过低的温度能够引起润滑剂冻结，使动作缓慢或卡死。动密封件，特别是非金属密封圈，当温度超出它的设计范围时，可能受到严重损坏。

在热燃气中工作的组件，为防止热燃气影响正常的密封性，需选择合适的阀门类型，并考虑采取金属密封结构。在低温推进剂中工作的组件无法使用通常的润滑油脂，需选择自润滑材料（如 F-4）或在金属表面喷涂一层固体润滑剂。另外，在低温推进剂中工作的组件还需采取防隔热措施，并在系统工作前进行必要的吹除以防活动元件的冻结。

8.1.3.2 工作压力

工作压力不仅影响阀门结构的基本设计要求，而且有时还会影响阀门类型的选择。首先，阀门的壳体必须能够承受它将受到的最大工作压力，一般在阀门瞬间动作时，可能会引起管路压力增加而超出正常压力数倍，这在阀门设计时应予以注意。另外，在极限公差存在的情况下，必须注意保证由于压力引起的变形不要超出容限。在高压应用中，对垫片、紧固件和接头都应给予注意。如果阀门受到多次压力循环的作用，必须考虑可能的疲劳破坏。

8.1.3.3 流动介质

阀门的工作流体包括低温流体，地面和空间耐贮存的推进剂，液压流体，增压气体和热的燃气等。不同的介质有不同的物理特性，与零件材料也有不同的相容性。对腐蚀性介质，需考虑密封材料、金属零件材料及镀层等的选择。对于氦气、氢气等易泄漏的气体，需采取特殊的密封措施。至于低温介质，更应根据其特点充分考虑结构形式的合理性、活动零件的配合间隙、密封结构的可靠性等，动密封元件优先考虑波纹管组件等。对于高速的热燃气流，其对阀座的侵蚀问题也应引起充分重视。

8.1.3.4 其他的环境条件

冲击、振动、湿度、真空度及微重力等也是设计时必须考虑的因素。

8.1.4 响应时间

阀门的动作响应时间是从发出指令信号到启闭件完成动作的时间间隔，它主要取决于控制腔容积、控制流体的控制管路流阻、运动件的质量、活动系统的摩擦力、活门元件的动作行程以及作动器给出的力等。一般来说，要求阀门动作迅速，即动作响应时间短。但快速响应的阀门，随着其灵敏度的提高，会带来作动器尺寸和功率消耗的增大。同时，快速动作也会造成活动元件之间的高摩擦速度，从而降低密封件的工作寿命。当阀门元件骤然停止运动时，高的冲击载荷会使元件发生变形甚至破坏。因此，不应单纯追求响应速度，而应该根据系统对阀门的具体要求来确定阀门的适当速度或减小运动件的惯量。

8.1.5 工作寿命和贮存期限

工作寿命是指阀门保持其正常工作性能的工作次数。阀门的工作寿命随其结构、用途以及工作条件和环境的不同而差别很大。影响阀门工作寿命的因素有：工作温度、工作压力、响应速度、流动介质、结构材料、润滑情况及环境条件等。

贮存期限包含两方面内容：一是在贮存环境条件下（包括装箭和非装箭状态）保证阀门性能不变的最长允许时间；二是在推进剂接触情况下，阀门（如加注阀、安溢阀等）所能正常工作的时间。

8.1.6 工作可靠性

阀门在满足设计性能指标的前提下，应可靠地工作。从一定意义上讲，阀门的工作可靠性是第一位的。没有工作可靠性，则其他一切性能指标都无从谈起。产品的可靠性一般可以分为三层含义：可用性，可信性和固有能力。

阀门的可靠性设计要与产品的方案设计、结构设计同时进行，并根据阀门的不同类型、不同的使用要求、不同的工作与环境条件等具体情况分别对待。

产品设计时一般的共性的设计准则可归纳为以下几方面：

1）性能与可靠性同等对待、统筹权衡，设计时不应以试图降低或牺牲可靠性片面追求高性能或不必要的求新；

2）优先采用成熟性、继承性优良的技术，严格控制新技术比例。新技术的采用一定要经过充分论证，并有一定的预先研究基础；

3）在满足功能设计的前提下，力求结构简单，尽量采用标准件、通用件，减少元器件或零件数量，压缩品种、规格；

4）必须对产品运输、贮存、使用各个任务阶段可能遇到的环境条件进行分析，列出最不利的环境条件及各种环境条件最不利的组合，进行环境适应性设计；

5）设计时应对其各组成单元的特性参数变化进行分析，即使各组成单元的特性参数处于最坏情况与最不利组合时也不会影响整机性能；

　　6）产品设计时不仅要考虑工艺可行性，还要考虑工艺方法对可靠性的不利影响；

　　7）重视与系统之间、设备之间的接口或界面的协调性、相容性；

　　8）产品设计时应充分考虑人机适应性，避免人为差错，提高人对产品的使用可靠性。

　　另外，在组件方案选择及结构设计中，考虑到某些意外因素的可能影响程度，在某些关键部位采取冗余设计，以增加系统或单机的可靠性。

8.1.7　维护使用性能

　　阀门结构设计中，应考虑在液体火箭贮存和停放期间的维护和推进剂的加注或泄出、电爆管与电磁阀插头的安装方便，以及因某些特殊原因更换某个阀门的可能。

　　考虑维护时，应尽可能避免要求专用特殊工具。如果必须在现场检修阀门，应该特别注意保证工作区域的多余物不能进入到阀门或系统中，对润滑和调整的要求应尽量减少。

8.1.8　尺寸、质量和成本

　　对于所有的航空航天产品来说，需要特别考虑组件的尺寸和质量，常常根据给定的用途决定选取阀门或其中组件的类型，尤其是安装尺寸和质量的限制。例如，电磁阀使用于小通径管路系统中，当通径增大时电磁阀就显得笨重且能耗大，选择气动或液压作动的阀门类型就会更合适一些。而当系统要求阀门的进、出口必须成直角时，则采用菌阀等。

　　对于给定的阀门或其中的组件，如果质量是极端重要的话，那么将需要特别的机加工措施和选用强度-质量比高的贵重金属，这样无疑要以增加成本为前提。

　　成本，对于液体火箭阀门来说，多数情况下是排在性能和可靠性之后列在第三位的。影响阀门成本的因素主要有阀门的性能要求、使用环境、结构方案和制造工艺性等。

　　前述对液体运载火箭增压输送系统阀门的基本设计要求并非是完全独立的。研究任何一项设计参数时，必须考虑各种参数间的相互影响。在评定各项设计参数的影响时，可将它们分为三类：

　　1）规定的参数，通常包括流动介质、工作压力、温度和流量等；

　　2）要求的参数，包括压力降、泄漏量、响应时间、工作寿命、自身质量和安装尺寸；

　　3）选择的参数，包括结构类型和材料性能、尺寸大小、行程、作动力形式及大小等。

　　上述参数对于不同类型阀门的设计有各自不同的侧重点。对一个好的产品设计来说，除了要满足预定的设计指标外，还应满足经济性和可靠性，并尽量提高阀门及其零部件的"标准化、系列化、通用化"程度等。

8.2　阀门产品典型结构设计

　　在以液氧煤油为推进剂的液体运载火箭增压输送系统中，一般液氧箱采用自生增压或常温氦气增压方式，煤油箱采用低温或常温氦气加温增压方式。在氦气增压系统中，一般需设置有高压储气的气瓶、充气阀、过滤器、电磁阀、电爆阀、减压阀、压力信号器、破裂膜片、扩散器等[84]。同时，在推进剂的贮箱上，还需设置推进剂加注用的加注阀、排气阀，保护贮箱安全的安全阀等。

8.2.1 加注阀

加注阀，也叫加泄阀，用于火箭加注和泄出贮箱内推进剂以及中和液等介质，每个推进剂贮箱设置一个加注阀。加注阀属断流阀，只有开、关两个位置，可选用菌阀、球阀等结构形式。球阀流阻很小，但结构复杂，大口径的球阀重量较大，而对于加注阀的使用需求，对流阻的要求不高，因此一般均选用重量小、密封好、结构相对简单的菌状截止阀作为加注泄出阀。

图 8-1 是一种液氧加注阀结构。该液氧加注阀安装于液氧贮箱的加注管上，加注阀处于常闭状态，阀瓣组件（2）在弹簧（4）的作用下，与壳体（3）上锥面接触并形成一定比压，保证阀门密封。当阀门需要开启时，从接强制气体口向阀门强制腔通入一定压力的强制气体，气体压力作用在波纹管组件（1）上，波纹管组件受压产生轴向收缩，顶杆受到轴向向上的推力，推动阀瓣向上移动直到到达限位位置，阀门完全开启，壳体出口与入口两端形成满足要求的流体通道。当撤掉强制气体后，阀瓣组件在弹簧力作用下回位，在弹簧力和工作介质压力共同作用下与壳体上锥面形成一定比压，保证阀门密封。

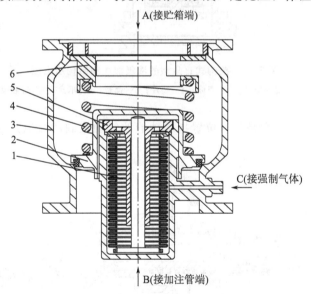

图 8-1 液氧加注阀结构示意图

1—波纹管组件；2—阀瓣组件；3—壳体；4—弹簧；5—导向限位筒；6—支撑盘

阀瓣与阀座之间的低温大口径启闭密封，采用金属-非金属密封结构，阀座设计成锥形，具有一定的自动对中功能。同时，当温度变化时，可以避免产生双道压痕影响密封效果。采用金属阀瓣上镶嵌塑料环，可以采用冷压成型、热压成型等工艺方法。

加注阀控制腔采用多层成型波纹管作为密封元件和执行元件，波纹管具有承压能力高、行程大、工作性能稳定等特点，且不存在低温条件下失效问题。波纹管密封通过铜垫片进行密封，在低温条件下能保持较好的密封性能。

图 8-2 是一种拉钩式直角型的液氧加注阀，与图 8-1 的加注阀相比，工作原理基本相同，口径稍小，结构相对更为紧凑。在加注阀的控制腔采用双层焊接波纹管作为密封元件和执行元件。与成型波纹管相比，焊接波纹管具有体积小、刚度小、单位行程大的优点。

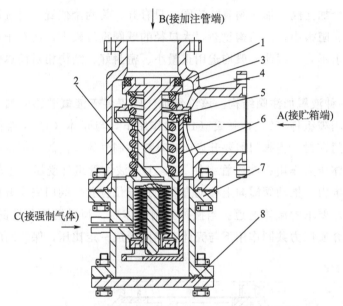

图 8-2　拉钩式直角型的液氧加注阀结构示意图

1—阀瓣；2—波纹管组件；3—壳体；4—垫片；5—弹簧；6—爪盘；7—过渡段；8—阀盖

图 8-3 和图 8-4 分别是具有位置指示功能的气动控制的液氧加注阀和煤油加注阀，

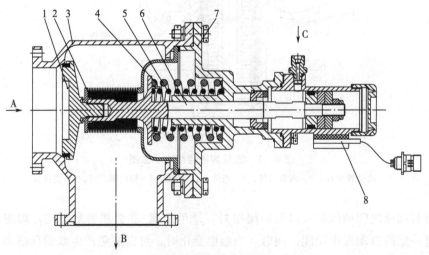

图 8-3　具有位置指示功能的液氧加注阀

1—阀瓣组件；2—波纹管组件；3—壳体；4，5—弹簧；6—阀杆；7—阀盖；8—位置传感器工作原理基本相同。加注阀处于常闭状态，需要打开加注阀进行加注或泄出时，从 C 向通入一定压力的氦气或氮气，强制气体压力带动活塞、磁钢、阀瓣向右运动，加注阀打开，同时位置传感器感应到位置变化，发出加注阀打开信号。加注或泄出结束需要关闭加注阀时，撤出 C 向强制气体，在弹簧力作用下，阀瓣向左运动，加注阀关闭，同时位置传感器感应到位置变化，发出加注阀关闭信号。

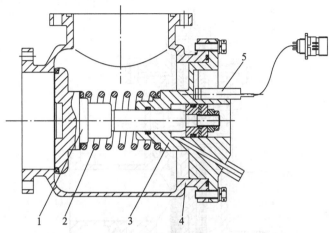

图 8-4　具有位置指示功能的气动煤油加注阀
1—活阀；2—弹簧；3—阀盖；4—壳体；5—位置传感器

　　液氧加注阀的低温大口径密封结构与前述低温阀相同，仍采用氟塑料的锥面密封结构，推进剂流动通道与控制腔之间采用低压焊接波纹管进行隔离。

　　煤油加注阀作为常温截止阀，启闭密封结构采用止口-塑料环的密封结构，结构简单，密封性能好。控制腔采用 O 形橡胶密封圈结构，简单可靠。

　　两种加注阀均增加了位置指示器，在阀门开启和关闭时发出位置指示信号。

8.2.2　液氧排气阀

　　液氧排气阀，用于在液氧箱预冷、加注及加注后停放期间打开排气，保证液氧贮箱内压力及温度稳定；在液氧箱加注发生溢出时，液氧排气阀将多余推进剂排出，保证液氧贮箱加注安全。由于对空排气，液氧排气阀没有流阻要求，一般采用结构紧凑、可靠性高的菌状截止阀结构。

　　图 8-5 为一种气动活塞波纹管式液氧排气阀结构。该液氧排气阀安装于液氧贮箱的顶部。排气阀处于常闭状态，阀瓣组件（1）在弹簧（4）和带钩子的弹簧盘（5）的作用下，与阀体（9）上锥面接触并形成一定比压，保证阀门密封。当阀门需要开启时，从阀盖（8）的接管嘴向阀门强制腔通入一定压力的强制气体，气体压力作用活塞（7）上，克服弹簧预紧力，推动波纹管组件（2）中的阀杆直到限位位置，阀门完全开启。当撤掉强制气体后，阀瓣组件在弹簧力作用下回位，在弹簧力和工作介质压力共同作用下与阀体上锥面形成一定比压，保证阀门密封。

　　液氧排气阀的低温启闭密封结构与前述低温阀相同，采用氟塑料的锥面密封结构。在介质流动通道与弹簧腔之间采用波纹管结构进行隔离，使得弹簧腔与控制腔的温度环境得到改善。采用橡胶密封的活塞结构作为控制元件，中间增加隔热垫块，并适当加长结构以增加换热，改善密封处的工作环境，提高可靠性。

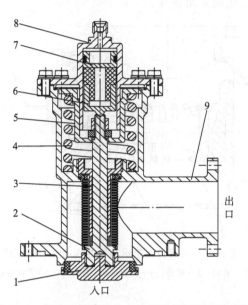

图 8-5　气动活塞波纹管式液氧排气阀结构示意图

1—阀瓣组件；2—波纹管组件；3—套筒；4—弹簧；5—弹簧盘；6—导向顶杆；7—活塞；8—阀盖；9—阀体

8.2.3　安全阀

　　安全阀也叫保险阀，属于一种压力释放装置，能够按预定压力自动启闭并排放多余的介质，以保护系统免受过压。过压主要是由于过度增压、温度变化或阀门泄漏引起的。在火箭贮箱上用的安全阀，有时还需要安全阀的主阀能够被操纵机构（如高压控制气体等）强制打开，具有这种排气或泄出功能的安全阀门称为安全与溢出阀门，即安溢阀。

　　安全阀的结构一般分为正向作用式、反向作用式和先导式三种。在大型运载火箭中，一般要求安全阀流量大、调节精度高，因此大多采用结构相对复杂的先导式安全阀结构。对于常温推进剂贮箱，一般将安全与溢出（排气）功能结合在一起进行设计、使用，采用安溢阀形式。而对于低温推进剂贮箱，为了保证产品的可靠性，则将安全功能和排气功能分开设计。

　　图 8-6 为一种先导式安溢阀结构，由指挥阀（也叫先导阀）和主阀两部分组成。

　　当工作压力正常时，在图 8-6 中所标示的入口处与指挥阀膜片的感压控制腔、主阀波纹管处的背压腔是连通的，均为贮箱压力，此时主阀在贮箱压力和回位弹簧预紧力的共同作用下保持密封。当贮箱进口压力增加到预定开启压力时，克服指挥阀预紧弹簧力，带动拉套向上运动，切断背压腔与控制腔之间的连接通道，同时拉起指挥活阀，泄放背压腔

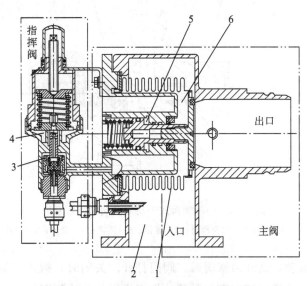

图 8 - 6　先导式安溢阀结构示意图

1—波纹管组合件；2—主阀腔；3—拉套组件；4—指挥阀反馈腔；5—强制腔；6—背压腔

的压力，使主阀波纹管在内外压差的作用力下打开。反之，当贮箱压力下降时，指挥阀控制腔压力随之下降，在指挥阀预紧弹簧的回位作用力下，指挥活阀关闭，背压腔停止放气，同时拉套与指挥活阀脱开，背压腔与控制腔、与贮箱压力再次连通，主阀波纹管内外压力平衡，主阀在回位弹簧的作用下关闭。当该阀需要强制打开（即不管贮箱压力为何值）时，从图示主阀强制腔的位置通入一定压力的压缩空气或氮气，作用在主阀活塞上，使之开启。反之，撤掉强制气体压力后，主阀在回位弹簧的作用下关闭，并在贮箱压力的共同作用下保证密封。

　　用于低温推进剂贮箱的先导式安全阀，除具备安全阀应有的功能外，还需具备低温环境条件下正常工作的要求。由于推进剂贮箱的气枕气体可能含有部分水、二氧化碳，在低温环境下会凝固，为了防止气体杂质凝结进入指挥阀，引起阀门卡滞等异常，低温安全阀采用分体连接结构，即将指挥阀与主阀分开，在指挥阀的感压控制腔与主阀的背压腔之间采用较长导管连接，使指挥阀结构远离低温环境，可有效避免气体杂质的影响。

8.2.4　气瓶充气阀

　　气瓶充气阀，用于给高压贮气气瓶充气、放气使用。常用的有手动和气动两种类型。

　　图 8 - 7 为一种卸荷式手动充气阀结构。A 向连接气瓶充气管路，弹簧腔与气瓶相连通，通过旋转手柄动作来控制阀门的启闭。卸荷的作用，主要体现在气瓶内充满高压气体（如 35 MPa 氦气）时，为了减小操纵力矩，将密封阀瓣设计成卸荷式，可以显著地减小旋转手柄的操纵力，简化结构、减小重量。

　　图 8 - 8 为一种气动控制的高压气瓶充气阀。气瓶内贮存气体时，阀门在高压气体和密封弹簧的共同作用下保证密封。开启时，从控制口向控制腔内通入一定压力的控制气

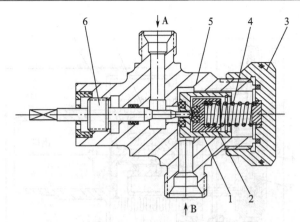

图 8 - 7　一种卸荷式手动充气阀结构示意图

1—主阀瓣；2—卸荷阀瓣；3—螺帽；4—弹簧；5—壳体；6—螺杆

体，推动顶杆向右运动，顶开活塞阀瓣，阀门打开。关闭时，撤掉强制气体，顶杆在复位弹簧的作用下回位，活塞阀瓣在密封弹簧的作用下回位并达到密封。

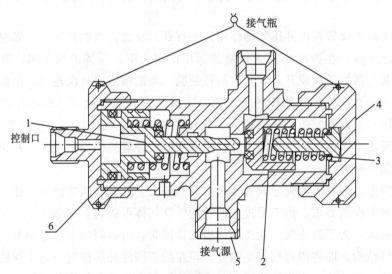

图 8 - 8　一种气动控制的充气阀结构示意图

1—顶杆；2—活塞阀瓣；3—弹簧；4—螺帽；5—壳体；6—接管嘴

8.2.5　电磁阀

电磁阀也叫电动阀门、电动气（液）阀，是一种用电磁线圈作动器操纵的阀门。它可以多次工作，实现流体通路的开启、断流和换向流动。一般用于火箭的管路系统中，由控制系统按指令操纵而工作，当控制系统发出电信号时，就能打开或关闭电磁阀，高压气体即可向贮箱进行增压或停止增压。另外，电磁阀还经常用来控制气动阀门或其他气动机构，以实现火箭所需要的各种程序动作。

电磁阀一般由两部分组成。一部分是将电信号转换成机械运动的电磁机构，另一部分是阀体。电磁机构的主要形式有三种：螺管式电磁铁、旋转式电磁铁和力矩马达，后两种电磁机构主要用于流体的流量比例控制等，当前在火箭系统中应用的电磁机构均指螺管式电磁铁，一般就简称为电磁铁。

电磁阀一般可分为直接作用式和先导式两种结构。对于高压和大口径电磁阀，为了避免阀门体积和质量过大，一般采用先导式。对于低压和小口径电磁阀，尽可能采用直接作用式结构，以提高可靠性和降低成本。

在液体火箭增压系统中，作为气瓶增压路的电磁阀，工作压力为 35 MPa，因此均采用先导式结构。图 8-9 为一种先导式高压电磁阀的结构示意图。图 8-9 中，b 口为入口，与气瓶高压气体连通，a 口为出口。初始状态时，减荷活门与上止口 I 接触密封与下止口 II 开启连通，背压腔 e 通过小孔 d 与入口 b 连通，主活门在大弹簧和高压气体的共同作用下保证密封。开启时，电磁阀通电，电磁衔铁带动顶杆向下运动，使减荷活门离开上止口 I，并与下止口 II 接触并密封。此时，减荷活门切断了背压腔与入口的连通通道，并打开了背压腔与外界大气的放气通道，主活门两侧建立压差，使电磁阀打开。关闭时，电磁阀断电，减荷活门在小弹簧的作用下复位，切断配气通道，背压腔与入口连通，压力平衡，主阀在大弹簧和压力作用下关闭、密封。

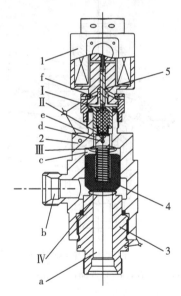

图 8-9 一种先导式高压电磁阀结构示意图

1—电磁铁；2—壳体；3—接管嘴；4—主活门；5—顶杆；

I—减荷活门上止口；II—减荷活门下止口；III—主活门上止口；IV—主活门下止口；

a—出口；b—入口；c—背压腔；d—反馈口；e—小通道；f—放气口

8.2.6 电爆阀

电爆阀是利用电爆管爆燃产生的高压燃气来作动的一种阀门，是利用潜在的化学能突然转变为机械能而实现动作的。电爆阀具有密封性好、尺寸小、质量小、响应速度快以及自身带有很小脉冲电源就能动作的高压能源等特点,属于一次性使用的阀门。

电爆阀的阀体一般带有一对电爆管作为动作能源,当需要工作时则通电,一般输入电压 27±3 V,电流大于 2 A 的直流电,使电爆管内桥丝发热,引燃起爆火药,继而点燃烟火药产生爆燃,在瞬间释放出高温高压燃气或冲击波,以推动活塞作功,如切断凸肩、细径或隔膜等,实现活塞杆的动作,以达到打开或封闭主通道的目的。

在运载火箭增压系统中所使用的常温高压常闭式电爆阀,其作用是通过电爆管起爆后打开电爆阀,从而使增压气瓶中气体进入到贮箱进行增压,保证贮箱压力要求,从而保证发动机正常工作。图 8-10 所示为一种楔入式常闭电爆阀,A 向连接气瓶高压气体,B 向为气体出口,C 向装配电爆管,有两个,为冗余配置。初始状态下,电爆阀为常闭状态,即通过杆件的台肩将 A 向气体通道全部堵死。当流体通道需要打开时,给电爆管通电,电爆管起爆后产生的高温、高压燃气推动活塞迅速向下移动并切断杆件台肩,流道打开。活塞锥面接触到壳体内腔锥面后,在惯性和燃气压力的作用下撞击、楔入壳体内腔锥面,使杆与壳体发生变形,杆可靠锁紧并形成密封,防止流体介质外漏。爆燃后的气体通过排烟口排出。

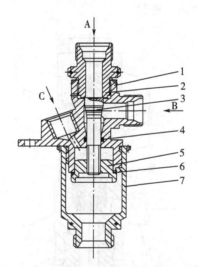

图 8-10　一种楔入式电爆阀结构示意图

1—壳体;2—接管嘴;3—杆;4—O 胶圈;5—活塞;6—止动垫圈;7—套筒

8.2.7　减压阀

减压阀是通过启闭件的节流,将进口压力降至某一个需要的出口压力,并能在进口压力及流量变动时,利用本身介质能量保持出口压力基本不变的阀门。减压阀的两个基本功能:一是减压,即将进口压力降至某一个需要的出口压力;二是稳压,即能在进口压力及流量变动时,利用本身介质能量保持出口压力基本不变。目前运箭火箭使用的阀门均为常开式减压阀,常开式减压阀的启动冲击问题,可通过在减压阀前增加限流阀来解决[85]。

　　按压力控制方式分，运载火箭常用的有定流量增压的减压阀和定压力增压的压力调节阀。

　　1）定流量增压（减压阀）。在运载火箭增压输送系统中，减压阀的作用是将增压用高压气瓶中的高压气体（35 MPa）减压至要求的压力，并通过下游的节流孔板给贮箱增压。由于节流孔板前，即减压阀后的压力相对稳定，因此，供给贮箱的增压流量相对稳定，此种增压方式为定流量增压，典型的定流量增压结构如图 8-11 所示。

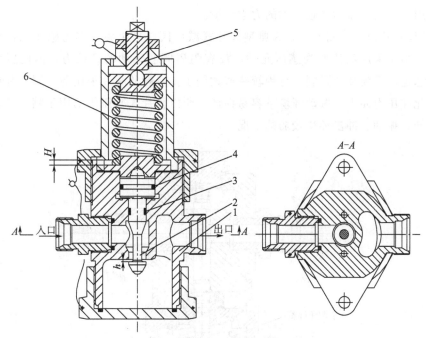

图 8-11　一种定流量柱塞式减压阀结构示意图

1—壳体；2—阀芯；3—密封圈；4—密封圈；5—调整螺钉；6—基准弹簧

　　2）定压力增压（压力调节阀）。如图 8-12 所示，压力调节阀不同于定流量增压减压阀的结构特点是，它有 3 个接口，高压气体通过入口进入压力调节阀，通过出口进入下游

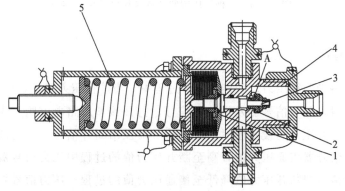

图 8-12　一种压力调节阀结构示意图

1—波纹管组件；2—阀芯组件；3—阀芯；4—壳体；5—弹簧

贮箱，而反馈口直接与贮箱相连，感知贮箱压力，控制贮箱压力稳定在要求范围内，此种增压方式为定压力增压。

按结构特点分，运载火箭常用的有柱塞式减压阀和膜片式减压阀。

1）柱塞式减压阀。采用阀芯（2）作为感压元件，如图 8-11 所示，这类阀结构简单，阀芯允许的行程较大。但由于活塞与壳体间是通过密封圈（3，4）来实现密封，因此阀芯的动作受到来自密封圈摩擦力的阻力，影响了柱塞式减压阀的压力精度。另外，该类减压阀适用于冲击、振动等较严酷的力学环境。

2）膜片式减压阀。图 8-13 为典型膜片式减压阀，采用膜片作为感压元件来带动阀芯的运动，由于采用膜片作为感压元件，没有阻碍阀芯运动的摩擦力，因此压力精度较高，但阀芯运动受膜片的限制，行程较柱塞式偏小。一般的膜片采用薄金属膜片或非金属制造，因此在压力冲击、振动环境下容易损坏。所以膜片式减压阀适用于精度要求高，但工作压力低，振动、冲击环境较弱的工况。

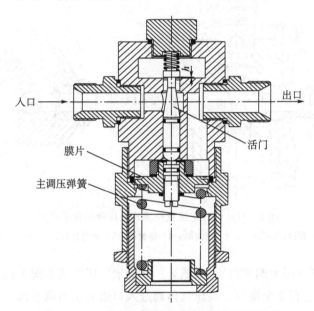

图 8-13　一种定压力膜片式减压阀结构示意图

8.2.8　压力信号器

压力信号器感受贮箱压力，助推器工作过程中，当贮箱压力降低，低于压力信号器接通压力的设定值时，压力信号器发出接通信号，打开该增压路电磁阀；当贮箱压力升高，高于压力信号器断开压力的设定值时，压力信号器发出断开信号，关闭该增压路电磁阀。贮箱压力由压力信号器接通压力值升高至断开压力值的过程中压力信号器发出接通信号；贮箱压力由压力信号器断开压力值降低至接通压力值的过程中压力信号器发出断开信号。根据压力信号器结构特点，可分为单触点压力信号器和双触点压力信号器。

1）单触点。如图 8-14 所示，单触点结构简单，但由于接通断开压力值是通过微动开关固有的差动行程和弹簧刚度引起的，差动行程较小，因此能够控制的压力信号器的接通断开压力差值较小。因此该结构不耐振动冲击环境。

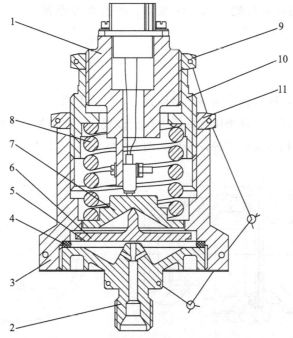

图 8-14　一种单触点压力信号器结构示意图

1—开关组件；2—接管嘴；3—壳体；4—垫片；5—膜片；6—硬芯；

7—弹簧座；8—弹簧；9—锁紧螺母；10—调整盖；11—锁紧螺母

2）双触点。如图 8-15 所示，双触点采用两个微动开关 S1 和 S2，分别控制接通和断

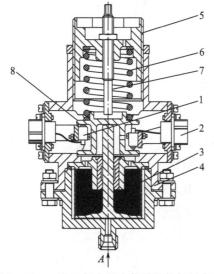

图 8-15　一种双触点压力信号器结构示意图

1—接通开关组件；2—断开开关组件；3—波纹管组件；4—壳体；5—调整座；6—弹簧；7—顶杆；8—活塞

开信号，由于两个微动开关的相对位置是可以设计调整的，较单触点压力信号器的差动行程大，因此压力信号器的接通断开压力差值较大，且可通过改变微动开关的相对位置来调整，该结构由于接通断开带宽较大，耐振动、冲击性能也较好。但结构较单触点形式复杂。

8.2.9　破裂膜片阀

如图 8-16 所示，破裂膜片阀用于增压管上，在蒸发器或气瓶增压气体增压前，将贮箱与发动机或气瓶隔离开，靠增压气体压力作用破裂，一次使用，常用的膜片材料为铜或者铝。膜片常见的刻痕形式有三种，分别如图 8-17～图 8-19 所示。

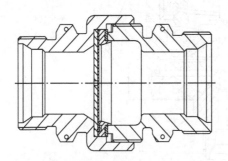
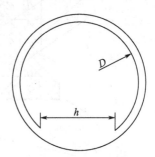

图 8-16　一种破裂膜片活门结构示意图　　　　图 8-17　单铰式刻痕膜片

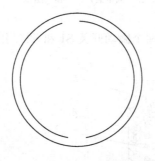
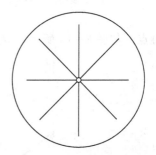

图 8-18　双铰式刻痕膜片　　　　　　　图 8-19　辐射式刻痕膜片

依据压力损失选择，单铰式刻痕膜片在液体流通时压力损失最小，双铰式刻痕膜片次之，辐射式刻痕膜片压力损失较大。

依据破裂压力偏差选择，则为双铰式刻痕破裂压力偏差最小，单铰式刻痕破裂压力偏差次之，辐射式刻痕破裂压力偏差较大。

8.2.10　其他阀门及附件

（1）高压气瓶

气瓶是运载火箭增压输送系统的重要部件，其功能是储存高压气体，为推进剂贮箱增压。运载火箭常用的有钛合金气瓶和复合材料气瓶。

与传统的钛合金气瓶相比，复合材料气瓶的性能优势在于：质量小，结构效率高；气密性好，可靠性高；抗疲劳性能高，负载工作寿命长；安全性好。与钛合金气瓶相比，复合材料气瓶的性能要高出 50%，而结构质量可减小 25% 以上。图 8-20 为一种复合材料气瓶结构。

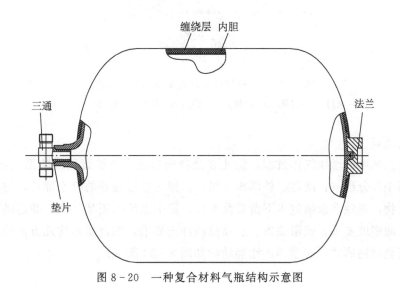

图 8-20　一种复合材料气瓶结构示意图

（2）单向阀

单向阀又称止回阀。这类阀门依靠管路中介质流动产生的压差或机械顶杆将阀门顶开，当介质停止流动或撤消顶杆时，依靠自身的弹性元件的回复力能自动关闭密封。图 8-21和图 8-22 所示为两种单向阀结构。

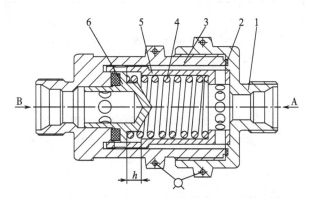

图 8-21　一种气动打开式单向阀结构示意图

1—接管嘴；2—垫片；3—壳体；4—弹簧；5—阀套；6—活阀

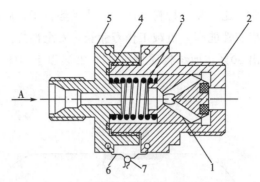

图 8-22　一种机械顶开式单向阀结构示意图

1—活门；2—壳体；3—弹簧；4—垫片；5—接管嘴；6—钢丝；7—铅封

（3）过滤器

用于对气瓶中的增压气体过滤，防止多余物杂质进入下游管路影响系统的正常工作。其主要由两个部分组成：滤芯、外部承压结构。滤芯是过滤器的核心部件，滤除掉增压气体中的多余物，避免多余物进入下游管路部件，影响系统的正常工作。滤芯的几个主要技术指标是过滤精度要求、流阻要求、启动高压冲击要求，综合滤芯这几方面技术要求，考虑滤芯采用烧结网形式。典型的过滤器结构如图 8-23 所示。

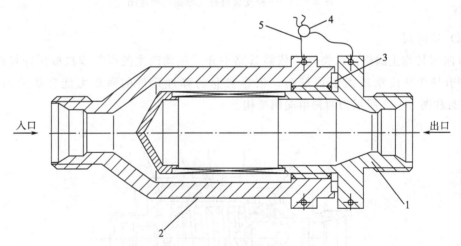

图 8-23　典型过滤器结构示意图

1—滤芯组件；2—壳体；3—密封圈；4—铅封；5—钢丝

（4）手动阀

如图 8-24 所示，通过外接法兰带动螺杆（2）的转动，使螺杆在壳体（1）内作平动，并带动密封帽（7）平动，从而实现关闭打开功能。该方案结构将螺杆的旋转运动转化为密封帽的直线平动，在密封过程中密封面磨损小，结构稳定。但该结构稍微复杂一些。

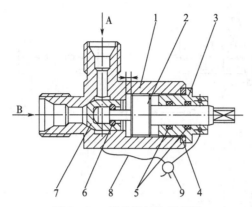

图 8 - 24　手动阀结构示意图

1—壳体；2—螺杆；3—螺套；4—密封圈；5—O 胶圈；6—挡板；7—密封帽；8—钢丝；9—铅封

8.3　阀门产品仿真分析

8.3.1　动态特性分析

调节类阀门工作状态复杂，气体流场不断变化，活动部件受力状态复杂，所受到的力包含弹性元件和气体作用力、摩擦力、阻尼等，产品研制周期长，试验成本高，存在振动、调节压力失稳等常见故障模式。与试验相比，计算机仿真分析不受试验条件限制，具有很好的可达性、可控性、全面性。通过仿真分析与试验相结合，可以显著降低研制成本、缩短研制周期，已成为阀门研制中重要的组成部分。阀门产品动态特性仿真分析常用的建模和仿真软件有 AMESim，SimulationX，均采用基于物理模型的图形化建模方式，使用其自带的气动库、气动元件库、热气动库和机械库模型，可搭建减压阀、安全阀及其试验系统的仿真模型进行分析。

（1）减压阀动态特性仿真分析

减压阀试验系统如图 8 - 25 所示，利用 AMESim 仿真工具，按图 8 - 26 所示建立减压阀试验系统动态特性仿真模型，建模过程中，模型需做以下简化考虑：

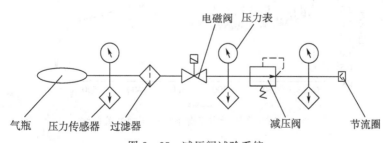

图 8 - 25　减压阀试验系统

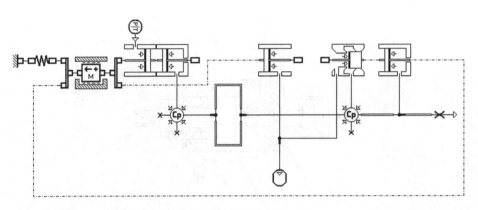

图 8-26　减压阀动态仿真模型简化

1）压缩高压气体按理想气体考虑；

2）仿真模型为零维模型，对于高压腔、低压腔、反馈腔等独立腔室，忽略因气体流动带来的压力、温度分布不均的影响。

通过仿真分析，可分析影响减压阀性能的特征参数，如减压阀高压腔、低压腔、反馈腔容积的大小，摩擦力，高低压密封泄漏，阻尼孔大小，弹簧刚度，高低压作用面积等参数对减压阀性能的影响，以下给出了泄漏（图 8-27 和图 8-28）对出口压力影响情况仿真分析。由图 8-27、图 8-28 可知，在高压泄漏情况下，出口压力会出现剧烈波动，并随着泄漏量的降低而逐步趋于平稳[86]。

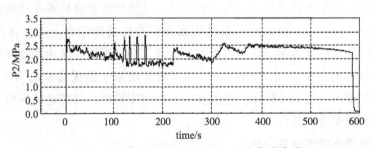

图 8-27　高压泄漏工况下出口压力仿真曲线

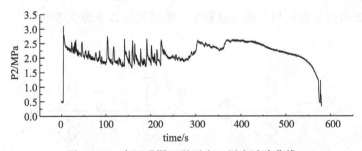

图 8-28　高压泄漏工况下出口压力试验曲线

（2）安全阀动态特性仿真分析

按照安全阀的结构参数，并同时考虑试验结果的修正，搭建指挥阀动态特性仿真模型如图 8 - 29 所示，主阀动态特性仿真模型如图 8 - 30 所示。

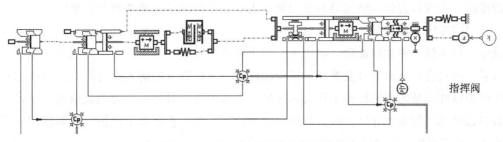

图 8 - 29　指挥阀动态特性仿真模型

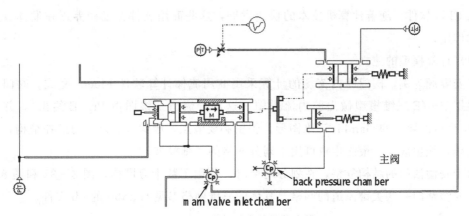

图 8 - 30　主阀动态特性仿真模型

通过仿真分析，可分析安全阀的压力、流量特性，并可分析试验过程中不便测量的活阀振动、位移等信号。仿真曲线与试验曲线吻合度较好，见图 8 - 31。

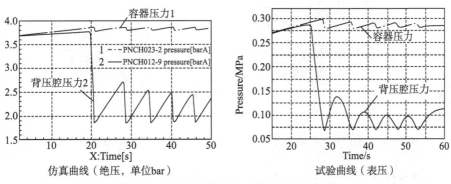

图 8 - 31　安全阀性能仿真曲线与试验曲线

8.3.2　内部流场分析

近三四十年来，由于流体力学、数值方法和计算机的迅速发展，以及航空、航天飞行器气动设计等方面的迫切需要，计算流体力学（CFD）的基本理论、计算方法都取得了瞩目的成就，在流体力学、空气动力学和其他工程学科中发挥着越来越大的作用。

阀门内非定常流动是一种可压缩湍流，而湍流是一种高度复杂的非稳态三维流动。在湍流中，流体的各种物理参数，如速度、压力等都随着时间与空间发生随机的变化。随着大容量、高速度计算机的日益普及，以及湍流理论和计算方法的迅速发展，数值模拟运动物体周围粘性流场的方法取得了较大的发展。迄今为止，对于一般的湍流运动，学术界和工程界已经采用的数值计算方法大致可以分为以下三类：直接数值模拟，大涡模拟和雷诺时均 N - S 方程法（RANS 方程法）。

自 1981 年以来，出现了如 PHOENICS、CFX、STAR - CD、FIDIP、FLUENT 等多个商用 CFD 软件。随着计算机技术的快速发展，这些商用软件在工程界正在发挥着越来越大的作用。

（1）计算模型的建立

以安溢阀为例，阀门腔内流场的计算采用商用流体计算软件 Fluent 完成。阀门腔内结构根据 Pro/E 三维模型做出腔内流道图（这部分流道三维图由 Pro/E 给出），并导入 Gambit 获得。导入的 Gambit 三维图形，保留必要节点，删除节点以上的拓扑结构，再由点生成线，线生成面，最终生成可用于划分网格的三维模型。

由于安溢活门的结构复杂，在划分网格时，使用了数十万网格，图 8 - 32 和图 8 - 33 展示了安溢活门一些关键流道的网格。具体的三维网格参见 Gambit 的 db 文件。

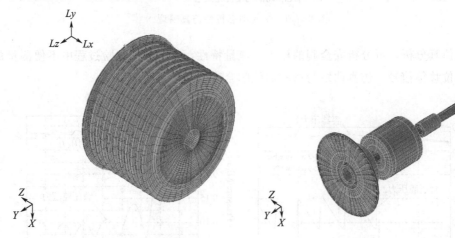

图 8 - 32　主阀背压腔结构图　　　　　图 8 - 33　先导阀反馈腔结构图

（2）边界条件设计

管道以及腔体壁都设定为固壁，满足不滑移条件，出口腔与大气相连的面设计为压力边界条件，取压强值为标准大气压。进气口设计为质量流量入口边界条件。

（3）湍流模式的选择

采用 RANS 方程进行数值模拟，由于安全阀气体流动均为湍流，湍流模型选择了工程上普遍采用的 $\kappa-\varepsilon$ 标准湍流模型，该模型对阀门内流场的压强、速度和流量分布，具有较高的计算准确性。

（4）计算工况设计

仿真计算基于安溢活门调试系统的真实实验状态，研究安溢活门内的流场状况。

（5）结果分析

往贮箱充压过程中，通过仿真分析，获得安溢活门三维内流场分布，包括压力分布、流量分布、温度分布和速度分布等。典型的流场分析结果如图 8-34～图 8-36 所示。

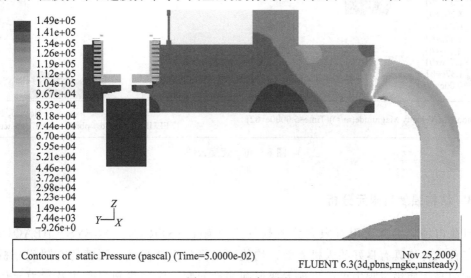

Contours of static Pressure (pascal) (Time=5.0000e-02)　　　　　Nov 25,2009
FLUENT 6.3(3d,pbns,rngke,unsteady)

图 8-34　压力云图

Contours of static Temperature (K) (Time=5.0000e-02)　　　　　Nov 25,2009
FLUENT 6.3(3d,pbns,rngke,unsteady)

图 8-35　温度云图

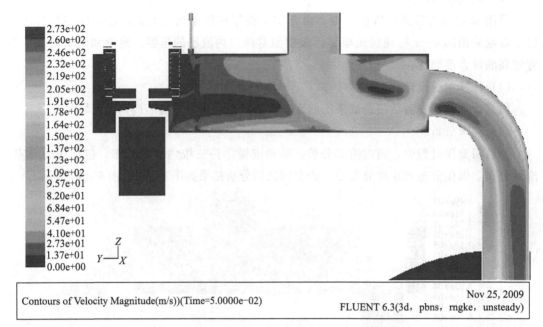

Contours of Velocity Magnitude(m/s))(Time=5.0000e-02)

Nov 25, 2009
FLUENT 6.3(3d，pbns，rngke，unsteady)

图 8 - 36　速度云图

8.3.3　结构强度有限元分析

目前市场上主流通用有限元分析软件主要有 NASTRAN、ANSYS、ABAQUS 等，上述三种软件均具有良好的人机界面，均能满足阀门壳体强度、刚度的有限元分析。考虑到阀门壳体使用过程中可能出现大变形和塑性问题，应当将阀门壳体及承力元件的有限元仿真分析划归非线性问题考虑。可通过以下步骤进行阀门承力元件结构强度的有限元分析。

（1）明确材料特性

在进行结构强度有限元分析过程中，需定义材料的力学性能，包括拉伸弹性模量 E，剪切弹性模量 G，弹性极限 σ_e，抗剪强度 τ 等。

（2）载荷条件

确定承力元件的静力载荷 F，计算中根据实际受力方式，采用均布压力或集中压力施加于承力元件截面上。

（3）有限元模型

以某导向限位筒为例，由于导向限位筒模型为对称模型，因此取模型的一半进行建模。模型中所有单元均为六面体单元，如图 8 - 37 所示。计算中，单元采用二次缩减积分单元，分别对对称面设置对称约束及对导向筒头部外端面进行约束，如图 8 - 38 所示。

（4）结果分析

经计算，可分析不同受力情况下的应力、位移情况。典型应力、位移仿真结果见图8 - 39。

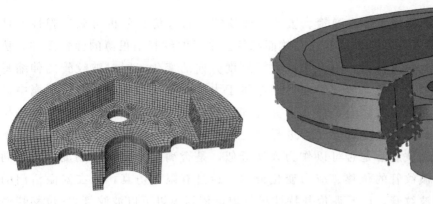

图 8 - 37　导向限位筒有限元模型　　　　　　　图 8 - 38　模型边界约束

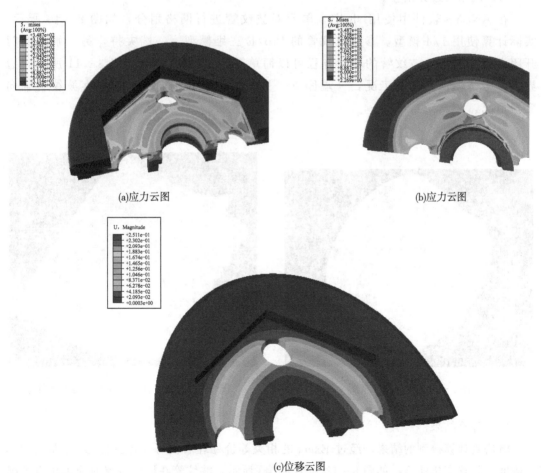

(a)应力云图　　　　　　　　　　　　　　　　(b)应力云图

(c)位移云图

图 8 - 39　导向限位筒结构强度分析仿真结果图

8.3.4　弹性元件有限元分析

阀门中常用的弹性元件有弹簧、膜片、波纹管，通过仿真分析可确定弹性元件的力-位移特性，以及不同位移下的有效面积等。由于波纹管是很薄的弹性元件，仿真时使用板壳理论进行计算，不考虑应力沿厚度方向的变化，同时波纹管的伸缩量相对于波纹管的厚度来说，波纹管变形问题属于大挠度非线性问题。考虑薄壳中性面拉伸与薄壳弯曲效应的耦合。仿真计算时细化载荷步，采用载荷增量的牛顿—拉斐逊迭代计算。此外，通过对波纹管进行刚度特性拟合，分析波纹管在不同位移下的应力情况，验证波纹管是否可以作为弹簧近似，是否满足弹簧串联刚度定律，同时做实际工况下波纹管的位移、应力变化云图。通过有限元仿真，为在安溢活门的设计中正确使用波纹管，以及评价其特性提供理论依据。以下以波纹管力-位移特性为例进行说明。

（1）网格与边界条件

在 ANSYS 软件中使用 shell93 单元对波纹管进行网格划分，如图 8-40 所示。实际计算使用 1/4 模型。参照波纹管的 Pro/E 三维模型，一端夹持，另一端随阀门开闭沿轴向运动。波纹管的刚度方程可以简单写为 $F = k \cdot x$。如图 8-41 所示，边界条件考虑波纹管实际工况，一端固支，另一端慢慢加轴向拉力，观察波纹管轴向变形情况。

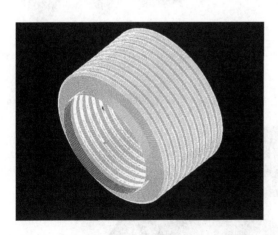

图 8-40　波纹管网格图

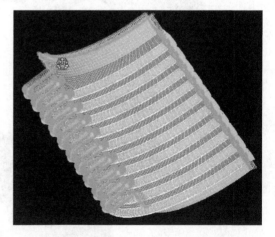

图 8-41　波纹管 1/4 模型和边界条件

（2）计算结果

将仿真计算得到的结果，经过 Excel 的相关等价处理后便可以得到位移-力曲线和单波刚度值位移变化曲线，如图 8-42 和图 8-43 所示，波纹管在极限位置时应力仿真情况如图 8-44 所示。

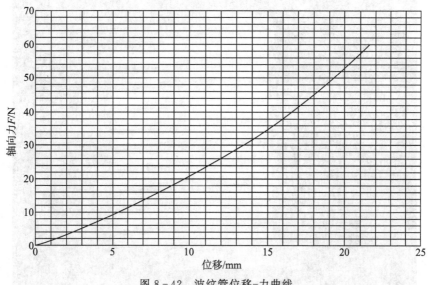

图 8 - 42　波纹管位移-力曲线

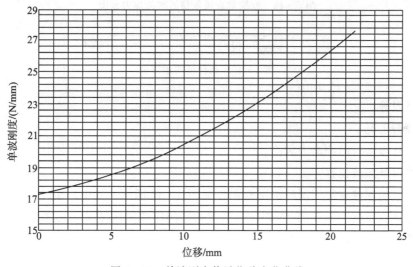

图 8 - 43　单波刚度值随位移变化曲线

8.3.5　冲击载荷有限元分析

　　阀门最常见的功能就是打开和关闭，在打开和关闭过程中存在零件的冲击，通过仿真分析冲击对零件强度的影响是一个有效的手段。图 8 - 45 为某电磁阀顶杆结构示意图，以此为对象举例对冲击零件应力强度及稳定性进行分析。

　　（1）材料参数

　　计算所需的相关材料参数有密度、重量、拉伸弹性模量、延伸率、泊松比、弹性极

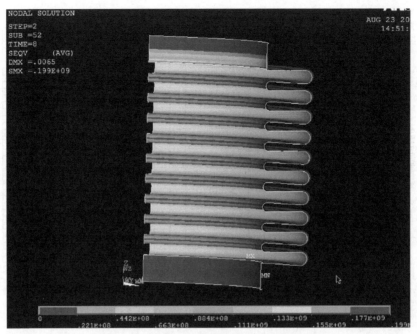

图 8-44　波纹管在极限位置时的应力云图

图 8-45　顶杆结构示意图

限、屈服极限等。

（2）载荷工况

确定顶杆撞击时的冲击力大小。

（3）约束及加载位置

顶杆与其他零件在某工况时的配合部位如图 8-46 所示，其中，$SR2$ 的球面与减荷活门的端面接触；长度为 5.5 的 $\phi3$ 圆柱面受减荷活门座的内孔导向，长度为 3.1 的 $\phi2.2$ 圆柱面受衔铁的内孔导向。

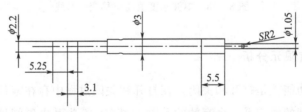

图 8-46　导向位置示意图

电磁铁吸力加载的位置如图 8-47 所示，该端面为图 8-46 中 $\phi2.2$ 圆柱段的左端面，其中 $\phi2.2$ 和 $\phi1.5$ 之间的阴影部分为加载区域。

图 8-47　顶杆端面加载位置示意图

（4）计算模型及边界条件

运用 NASTRAN 有限元分析软件对顶杆结构进行分析。顶杆计算模型见图 8-48。对顶盖端面图 8-47 中阴影部位施加轴向约束，$SR2$ 的球面顶部施加电磁铁吸力载荷。

图 8-48　顶杆计算模型

（5）计算分析结果

通过应力分析得到应力及变形云图如图 8-49～图 8-50 所示。由图 8-50.可知，顶杆的 $SR2$ 的球面与减荷活门的端面接触点在工作过程中由于初始接触为点接触，局部材料会进入屈服。通过结构稳定性分析，确定顶杆结构的临界轴压，结构的失稳模态如图 8-51所示。

Patran 2012.64-Bit 21-Aug-14 13:09:30
Fringe:Default A3:Static Subcase.Displacements.Translational.Magnitude.(NON-LAYERED)

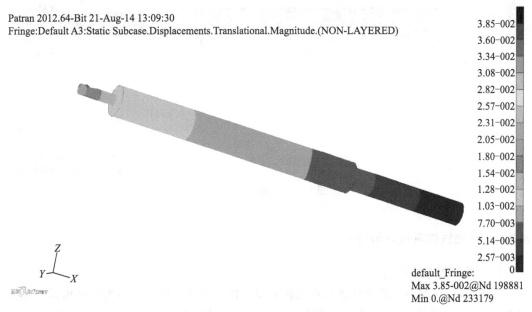

3.85-002
3.60-002
3.34-002
3.08-002
2.82-002
2.57-002
2.31-002
2.05-002
1.80-002
1.54-002
1.28-002
1.03-002
7.70-003
5.14-003
2.57-003
0

default_Fringe:
Max 3.85-002@Nd 198881
Min 0.@Nd 233179

图 8-49　顶杆变形云图（单位：mm）

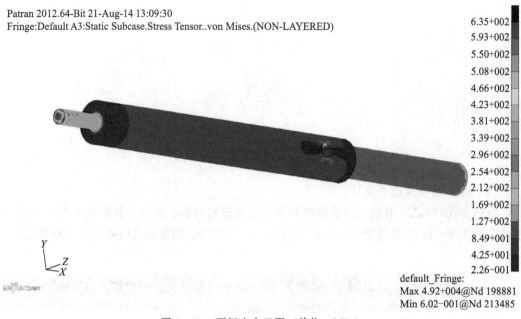

Patran 2012.64-Bit 21-Aug-14 13:09:30
Fringe:Default A3:Static Subcase.Stress Tensor..von Mises.(NON-LAYERED)

6.35+002
5.93+002
5.50+002
5.08+002
4.66+002
4.23+002
3.81+002
3.39+002
2.96+002
2.54+002
2.12+002
1.69+002
1.27+002
8.49+001
4.25+001
2.26-001

default_Fringe:
Max 4.92+004@Nd 198881
Min 6.02-001@Nd 213485

图 8 - 50　顶杆应力云图（单位：MPa）

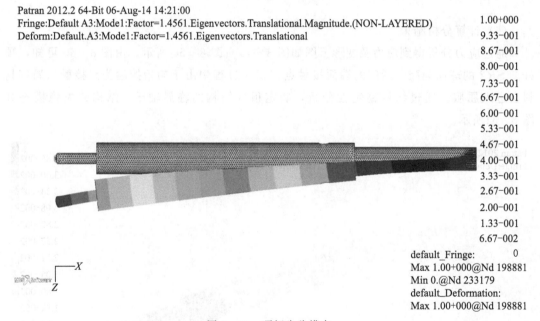

Patran 2012.2 64-Bit 06-Aug-14 14:21:00
Fringe:Default A3:Mode1:Factor=1.4561.Eigenvectors.Translational.Magnitude.(NON-LAYERED)
Deform:Default.A3:Mode1:Factor=1.4561.Eigenvectors.Translational

1.00+000
9.33-001
8.67-001
8.00-001
7.33-001
6.67-001
6.00-001
5.33-001
4.67-001
4.00-001
3.33-001
2.67-001
2.00-001
1.33-001
6.67-002
0

default_Fringe:
Max 1.00+000@Nd 198881
Min 0.@Nd 233179
default_Deformation:
Max 1.00+000@Nd 198881

图 8 - 51　顶杆失稳模态

8.3.6　电磁铁仿真设计与分析

（1）静态仿真计算

采用 Ansoft Maxwell 软件进行电磁铁有限元仿真计算，根据产品实际结构尺寸建模，因电磁铁为轴对称结构，可选取一半进行计算，并对模型进行简化，将线圈骨架及非导磁材料的属性设成真空，建立的二维静态磁场仿真模型及其网格划分如图 8 - 52 所示，磁感应强度和磁力线分布如图 8－53 所示。

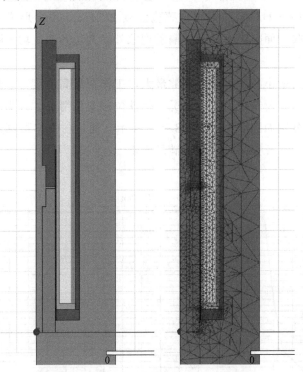

图 8－52　电磁铁仿真模型及其网格分布

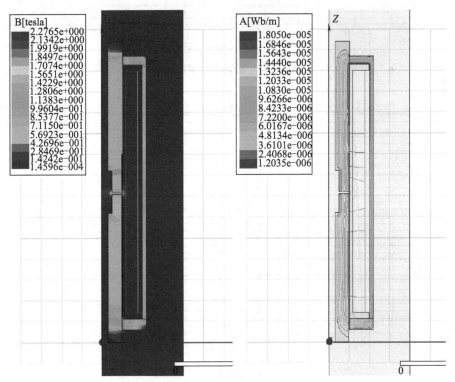

图 8－53　磁感应强度和磁力线分布

由图 8-53 中磁感应强度分布可见，电磁铁磁性材料各部分的磁感应强度不超过 1.93 T，低于电磁纯铁 DT4E 的饱和磁感应强度 2.14 T，不会形成较大的磁阻；从磁力线分布可知，除了吸合面附近有轻微的漏磁现象外，其他各部位均无明显漏磁现象。

（2）动态仿真校核

考虑电磁铁吸力最小的工况，即间隙最大，工作在最高温度，最低电压情况下，对电磁铁进行动态仿真。其衔铁吸力变化情况、衔铁位移变化情况、线圈电流变化情况和衔铁运动速度变化情况分别如图 8-54～图 8-57 所示。通过仿真，可判定电磁阀是否能够正常动作，判定吸力、打开关闭时间是否满足要求。

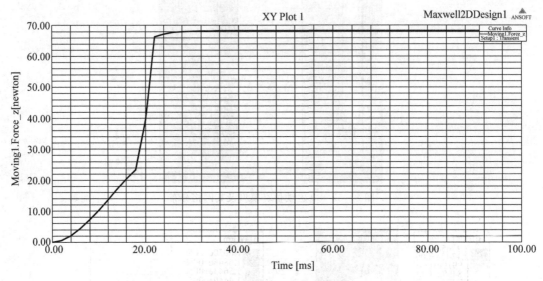

图 8-54　衔铁吸力变化曲线

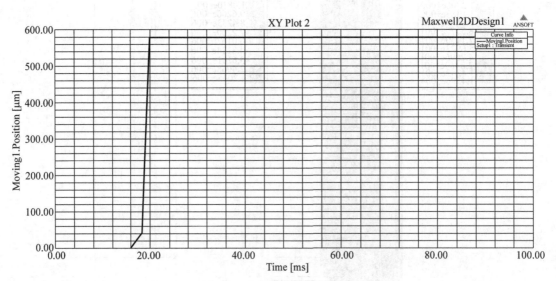

图 8-55　衔铁位移变化曲线

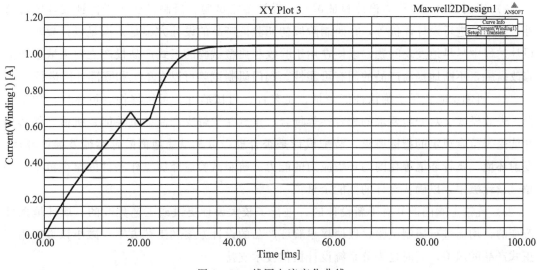

图 8 - 56　线圈电流变化曲线

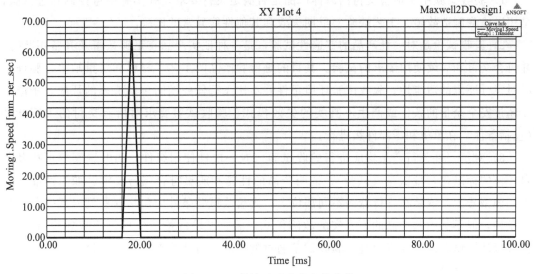

图 8 - 57　衔铁运动速度变化曲线

8.4　阀门产品试验技术

8.4.1　概述

　　航天型号用阀门产品，一般需要经历模样、初样、试样、正样等研制阶段，在产品的研制过程中需要开展各项研制试验，在产品的交付过程中需要进行验收试验和典型试验[87]。各种试验的目的和要求如下：

（1）研制试验

1）研制试验，也称为设计验证试验、设计鉴定试验。研制试验用于保证设计的可行性，并协助进行设计评价等，在研制阶段初期验证产品的设计方案是否满足设计要求，在设计过程中尽早地发现问题，以便在用于验收和典型试验的正式产品投产之前采取必要的修改措施，不断地提高产品的固有可靠性。阀门研制试验可以在单机和零部件级进行。

2）研制试验适用于确认性能余量、工艺性、可试验性、可维修性、可靠性、预期寿命、失效模式、对安全要求的相容性等场合，重点在于解决产品的电性能、机械性能和热性能是否符合规定的指标要求，装配设计是否合理，以及承受地面贮存运输及装卸环境、发射环境、飞行环境等在内的环境应力的能力。研制试验应经历工作条件的整个范围，并超过设计极限，以确认设计的性能余量。

3）凡箭上阀门产品属于新设计的、进行了较大设计更改或工艺更改的，或环境条件改变的，均需进行研制试验，以便尽早验证产品的设计方案和工艺方案，减小该方案用于正式产品的风险，同时也为分系统设计提供技术支持。

（2）验收试验

1）验收试验用于检验交付的试样产品是否满足飞行要求，并实施质量控制筛选试验，是用以检测制造故障、工艺缺陷、早期失效和其他性能异常的试验。

2）验收试验是对一批产品的普遍性试验，是一种证实产品有足够数量及其备用状态，并符合交付和后续使用要求的试验。其目的是检验产品的工艺、材料和质量缺陷，验证产品对飞行环境的适应性。验收试验环境条件并不比飞行任务期间预期值来的严酷，不应建立超过安全余量的条件或产生不真实的失效模式。验收试验要求对所有交付的飞行产品（包括备件）在单机和零部件级进行。

3）对每一件飞行产品均应进行验收试验（对一次性使用组件，如电爆阀等可按其各自相应的标准进行批次验收试验），证明产品的性能和质量符合飞行要求。如果产品用在不同的型号上，或装在飞行器的不同部位上，则验收试验条件应包络这些型号或飞行部位的条件，但不能引起产品的不真实的故障模式。验收试验的检验项目包括常规检验项目、验收级环境试验及洁净度检查。验收试验通过的产品，可装箭参加飞行试验。

（3）典型试验

1）典型试验也叫鉴定试验，是证明试样产品的性能满足设计要求并有规定的设计余量的试验。

2）典型试验应使用能代表飞行产品状态的典试件进行。典试件应与飞行产品有同样的图纸、材料、加工工具和制造过程并由同样的熟练工人来制造。如果在初样阶段完成典型试验，则应保证典试件的技术状态和试验文件符合试样产品的鉴定要求。阀门典型试验可以在单机和零部件级进行。

3）通常情况下，典试件是从同批次多件产品中随机地抽取来确定的。每批生产的阀门产品均需抽样进行典型试验，以验证产品是否满足环境条件的要求并具有规定的鉴定余量。一般用典试件进行所有要求的典型试验，对一次性使用阀门（如电爆阀和破裂膜片阀等）的典型试验可能需要多个典试件。典型试验的检验项目包括常规检验项目、鉴定级环境试验及根据不同阀门的实际需求进行的破坏性试验（如冲击试验、寿命试验、起爆或破裂试验等）。经典型试验后的箭上产品不再用于装箭飞行。

8.4.2　试验项目

阀门研制试验的项目确定原则有以下几条：

1）按照运载火箭增压输送系统阀门研制任务书或技术要求，进行规定的试验项目；

2）根据阀门产品的类别和功能，确定产品的常规功能检查试验项目；

3）根据阀门产品工作中接触到的气液介质及使用情况，确定产品模拟飞行环境的试验系统和试验项目，如介质相容性试验、综合环境试验等；

4）根据运载火箭环境及环境试验条件，确定产品的环境试验项目；

5）根据产品的功能用途，合理地分析确定考核设计极限的试验项目和量级，对可能有磨损失效模式的关键组件，如运动机械组件，应进行寿命试验；

6）根据可靠性指标的分配情况，在研制试验过程中，合理地设计内容与量级，尽可能与可靠性试验相结合；

7）研制试验项目和量级的确定，应能够包络产品全寿命周期所有任务剖面内的工作条件、环境条件和试验测试项目，假如条件允许，可在超出鉴定要求量级的环境试验中进行试验，寻找设计薄弱环节；

8）研制试验的项目，应能够覆盖产品全寿命周期内各个阶段的试验要求。试验量级应不低于鉴定试验量级。对同一试验项目，既要进行验收级试验也要进行鉴定级试验，且先进行验收级试验再进行鉴定级试验。以振动试验为例，研制试验中的振动试验，应该先做验收级，再做鉴定级，而不应只进行条件严酷的鉴定级。

研制试验项目及建议试验顺序见图 8 - 58。

对更改或新设计的阀门产品进行的研制试验，原则上以上试验项目都必须进行。根据阀门种类、材料选择、安装位置、环境条件等不同，可以经充分论证后进行裁剪。

8.4.3　阀门产品试验与要求

8.4.3.1　产品检查

阀门属于典型的组件级产品。产品检查主要是为了确认试验条件是否引起阀门及零部件发生不允许的变化。

阀门产品正式试验前需进行产品检查；每项主要试验项目前后也需进行产品检查；所有研制试验完成后或者破坏性试验后，以及试验中出现异常的情况下，产品根据需要还应进行分解检查。

1）正式试验前检查主要是为了确认产品零部件生产质量情况、阀门装配质量情况等。检查内容主要包括零部件重量、外形尺寸、表面粗糙度、形位公差、紧固件拧紧力矩、识别标记及洁净度等。

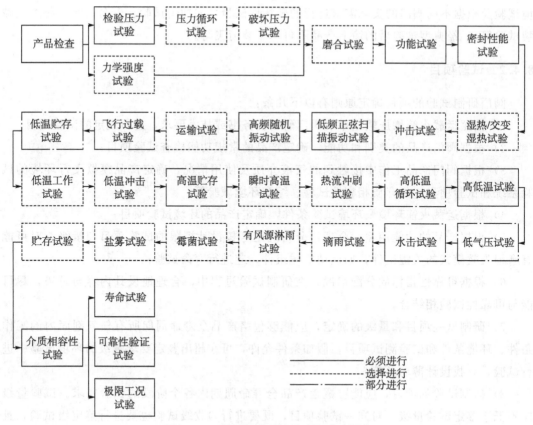

图 8 - 58 研制试验项目及建议试验顺序

2）试验前检查主要为了确认产品目前状态是否满足试验要求。检查内容主要包括阀门产品外观、产品可见区域表面质量、多余物、紧固件连接等。

3）试验后检查主要检查试验后产品的可见部位变形破损情况、表面粗糙度变化情况、紧固件松动情况等。

4）分解检查一般安排在所有试验完成后或者破坏性试验后，以及试验出现异常的情况下，将阀门产品拆卸分解进行检查。检查零部件损伤情况、零件表面磨损情况、密封面质量情况、多余物情况等。

8.4.3.2 磨合试验

1）磨合试验是检测阀门组件生产完成后早期的材料和制造质量缺陷，并使机械组件磨合或跑合，使它们能在平稳、协调和受控状态下运行。对阀门产品，确保检测出早期故障的较好方法是产品试装和工作循环测试。

2）产品试装在零组件完成清洗，经检查满足使用要求后进行。对装配关系复杂的结构和活动配合的结构宜进行试装，一般不要求将所有零部件都进行试装，特别是易损易变形的零部件，如金属膜片、塑料密封环等不宜进行试装。

3）工作循环测试一般在常温常压下进行，主要应用于产品试装或正式装配后活动机械组件的动作测试。循环次数一般为 15 次循环或是整个寿命期间预期循环次数的 5%，取其大者。

4）磨合试验在阀门产品的验收试验和研制试验中进行。磨合试验不允许影响阀门正常性能，不允许带入影响后续试验的因素。

8.4.3.3　功能试验

1）阀门产品的功能试验，主要验证产品是否能够满足预定的功能要求，从电和机械方面进行考核，包括电连续性、稳定性、响应时间、压力、泄漏等其他功能特性的测量，如电磁阀还应进行电磁吸力的试验。

2）功能试验一般指的是常温常压下的试验，根据阀门种类不同而有所区别。

3）对于低温类阀门，即工作介质有液氮、液氧、液氢等液体介质或者低温液体介质蒸气的阀门，如液氧加注阀、排气阀、安全阀等，除了进行常温功能试验外，还应进行低温介质环境下的功能试验。针对存在低温液体介质的加注阀等，可使用流通法或浸泡法进行试验。流通法是指低温介质流经低温阀门内腔进行流通预冷；浸泡法是指低温介质浸泡低温阀门进行预冷。试验步骤一般包括试验前产品安全处理（主要指液氧、液氢介质下）；吹除、置换和气封；预冷；密封性检查；工作试验；结束试验排空低温阀门内低温工质或将低温阀门从低温工质中取出，恢复常温。

4）阀门在每次环境试验前、中、后都应进行功能试验（指常温功能试验）或监测关键的性能参数。环境试验前测量的性能参数将作为基准数据，用于环境试验过程中、试验后阀门性能的比对。

8.4.3.4　密封性能试验

1）阀门产品的密封性能试验，也叫密封性检查，主要是验证产品的充压部件和密封组件能否满足规定的设计漏率要求。设计漏率通常以任务书允许漏率、研制试验和实际使用分析为依据。

2）根据阀门的允许漏率来选择检漏方法，并且根据要求的阈值、分辨率和准确度来检测漏率，检漏时应考虑漏率随压差及温度的变化。宜考虑在大于阀门最大工作压差或者小于阀门最小工作压差的条件下进行密封性检查，以保证对泄漏量留有适当的鉴定余量。

3）选用的检漏方法宜适应阀门产品的设计和性能要求，可以证明被检产品能在其工作环境中工作，满足规范要求并且没有引起性能下降的泄漏。选用的检漏方法要与漏率和产品密封材料相适应。

4）检漏方法有流量计法、排液集气法、气泡法、液体膜法、氦质谱仪法等。

5）密封性能试验时，一般在组件充压到最大工作压差下进行，如密封与工作压力有关，在最小工作压差下也要进行密封试验。试验持续时间应足以检测出有任何明显的泄漏。

6）对于低温阀门，应分析并确定产品全寿命周期内最恶劣的低温环境，并在模拟此环境或适量加严的条件下进行气密性能试验。

8.4.3.5　强度试验

（1）液压强度试验

1）阀门产品的液压强度试验，主要是为了验证产品的承压结构是否具有适当的余量，以保证在达到设计破坏压力之前不会出现结构破坏或在最大期望工作压力下不出现过大变形。考虑到温度和湿度对材料强度和断裂韧性的影响，液压强度试验最好在与实际使用情况相一致的温湿度情况下进行。

2）液压强度试验分为三种：

检验压力试验：对承压结构一般必须进行检验压力试验，允许在产品装配前进行。一般按 1.5 倍工作压力进行液压强度试验，试验时间一般至少 5 分钟。试验需检查是否有泄漏、结构变形或破坏。对不同内腔区域存在不同承压要求的同一承压零件，应将不同承压区域隔开，分别按照各自的承压要求进行液压强度试验。

压力循环试验：对承压结构一般要进行压力循环试验。在试验过程中，外载荷和内压同时施加时，要根据二者的相对量值及外载荷应力的失稳效应来确定加载要求。如果试验内压应力包络了最大使用组合拉伸应力，就不需施加外载荷。每次循环中，承压结构的压力峰值要等于最大期望工作压力。循环次数为预计工作次数的 4 倍或 50 次，取其大者。阀门产品在研制试验时应该进行压力循环试验，而在验收试验和典型试验时可不再进行。

破坏压力试验：为验证承压能力及裕度，将承压结构的承压腔内充压至设计破坏压力，如可行，同时施加最大外载荷。加压速度尽量缓慢，以消除动应力影响。如达到设计破坏压力时未被破坏，继续加压至破坏为止，记录实际破坏压力。

（2）力学强度试验

1）除承压结构需进行液压强度试验，一些承力件及结构需进行力学强度试验。在阀门的动作过程中，动作力可能引起部分承力件变形或者破坏，特别是对于具有强制打开或者关闭功能的阀门，打开和关闭过程中存在冲击力，可能引起承力件局部应力集中，造成变形或破坏。因此，需分析阀门具体结构，针对有承力结构且应力集中的部件进行力学强度试验。

2）力学强度试验前一般先进行强度计算分析，按照最严酷的承力条件进行试验。如最严酷的承力条件下未破坏，继续加力进行试验，直至破坏或者证明力学强度存在足够的裕度。对于存在冲击力的承力结构，应在冲击力作用下进行力学强度试验，试验次数为预计动作次数的 4 倍或 50 次，取其大者。

8.4.3.6　振动试验

1）振动试验包括低频正弦扫描振动和高频随机振动试验，此两项试验都必须进行，不能相互替代，并且要求对高频段采用随机振动试验技术。试验一般采取多点平均控制的方法。研制试验中进行振动试验时，应监测产品响应。

2）振动试验一般分为验收级和鉴定级两种。验收级振动试验，其目的主要是为了检查产品的材料缺陷和制造质量缺陷。鉴定级振动试验，目的主要是验证产品承受鉴定级振动环境的能力。鉴定级振动试验在研制试验和典型试验中进行。对于产品的研制试验，应先进行验收级振动试验，再进行鉴定级振动试验，而不是只做条件较为严酷的鉴定级试验。验收级和鉴定级振动试验条件和量级由专用技术文件规定。

3）阀门产品均应进行振动试验考核。对于飞行期间不工作且本身对振动环境不敏感（或通过过程控制、检查和试验足以保证其性能和质量）的产品，可视情况不在验收试验和典型试验中进行振动试验，但产品研制试验时的振动试验应该进行。对于对振动环境较为敏感或振动条件较为恶劣且不确定性较高的产品，应该考虑进行加严振动量级的试验，以提高产品的可靠性。

4）应在产品的三个相互正交轴方向（轴、径、切）的每一个方向进行振动试验。阀门产品三个方向的一般定义：轴向为主阀活塞运动方向；径向为与轴向垂直的接口方向；切向为与轴向和径向都垂直的另一方向。对于结构为轴对称的阀门产品，可只做两个方向的振动试验，另一对称方向可不做。除特殊要求外，振动试验顺序一般为先进行一个方向的正弦和随机振动，然后进行下一个方向的正弦和随机振动。

5）振动试验时，产品的安装尽量与实际火箭总装状态一致。产品通过工装安装于振动台上，振动条件的输入控制点尽量放在产品的安装面上。如有必要，需在产品上增加振动测量点，测量敏感位置的响应情况。验收级和鉴定级振动试验中宜使用同一试验工装和夹具。试验前，应通过分析和试验来评价工装和夹具的动特性，必要时可对工装及夹具提出扫频要求，进行工装和夹具的预振。工装和夹具应具有满意的刚度和阻尼特性，振动加载的载荷力能均匀地传递给试件，在试验频率范围不应有明显的放大和衰减，能有效限制能量从当前振动方向向另外两个垂直方向传递。

6）振动试验时，尽量模拟产品的实际工作状态，如充入真实介质、真实的压力等，尽量在振动试验过程中进行相应的功能检查。对于飞行期间不工作的阀门产品，可仅进行密封性能的监测；对于飞行期间工作的阀门产品，需要进行功能检查，如减压阀的压力特性、安全阀的打开压力检查、电磁阀的动作试验等。

7）为了考核产品耐振动环境的极限能力，有时需要进行加严量级的振动试验考核，是否需要加严、如何加严根据产品的具体情况确定。

8）同样一种阀门产品，可能安装于火箭或飞行器的各个舱段，所处的环境条件不尽相同。在进行振动试验时，需要采取措施保证既要验证充分，同时尽量避免过试验。选择方法有采用大量级环境条件代替；每个频段进行包络；每个量级分别进行试验。

8.4.3.7　冲击试验

1）冲击试验用来模拟火工品解锁、分离等引起的冲击环境，对安装于靠近爆炸螺栓等火工品舱段的阀门产品应进行冲击试验。冲击试验可以采用实际的（或专门设计的）火工品爆炸、落锤式冲击台等方式模拟。冲击响应谱及冲击试验要求由专用技术文件规定。

2）根据阀门产品安装位置不同，无冲击条件的不应做冲击试验。有冲击条件的，应根据实际使用条件进行评估，确定是否进行试验。当最大期望冲击响应谱（g）超过 0.8 倍的频率值（Hz）时应进行冲击试验。

3）冲击试验一般只在研制试验和典型试验中进行。

4）冲击试验时，产品的安装尽量与实际总装状态一致。根据不同的冲击试验方法选择合适的工装和夹具。试验量级控制在产品与工装连接面处。如果产品在使用中带有支架或冲击减振器，则应带支架和减振器进行试验。

5）如无特殊规定，沿轴、径、切三个垂直方向的每个方向的冲击谱至少应等于该方向的鉴定量级。对采取减振的阀门，响应谱的低频限应在减振器固有频率的 0.7 倍以下。试验中应进行足够次数的冲击，使在三个垂直方向的每个方向的正反方向都至少要进行产品使用中承受显著冲击次数的 3 倍的冲击次数，以满足幅值要求。显著冲击是指该冲击所产生的最大预示冲击谱与由产品所有冲击的最大预示冲击谱包络相差不超过 6 dB。

8.4.3.8　噪声试验

噪声试验主要是用于验证有大表面积，振动响应主要是直接由声激励引起的产品。阀门产品对声不敏感，可免做噪声试验。

8.4.3.9　运输试验

1）运输试验包括公路运输、铁路运输、海上运输和靶场垂直运输试验。运输状态包括装箭运输、包装箱运输状态。产品对运输环境的适应性可通过真实跑车（船）试验或相应的模拟试验代替。

2）对于阀门产品，在产品的研制试验中进行靶场垂直运输状态的振动试验（包括验收级和鉴定级），与产品的飞行环境振动试验结合进行。

3）对于装箭运输或包装箱运输试验，阀门单机产品可不考虑。如有必要，将在系统级产品进行考核。

8.4.3.10　飞行过载试验

1）飞行过载试验，也叫加速度试验，主要是验证产品承受飞行过载的能力。过载试验用来模拟产品在火箭飞行过程中的轴向和横向过载，过载试验的施加过程应该足够慢，且在一段足够长的时间内保持不变，以使得设备有足够的时间来分散产生的内部载荷，而不产生动态响应的激励。

2）对于非调节类阀门产品，一般对飞行过载不敏感，建议在各个研制阶段均不进行过载试验。调节类阀门，如减压阀、安全阀、压力信号器等，容易受到过载的影响。在研制试验阶段，根据安装方向进行过载试验。

3）阀门产品只做鉴定级飞行过载试验，过载试验条件由专用技术文件规定。

4）产品按飞行状态安装在工装或夹具上，经受加速度的方向应与飞行时相同。试验中加速度应施加在试件的重心上。沿试件的加速度梯度不应使试件上的关键部分的加速度低于鉴定级要求。另外，应尽量避免使试件过试验。

8.4.3.11　热环境试验

产品的热环境试验包括飞行热环境和地面热环境。由于液氧、液氢等低温推进剂在运载火箭中的应用，低温阀门的热环境中不仅存在高温环境、一般低温环境，还存在由低温介质产生的低温环境。因此，在低温阀门研制过程中应考虑到可能存在的各种低温环境，并进行考核。

（1）飞行热环境试验

飞行热环境试验目的是为了确定部件或仪器在飞行过程中所处温度环境条件下能正常工作，而不致引起物理损坏和性能下降。

飞行热环境中，运载火箭在大气层内飞行过程中，经受气动加热、喷流加热，二者综合作用形成高温环境。箭上暴露于飞行高温环境的阀门需进行高温试验。例如某型号总体环境条件要求，实际飞行热环境持续时间最长为 175 s，按试验时的高温持续时间大于 3 倍考虑，实际的试验时间约为 10 min。

高温试验主要包括瞬时高温试验、热流冲刷试验。

1）根据阀门的安装位置及所处热环境进行瞬时高温试验。试验量级分为壁面安装设备高温试验量级和舱段内高温试验量级。

2）热流冲刷试验主要根据阀门具体的安装位置进行。

对于飞行过程中受低温贮箱和低温管路影响的舱段内的阀门单机，需进行低温试验。低温试验主要包括低温工作试验、低温冲击试验。

1）根据阀门产品安装位置及所处的最低温度环境条件进行低温工作试验。低温工作试验考核量级如果能够包络在高低温循环试验量级之内，可以考虑在高低温循环试验中，同时考核低温工作试验，但试验时间要保证。

2）低温推进剂贮箱绝热层外、贮箱内、贮箱前后短壳、贮箱前后底上的阀门应进行低温冲击试验。试验按照仪器设备所在位置的温度量级进行。

（2）地面热环境试验

地面热环境试验目的是为了确定部件或仪器在地面停放、运输期间的高、低温条件下能正常工作。

在地面运输、贮存过程中经历高温环境的阀门产品应进行高温试验，以确定设备在高温条件下的贮存适应性。阀门产品应结合飞行热环境按照其中较严酷的条件进行。电工电子类阀门产品应进行高温贮存试验。

在地面运输、贮存过程中经历低温环境的阀门产品应进行低温试验。阀门产品在考核地面低温环境的同时，结合飞行热环境中的低温环境，按照其中较严酷的条件进行。电工电子类阀门产品应进行低温贮存试验。

地面热环境试验项目中，温度贮存试验对于纯机械类产品可不进行（复合材料除外），电工电子类、机电类产品以上试验均需开展。

（3）高低温循环试验

高低温循环试验验证电工电子元件在鉴定级温度范围内工作的能力，并能经受住验收级试验。对于含电工电子元件的阀门产品（如电磁阀、压力信号器等）应进行高低温循环试验，研制试验时应按专用技术文件进行高低温循环的验收级和鉴定级试验。

高低温循环试验中，每次当控制温度稳定在热端温度后，进行产品的热启动，使产品工作；将控制温度按要求降到冷端温度，产品在冷端温度稳定后，进行产品的冷启动，使产品工作。温度从室温升到高温，再降到低温，最后回到室温组成一个循环。一般验收级试验进行 4 次循环，鉴定级进行 8 次循环。

（4）高低温试验

对于其他纯机械类阀门产品，用高低温试验代替高低温循环试验，研制试验应包含验收级和鉴定级高低温试验两项内容。阀门产品都需进行高低温试验。高低温试验条件按照专门技术条件进行。

高低温试验时，如无特殊规定，一般应先低温，后高温。在整个高低温试验和检查过程中，被试验的产品均需保持在规定的温度内。

高低温试验一般在高低温箱中进行，如对试验条件有特殊要求，也可用高温、低温液体来制造高温、低温环境。高温液体一般可选适当温度的水，低温液体可由干冰、酒精实现。当用液体作保温条件时，应时刻关注液体温度，当接近偏差值时应及时增补热水或者干冰。试验中，不允许液体进入产品内腔，试验后立即用压缩空气吹干。

高低温试验中，低温环境和高温环境保持规定的时间后，在低温、高温保持环境下进行阀门动作试验，并进行气密检查。

8.4.3.12　低气压试验

1）低气压试验用于验证产品在鉴定级低气压环境下的工作能力。由于运载火箭上升过程中大气压力不断下降，直至真空状态。因此，对于需要考虑密封性、压差效应及真空放电效应的阀门产品，应进行低气压试验。

2）阀门产品验收试验时不进行低气压试验，在典型试验和研制试验时进行。

3）低气压试验尽量与热试验同时进行，即热真空试验。

4）低气压试验时容器压力要降至规定的真空条件。需要再发射至入轨阶段工作的阀门要在压力降至规定最低值过程中及形成真空环境的早期进行工作，并检测电晕和电弧放电。真空压力低于 1.3×10^{-1} Pa 时，要检测产品是否出现微放电现象。在发射阶段不工作的阀门要在达到试验压力后接通电源。

5）对于纯机械类阀门和含电工电子类元器件的阀门只要存在低气压环境，都应进行低气压试验。

8.4.3.13　其他自然环境（淋雨、湿热、霉菌、盐雾）试验

自然环境试验用于确定仪器设备经历了运输、贮存等环境条件后能否正常工作，或确定地面设备在其使用环境下能否保持正常工作。

阀门产品在制造、试验、运输、贮存、发射准备和飞行过程中所经历的自然环境条件包括淋雨、湿热、霉菌、盐雾等。应通过程序控制和特殊的保障设备尽可能地避免因极端自然环境产生的环境效应。

确定进行自然环境试验的原则：产品会受相应自然环境条件的影响、已经采取了耐环境设计、不确定耐环境设计是否有效时，进行自然环境试验。自然环境试验一般为研制试验。

（1）淋雨试验

淋雨试验用来验证产品承受雨淋的能力。对于用保护罩、运输箱、贮箱或覆盖物来防

止雨淋的组件不需进行此项试验。淋雨试验一般可分为滴雨试验和有风源的淋雨试验。

1）滴雨试验：用于确定箭体内部、地面设备内部可能受冷凝水及渗透雨水影响的电气设备，其外壳防止水渗透的能力、雨水排出设计是否有效、遭受水淋时或之后的工作效能。试验对象为箭上所有舱段内安装的电气系统设备；地面设备壳体可能渗透雨水时，壳体内安装的电气系统设备可参照进行试验，也可随整套地面设备参加"有风源的淋雨试验"一并考核。按照箭上（地面设备上）的安装方向进行试验，试件暴露面应与装箭状态一致。

2）有风源的淋雨试验：用于确定箭体防水结构、安装在箭体外的电气设备、室外使用的地面设备在冷凝水、雨水及风的影响下，其外壳防止水渗透的能力、雨水排出设计是否有效、遭受水淋时或之后的工作效能。试验对象为火箭箭体防水结构、箭体外安装的电气系统设备、室外使用的地面设备。试验状态为试验对象的装箭或使用状态，试件暴露面应与装箭、使用状态一致。

（2）湿热试验

湿热试验用于验证产品在湿热环境下的生存能力和工作能力。阀门产品在研制试验中一般应进行湿热试验。

（3）霉菌试验

霉菌试验用于验证箭上和地面设备对霉菌的敏感性。箭上、地面所有可能滋生霉菌的产品应进行霉菌试验。

（4）盐雾试验

盐雾试验用于验证产品抵抗盐雾气体作用的能力。箭上、地面所有可能受盐雾影响的产品应进行盐雾试验。如果产品通过适当的保护方法和保护运输箱、贮箱，不受盐雾环境的影响，可不进行此项试验。

8.4.3.14 介质相容性试验

1）介质相容性试验，一般在研制试验阶段进行，验收试验和典型试验阶段可不再进行。所有的阀门产品都应该考虑介质相容性，尤其对于工作介质为强腐蚀性介质、超低温介质、强氧化性介质、易渗透介质等，应进行介质相容性试验验证工作。试验时尽量模拟真实使用情况并适当加严。

2）阀门产品的介质环境主要指产品在试验、贮存和使用过程中遇到的气体、液体介质环境。

3）气体介质环境主要指试验气体介质和工作气体介质，如压缩空气、氮气、氧气、氦气等。对于工作介质为氦气的阀门产品，应进行氦气校核试验，考核氦气介质条件下阀门功能及气密性。

4）对有可能接触推进剂液体介质的阀门应进行液体介质浸泡试验。对只接触推进剂蒸气环境的阀门，可仅进行蒸气环境下的介质相容性试验。低温推进剂，如液氧、液氢，试验应在防爆间或者防爆设备中进行，充分做好安全工作。介质相容性试验时间一般应不小于规定耐介质时间的 3 倍。

5) 液体介质浸泡试验：将液体介质充满试件的内腔，并施加规定的压力。每隔一段时间将液体排掉，进行功能试验和气密检查，试验后恢复浸泡状态。

6) 推进剂蒸气环境介质相容性试验：将试验容器中加注部分推进剂，制造推进剂的蒸气环境，试件安装于试验容器上，并施加规定的压力。每隔一段时间进行功能试验和气密检查，试验后容器压力加至规定压力。

8.4.3.15　水击试验

水击试验用于验证阀门产品及零部件承受液压冲击的能力，一般在研制试验阶段进行，验收试验和典型试验阶段可不再进行。

在液路工作、存在水击条件的阀门，如加注阀，应进行水击试验的考核，以验证产品耐液压冲击的能力。

8.4.3.16　寿命试验

寿命试验用于验证产品在全寿命周期内，经历长时间和多循环的工作后，工作性能不超过规定范围的能力，并有适当余量。对可能有磨损、性能偏移、性能下降或疲劳型失效模式的阀门产品应进行寿命试验。对于多次工作的阀门产品，一般在研制试验阶段进行寿命试验，在验收试验时不进行，典型试验时选做。

寿命试验应该尽量模拟实际工作状态，可针对阀门的不同功能进行不同类别的寿命试验，如启闭动作寿命试验、启动冲击寿命试验等。

1) 对于启闭类阀门及结构，应进行启闭动作寿命试验。对于强制启闭的阀门，控制强制气体的充放，进行寿命试验；对于自行启闭的调节类阀门，如安全阀、增压单向阀等，应按实际使用状态进行自动启闭寿命试验；对于安溢阀，既有强制动作，也有自行启闭功能，强制启闭和自行启闭寿命试验都需进行。

2) 对于减压阀类产品，应进行启动冲击寿命试验，考核产品长时间、多次启动条件下性能是否有变化。

3) 对于含电工电子类元件的阀门，如电磁阀、压力信号器等，应在常温和高低温条件下进行寿命试验。一般来说，高温寿命试验和低温寿命试验的次数是常温寿命试验的一半。试验压力应满足规定要求。

寿命试验的次数，一般是最大工作次数的 4 倍。对于工作次数少，且无法确定最大工作次数的阀门，可按 50 次计，即寿命试验的次数为 200 次。

8.4.3.17　贮存试验

运载火箭用阀门产品在验收合格后，还有可能停放很长时间才用于飞行。因此，要考虑制定试验规范来确保产品的工作能力没有受到贮存期的损害。贮存，定义为产品在制造出并经验收试验后放置在仓库（也可能是厂房、发射场等）进行保管的一种状态。

贮存试验有两种类型：在贮存期间定期进行的贮存中试验和确保产品处于待工作状态的贮存后试验。

对于阀门产品的研制试验，主要是指贮存后的试验。需要对阀门中影响长期贮存产品性能的因素进行分析，必要时需进行加速老化等试验以考核长期贮存后产品是否能满足要求。

8.4.3.18 极限工况试验

极限工况试验，主要是在各种超过设计极限（边界）条件下进行的研制试验，以确定产品的临界设计性能、耐环境极限能力、结构和性能余量、可靠性裕度等。极限工况试验仅在研制试验阶段进行。不同的阀门试验内容不尽相同，同一种阀门也可能进行多种极限工况试验。极限工况试验项目及内容可根据阀门种类和具体研制情况确定，一般可分为极限能力试验和极限环境试验。

（1）极限能力试验

极限能力试验指超出阀门产品的额定工作能力范围，对产品的工作能力进行考核，研究产品的能力下降情况，确定产品的极限能力裕度。如安全阀类产品的启闭压力裕度试验、最大流通能力试验；电磁阀类产品的最小开启电压试验等。

（2）极限环境试验

1）极限环境试验是指在规定的环境条件基础上进行加严，考核阀门的性能。一般从增加环境条件的严酷度和增加试验时间或试验次数两个方面进行考核。

2）对于振动环境或热环境的试验条件可按一定比例加严，考核阀门产品在更加严酷的环境下的工作能力，确定产品环境裕度。

3）对于冲击试验可加严冲击条件，增加冲击次数，达到考核产品耐冲击环境能力裕度的目的。

4）对于低温类阀门，可加长低温介质排放时间，通过长时间排气或排液，达到考核产品低温工作能力裕度的目的。

8.4.3.19 电磁兼容（EMC）试验

1）电磁兼容（EMC）试验，主要用来验证阀门产品正常工作时抗外来电磁干扰的能力，同时验证该产品自身的辐射发射和传导发射的电磁能量是否会对其他组件造成干扰并影响其正常工作。

2）根据阀门产品自身对电磁的敏感性，是否发射电磁能量及是否影响其他电磁敏感组件等要素，确定是否进行此项试验。

3）电磁类阀门根据电磁特性、安装位置、周边设备等因素应进行影响评估，判断周边设备电磁辐射对自身的影响，及自身电磁能量对周边设备的影响。如果经评估所有因素中有一项是存在影响的，则应进行电磁兼容试验；如果评估结果无影响，则不要求进行电磁兼容试验。

4）对存在位置指示等电磁类元器件的阀门，元器件单独进行电磁兼容（EMC）试验。

8.4.3.20 可靠性试验

可靠性试验，一般可分为可靠性环境应力筛选试验、可靠性验证试验、可靠性增长试验等。

（1）可靠性环境应力筛选试验

环境应力筛选试验一般选用随机振动和高低温循环。环境应力筛选试验的目的是为发现和排除不良元器件、零部件的工艺缺陷和剔除早期失效。此项试验内容属于产品验收试验的一部分。

（2）可靠性验证试验

可靠性验证试验，目的是证明产品经过设计、制造，其可靠性水平是否达到了可靠性要求。可靠性验证试验分为两类：

1）第一类是设计的可靠性鉴定试验，它是用有代表性的产品在规定条件下所做的试验，以确定产品与任务书要求的一致性，并以此作为批准产品定型的依据；

2）第二类是生产的可靠性验收试验，它是对交付的产品在规定条件下所做的试验，以确定产品是否符合设计的要求，考核工艺的稳定性。

3）可靠性增长试验

可靠性增长试验的目的在于暴露设计与工艺的缺陷。通过可靠性增长试验，用"试验—分析—改进—试验"的程序，去暴露产品的薄弱环节。经分析查出原因，从设计上或工艺上采取措施，加以纠正。再通过试验证明改进措施能防止问题的再度发生，达到增长产品可靠性的目的。

第9章 增压输送系统可靠性设计

增压输送系统作为全箭的重要组成部分，不同阶段需经历高低温、振动等多种复杂条件，与其他系统接口较多，配套的气瓶、安全阀、破裂膜片、蓄压器等产品均为全箭可靠性关键项目，因此从系统到单机均提出了较高的可靠性要求。需要从方案阶段开始详细策划可靠性工作，确定可靠性工作项目和要求，加强可靠性设计，识别和控制薄弱环节，确保地面考核验证充分[88-89]。

9.1 可靠性设计

可靠性设计是保证产品可靠性的重要内容，全面贯彻到产品的各研制阶段，并尽可能把不可靠性因素消除在设计早期。增压输送系统根据其承压、低温、大温差等特点采取针对性的可靠性设计措施，典型措施如下：

1）推进剂贮箱设过压保护；

2）设计的增压压力有一定的余量；

3）针对液氧、煤油合理设置预冷、吹除；

4）气瓶在内压下的强度安全系数不小于2.0；

5）管路在内压下的强度安全系数不小于1.5；

6）有方向性要求的产品采取防差错设计措施；

7）管路布局尽量减少分离面；

8）液氧输送系统采用绝热设计和位移补偿设计措施；

9）低温管路和阀门设置气封；

10）制定液氧推进剂使用的安全措施和预案；

11）制定高压氦增压使用的安全措施和预案；

12）阀门设计按照相关强制和选用标准执行，适当兼顾型号实际情况；

13）关键阀门设计满足可达性要求，一旦出故障可以立即更换；

14）高性能动作阀门经过模拟真实工况的综合环境试验考核；

15）结构件螺栓连接以及阀门等其他部位螺栓连接必须采取力矩控制或其他措施，避免人为因素造成的不一致性。

9.2 可靠性分析

增压输送系统常用可靠性分析方法包括故障模式和影响分析（FMEA）、故障树分析

（FTA）等。

9.2.1　故障模式和影响分析

FMEA 用于识别所有可能的故障模式及其影响，发现设计薄弱环节，及时采取相应的改进设计，为产品可靠性验证提供依据。在方案阶段早期可以进行功能 FMEA，方案阶段后期、初样阶段及试样阶段采用硬件 FMEA，各研制阶段迭代进行。

增压输送系统故障模式主要包括增压气体不足，液氧输送管路发动机入口压力及温度不满足要求等。通过系统级故障模式分析识别出系统薄弱环节，为增压输送系统策划可靠性试验，在测试、试验和使用中制定故障检测程序和设计故障诊断装置提供依据。

阀门产品故障模式主要包括打不开、关不上和泄漏。针对阀门动作异常故障模式，设计上对有运动配合的配合面选择合理的公差，生产过程中严格控制加工精度，装配过程中严格控制多余物，并通过充分的环境试验考核。针对阀门泄漏故障，设计上采用成熟的密封结构，生产过程中严格控制导向配合面和密封面加工精度，严防多余物，地面进行气密试验考核。有电接口的产品，总装后检查电缆安装状态，综合测试时判断产品工作是否正常。

导管产品主要故障模式是泄漏。控制措施主要包括：设计选择成熟的密封结构、工艺，对原材料进行严格的入厂验收，对焊缝进行 100% X 光检查，均按 I 级标准检查，焊缝外表面经酸洗、钝化处理，导管强度经过气密和液压强度试验考核，使用补偿措施，在总装过程中严防多余物。

9.2.2　故障树分析

FTA 是以系统不希望发生的一个事件作为故障树的顶事件，找出导致顶事件发生的直接原因，并逐层向下分析，直到找出全部底事件为止。一般在初样研制阶段进行，试样阶段根据技术状态及研制进度进行完善，进一步识别薄弱环节并采取有效措施。

开展 FTA 时，不同级别产品可以根据任务特点、主要功能、主要性能参数确定顶事件，找到影响任务成败的直接原因。增压输送系统典型顶事件一般包括系统故障导致火箭不具备点火条件、系统故障导致火箭点火失败以及系统故障导致飞行过程异常。顶事件往下分析，一级中间事件主要包括：

1）火箭点火起飞增压输送气枕压力异常；

2）火箭二级、三级点火推进剂入口压力、温度异常；

3）Y 安全阀打不开、关不上；

4）压力信号器无法控制贮箱增压压力；

5）减压阀出口压力异常；

6）压力调节器出口压力异常；

7）蓄压器泄漏。

增压输送系统在故障树顶事件向下分解过程中应该注意与发动机、地面发射支持、测量、控制等分系统的接口关系。

增压输送系统 FTA 典型底事件包括：

1）动力测控台自动增压系统故障；

2）传感器异常；

3）膜片组合件膜片未破裂；

4）安全阀、安溢阀、加注阀、排气阀泄漏；

5）增压管路、输送管路破裂；

6）增压电磁阀供电电路故障等。

增压输送系统可以通过采取以下措施减小故障发生的概率：

1）动力测控系统可在总装厂进行联合调试，对增压系统进行多次调试，确保自动增压程序设置的正确性；

2）膜片可通过多次破裂试验考核，并采取防差错设计，安装时做声像记录，作为强制检验点进行严格控制，可保证膜片不装反；

3）电磁阀、压力信号器、安溢阀的打开关闭性能可通过地面试验充分考核；

4）增压管采取较大安全系数，其强度可以通过地面打压试验进行充分考核，使增压管强度满足使用要求；

5）管路多余物采取严格控制措施，管路安装前经高压氮气或空气吹除，增压管路气瓶出口设置过滤器；

6）贮箱在加注前做充分的气密检查，保证各密封面不漏气；

7）参加全箭总检查，保证增压输送系统电路连接正确，箭上给电磁阀、压力信号器回路供电正常。

9.3　可靠性预计

可靠性预计是为了预测产品能否达到合同或研制任务书规定的可靠性指标值。此外，还能起到如下作用：

1）检查可靠性指标分配的可行性和合理性；

2）通过对不同设计方案进行可靠性预计，比较选择最优设计方案；

3）发现设计中薄弱环节，为改进设计、加强可靠性管理和生产质量控制提供依据；

4）为元件和零部件的选择、控制提供依据；

5）为开展可靠性增长、试验、验证等工作提供信息。

可靠性预计得到的是产品可靠性水平的点估计值。本节中 R 均指可靠点估计值。

9.3.1　可靠性预计方法

可靠性预计方法包括相似产品法、元器件计数法、应力分析法、有限元分析法等。增压输送系统单机产品常采用相似产品法进行可靠性预计，这里重点介绍相似产品法。

相似产品法是将新设计的设备和已知可靠性的相似设备进行比较，用于估计可能达到的可靠性水平，这种方法主要适用于尚未确定系统设计特性前的可行性论证阶段。这种方法的准确性取决于相似产品的相似程度。该方法简单、快捷，适用对象广泛，可用于机械、机电、电子产品。

假设产品可靠性表现为 n 个功能模块（或组成模块）的串联。定义产品相似系数 k，第 n 个功能模块（或组成模块）相似系数 k_i。则相似系数

$$k = \prod_{i=1}^{n} k_i \tag{9-1}$$

$$k_i = \prod_{j=1}^{6} k_{ij} \tag{9-2}$$

式中 k_{i1}——产品性能功能相似系数；

     k_{i2}——产品结构相似系数；

     k_{i3}——设计方法成熟度相似系数；

     k_{i4}——原材料相似系数；

     k_{i5}——工艺制造相似系数；

     k_{i6}——任务剖面相似系数。

系数 k_{i1}、k_{i2}、k_{i3}、k_{i4}、k_{i5}、k_{i6} 的确定可以对比仿制或改型的类似国内外产品在这方面的相似性，通过专家综合权衡后以评分的形式给出，k_{ij} 取值原则如下：

1）新产品可靠性较相似产品有所提高，则 $k_{ij} > 1$，提高越多，k_{ij} 越大；

2）当产品（模块）差异较大，即可靠性明显提高或降低时，相似系数 k 以 0.1 的等级递增或递减评定；

3）当产品（模块）差异较小，即可靠性有部分提高或降低时，相似系数 k 以 0.01 的等级递增或递减评定；

4）当相似产品可靠度为 1 时，$R_{相似产品}$ 取 0.999 999 999 9。

由相似系数、相似产品的可靠度得到新产品的可靠度，可以采用以下公式

$$R_{新产品} = 1 - (1 - R_{相似产品}) \times 10^{10 \times (1-k)} \tag{9-3}$$

9.3.2 阀门产品可靠性预计示例

以高压电磁阀可靠性预计为例，说明相似产品法应用步骤。

高压电磁阀在设计中较多地参考了某型号火箭氦气电动气活门产品设计。高压电磁阀与氦气电动气活门相比较，两者在用途、结构形式、产品性能、设计、制造、工作时间方面都极为相似。氦气电动气活门可靠性评估结果为 0.999 9。

根据相似产品法预计公式，确定高压电磁阀各修正系数，选取及分析过程见表 9-1。

表 9-1 高压电磁阀修正系数分析表

产品 系数		氦气电动气活门	高压电磁阀	对比分析	最终取值
壳体强度 R_1	k_1	壳体材料为圆钢 2Cr13	一致		1.0

续表

系数 产品		氦气电动气活门	高压电磁阀	对比分析	最终取值
壳体强度 R_1	k_2	壳体主要包括入口接管嘴、高压腔、反馈孔和连接螺纹等	壳体结构进行适应性改进，基本类似	结构形式基本相同	1.0
	k_3	工艺比较成熟	一致		1.0
	k_4	最大工作压力为 23 MPa；温度为 −40℃～+50℃；最大振动量级为 12 g	最大工作压力为 35 MPa；温度为 −40℃～+50℃，一样；最大振动量级为 24 g	最大工作压力提高，结构的设计参数也进行了相应的变化，总体振动量级增加	0.9
止口密封 R_2	k_1	采用聚酰亚胺 YS−20 与金属 2Cr13 密封副	一致		1.0
	k_2	止口密封结构	密封结构基本相同，出口采用导向面定位	出口结构更改有利于增加密封可靠性	1.05
	k_3	工艺比较成熟	一致		1.0
	k_4	温度为 −40℃～+50℃；最大振动量级为 12 g	温度为 −40℃～+50℃，一样；最大振动量级为 24 g	总体振动量级增加	0.9
打开关闭动作 R_3	k_1	主活门和壳体滑动配合副为聚酰亚胺−2Cr13；减荷活门和活门座滑动配合副为聚酰亚胺−2A14	一致		1.0
	k_2	采用工作压力控制指挥式结构，由电磁铁提供减荷活门打开力，由弹簧提供关闭力	一致		1.0
	k_3	工艺比较成熟	一致		1.0
	k_4	最大工作压力为 23 MPa；温度为 −40℃～+50℃；最大振动量级为 12 g	最大工作压力为 35 MPa；温度为 −40℃～+50℃，一样；最大振动量级为 24 g	最大工作压力提高，结构的设计参数也进行了相应的变化；总体振动量级增加	0.9

　　综合上述电磁阀各个功能模块的各个修正系数，对电磁阀的各个功能模块的可靠度进行预计，如表 9-2 所示。

表 9-2　电磁阀可靠度预计计算参数表

功能模块	$R_{i旧}$	k	$R_{i新}$
壳体强度 R_1	0.999 995	0.9	0.999 993 7
止口密封 R_2	0.999 99	0.945	0.999 988
打开关闭动作 R_3	0.999 99	0.9	0.999 987
电磁阀 R	0.999 975		0.999 968

根据公式 (9-3)，将高压电磁阀各个功能模块的可靠性进行串联，可得增压输送系统高压电磁阀的可靠度预计值为 0.999 968。

9.4 可靠性试验

增压输送系统可靠性试验包括可靠性研制试验和可靠性增长试验。系统级、单机级典型试验项目见表 9-3。

可靠性研制试验主要包括系统、单机产品在方案、初样、试样研制过程中性能考核、高低温试验、振动试验、气密试验等试验项目。

可靠性增长试验以提高产品可靠性指标为目的，通常是抽样试验（如批次性抽检），要求工艺具备稳定性和一致性，试验条件与实际任务剖面一致或者尽可能模拟真实的使用条件，一般安排在初样后期或者试样阶段进行。

阀门产品在开展可靠性增长试验过程中首先针对其薄弱环节确定特征量，再依据产品主要故障模式确定特征量分布模型，结合其可靠性指标要求制定可靠性增长试验方案。通过可靠性增长试验，改进产品薄弱环节，验证可靠性指标。

表 9-3 增压输送系统典型产品可靠性增长试验项目

序号	产品名称	验证特征量	分布类型
1	加注阀	打开关闭压力	正态分布
2	蓄压器	随机振动时间	威布尔分布
3	安全阀	打开关闭压力	正态分布
4	排气阀	启闭动作压力	正态分布
5	压力信号器	动作次数	威布尔分布
6	减压阀	动作次数	威布尔分布
7	压力调节器	动作次数	威布尔分布
8	气瓶	充放气次数	威布尔分布
9	膜片组合件	正向破裂压力、反向承压能力	正态分布

9.5 可靠性评估

增压输送系统可靠性评估一般在初样后期或者试样阶段进行，以可靠性试验数据为基础，完成单机产品及系统级可靠性量化评估，确定增压输送系统可靠性水平[90-91]。

可靠性评估得到的是产品可靠性水平的区间估计结果。本章节中用 R_L 表示可靠度置信下限，$\hat{R}$ 表示可靠度点估计值。

9.5.1 单机级产品可靠性评估

增压输送系统阀门产品可靠性评估主要针对强度、密封及动作等各类特征量进行，导管类产品采用应力强度模型进行评估。

　　阀门产品评估前按产品功能框图将产品任务可靠度等效为强度、密封、动作等功能模块的串联模型，再分别对每个功能模块进行可靠性评估，最后采用系统综合评估方法得到阀门产品可靠度。阀门产品强度特征量可靠性评估参考结构应力强度模型进行评估；密封性能可靠性评估一般采用性能参数服从正态分布评估，评估性能数据落在规定上限范围内的可靠性置信下限；动作性能可靠性评估一般按特征量种类选取对应的概率统计方法，通常特征量为动作次数或要求时间时采用威布尔分布模型，特征量为性能指标时采用正态分布。

　　增压输送系统常用威布尔分布、正态分布、应力强度模型的可靠度评估计算公式如下[92]。

　　（1）威布尔分布

$$t^* = \sum_{i=1}^{n} t_i^m \tag{9-4}$$

$$\hat{\eta} = \left(\frac{t^*}{r}\right)^{\frac{1}{m}} \tag{9-5}$$

$$\hat{R} = e^{-\left(\frac{t_0}{\hat{\eta}}\right)^m} \tag{9-6}$$

$$R_L = \exp\left[-\frac{t^m}{2t^*}\chi_\gamma^2(2r+2)\right] \tag{9-7}$$

式中　t_i——单台产品试验次数或时间；

　　　t_0——任务次数或时间；

　　　m——形状参数；

　　　r——失效数；

　　$\chi_\gamma^2(2r+2)$ 为置信度为 γ、自由度为 $(2r+2)$ 的 χ_γ^2 下侧分位数，当 $\gamma = 0.7$ 时，$\chi^2(2) = 2.408$，$\chi^2(4) = 4.878$，$\chi^2(6) = 7.231$，$\chi^2(8) = 9.524$。

　　（2）正态分布

$$\overline{x} = \frac{1}{n}\sum_{i=1}^{n} x_i \tag{9-8}$$

$$S = \sqrt{\frac{1}{n-1}\sum_{i=1}^{n}(x_i - \overline{x})^2} \tag{9-9}$$

式中　$\overline{x}$——子样均值；

　　　S——子样方差；

　　　n——子样容量。

　　对于单侧下限

$$K = \frac{\overline{x} - L}{S} \tag{9-10}$$

$$\hat{R} = \Phi(K) \tag{9-11}$$

根据 γ、n、K 反查 GB 4885—2009，可以得到可靠度置信下限 R_L。

对于单侧上限

$$K = \frac{U - \overline{x}}{S} \tag{9-12}$$

$$\hat{R} = \Phi(K) \tag{9-13}$$

根据 γ、n、K 反查 GB4885—2009，可以得到可靠度置信下限 R_L。

对于双侧上下限：

可靠度点估计

$$\hat{R} = \Phi\left(\frac{U - \overline{x}}{S}\right) - \Phi\left(\frac{L - \overline{x}}{S}\right) \tag{9-14}$$

可靠度置信下限

$$K_1 = \frac{\overline{x} - L}{S}, \quad K_2 = \frac{U - \overline{x}}{S} \tag{9-15}$$

根据置信度 γ，以及 n，K_1，K_2 查正态双侧容许限系数表，并利用线性插值法求出 K_1，K_2 对应的 P_1，P_2，则

$$R_L = 1 - (P_1 + P_2) \tag{9-16}$$

（3）应力强度模型

$$R_L = \Phi\{u_0\} \tag{9-17}$$

$$u_0 = \frac{\mu_S - \mu_L}{\sqrt{\sigma_S^2 + \sigma_L^2}} = \frac{\mu_S - \mu_L}{\sqrt{(C_{VS}\mu_S)^2 + (C_{VL}\mu_L)^2}} \tag{9-18}$$

$$\frac{\mu_S}{\mu_L} = \eta f \frac{1 + 2.33 C_{VL}}{1 + 0.524\,4 C_{VS}} \tag{9-19}$$

式中　f——安全系数；

　　　η——最小剩余强度系数；

　　　C_{VL}——载荷变差系数；

　　　C_{VS}——强度变差系数。

由于结构系统还未开展静力试验，因此最小剩余强度系数参考有限元计算结果。C_{VL}、C_{VS} 参数选取办法见表 9-4 和表 9-5。

表 9-4　常用航天结构载荷变差系数 C_{VL}

载荷类型	C_{VL}
轴拉、轴压	0.05
横载	0.15～0.25
外压	0.15～0.24
加热（热载）	0.10～0.15

横载即横向载荷，主要取决于风载。加热（热载）指气动加热，考虑了标准大气、飞行中姿态变化、材料差异、三维传热差异等。

表 9 - 5　常用航天结构强度变差系数 C_{VS}

结构形式与载荷		C_{VS}	备注
光圆筒壳	轴压、轴内压	0.05~0.15	内压＝0，$C_{VS} \rightarrow 0.15$，$r/t > 10^3$ 时，$C_{VS} \geqslant 0.15$，内压≠0，$C_{VS} \rightarrow 0.1$
	内压	0.05~0.1	纯焊缝破坏，$C_{VS} = 0.05$
	外压	0.08~0.12	$r/t > 10^3$ 后，C_{VS} 要增大
薄壁容器	内压	0.05~0.1	多种破坏原因，$C_{VS} \rightarrow 0.15$
光球壳	外压	0.08~0.15	取光圆筒壳轴压时的变差系数
化学铣切网格整体加筋壳	中长壳轴压	0.08~0.12	轴内压时内压影响不明显，轴内压联合作用时，变差系数按轴压情况考虑
	短壳轴压	0.08~0.1	
化学铣切正置正交筒形或截锥（半锥角＜15°）壳	轴外压	0.08~0.11	
空间杆系	轴压	0.04~0.06	
均匀加筋壳	均匀轴压	0.05~0.10	若纵向构件受力为主，$C_{VS} \rightarrow 0.05$，反之，偏向0.10，一般 C_{VS} 取 0.08
碟形壳	均布外压	0.08~0.12	
桁梁式稳定翼	分布力	0.05~0.08	
集中力扩散结构	集中力	0.05~0.08	取决于直接受集中力构件的变差系数，初样设计可取 0.08
受不均匀轴压扩散结构		0.05~0.1	主要纵向构件承轴力比重越大，则 C_{VS} 越接近 0.05

9.5.2　阀门单机可靠性评估示例

安全阀用于确保推进剂贮箱压力满足推进剂燃料输送需求且能保证贮箱压力在一定范围内，确保增压安全性。

安全阀产品功能复杂，属于多失效模式的产品，可靠性特征量为启闭压力、气密性和壳体强度。可靠性评估模型如图 9-1 所示。分别对安全阀的强度、密封、动作进行可靠性评估。

图 9-1　安全阀可靠性模型

（1）强度可靠性评估

安全阀壳体材料采用铝合金 5A06（GB/T 3191—98），屈服强度 $\sigma_{0.2} = 155$ MPa。壳体内部压力均匀，工作时应力最大的部位是壁厚 3.5 mm 的壳体圆柱段内腔，内径 $\phi 143$mm，外径 $\phi 150$ mm。按照安全阀阀内腔最高工作压力为 $p_{kmax} = p = 0.53$ MPa 计算，

壳体承受最大应力为

$$\sigma_2 = p\,\frac{(R^2+r^2)}{(R^2-r^2)} = 11.1\ \text{MPa}$$

用应力-强度法进行可靠性评估。由表 9-5 及表 9-6 查得结构强度变差系数 $C_{\text{VS}} = 0.08$，结构载荷变差系数 $C_{\text{VL}} = 0.05$。则壳体结构可靠性系数为

$$Z_{\text{R}} = \frac{\mu_{\text{S}} - \mu_{\text{L}}}{\sqrt{\sigma_{\text{S}}^2 + \sigma_{\text{L}}^2}} = \frac{\mu_{\text{S}} - \mu_{\text{L}}}{\sqrt{(C_{\text{VS}}\mu_{\text{S}})^2 + (C_{\text{VL}}\mu_{\text{L}})^2}} = 11.59$$

查 GB 4885—2009《正态分布完全样本可靠度置信下限》得结构可靠度 $R_{\text{L}} > 0.999\,999\,9$。

(2) 密封可靠性评估

采用交付试验中的数据进行密封可靠性评估。根据技术要求规定，$P_{\text{气}} = 0.41$ MPa 下，气泡数应少于 300 泡/每分钟，因此，确定 $L_0 = 300$。试验中测得的气泡数如表 9-6 所示。

表 9-6　在 0.41 MPa 的压力下测得的安全阀气泡数

试验序号	1	2	3	4	5	6	7
气泡数	0	4	0	0	0	0	0
备注	交付试验					振动试验	

算得 $\overline{L} = \dfrac{1}{7}\sum\limits_{i=1}^{5} L_i = 0.571\,4$，$S = \sqrt{\dfrac{1}{n-1}\sum\limits_{i=1}^{7}(L_i - \overline{L})^2} = 1.511\,8$

计算容差系数 $K = \dfrac{L_0 - \overline{L}}{S} = 199.619$，查 GB 4885—2009《正态分布完全样本可靠度置信下限》得可靠度 $R_{\text{L}} > 0.999\,999\,9$。

(3) 动作可靠性评估

① 打开可靠性评估

采用交付试验中的数据进行可靠性评估。交付试验中，要求安全阀打开动作压力为 0.44～0.48 MPa，试验中安全阀打开压力测试值如表 9-7 所示。

表 9-7　安全阀打开压力试验值 (MPa)

序号	1	2	3	4	5	6	7	8	9	10
压力值	0.465	0.465	0.465	0.465	0.465	0.465	0.465	0.465	0.465	0.465

$$n = 10,\ L_{01} = 0.48,\ L_{02} = 0.44,\ \overline{L} = 0.465,\ S = 0$$

$$k_{01} = \frac{L_{01} - \overline{L}}{S} = +\infty,\ k_{02} = \frac{\overline{L} - L_{02}}{S} = +\infty$$

查 GB 4885—2009《正态分布完全样本可靠度置信下限》可得，$P_{01} < 0.000\,01$ 并且 $P_{02} < 0.000\,01$，所以安全阀打开可靠度为 $R_{\text{L}} = 1 - (P_{01} + P_{02}) > 0.999\,98$。

② 关闭可靠性评估

采用交付试验中的数据进行可靠性评估。安全阀关闭动作压力要求为 $\geqslant 0.42$ MPa，试验中安全阀关闭压力测试值如表 9-8 所示。

表 9-8　安全阀关闭压力试验值（MPa）

序号	1	2	3	4	5	6	7	8	9	10
压力值	0.435	0.435	0.435	0.435	0.440	0.440	0.440	0.440	0.435	0.445

$$n = 10, \quad L_0 = 0.42, \quad \overline{L} = 0.438\,0, \quad S = 0.003\,5$$

$$K = \frac{\overline{L} - L_0}{S} = 5.142\,9$$

查 GB 4885—2009《正态分布完全样本可靠度置信下限》得 $R_L = 0.999\,991$。

故安全阀关闭可靠度为 $R_L = 0.999\,991$。

依据安全阀可靠性数学模型，根据各个功能模块可靠性评估结果，采用系统综合评估方法，得到安全阀可靠性评估值为 $0.999\,970\,8$（置信度 0.7）。

9.5.3　系统级可靠性综合评估方法

增压输送系统的系统级可靠性评估采用"金字塔"可靠性综合评估方法。以可靠性框图中所含单机的可靠性评估结果为基础，将单机数据折算到系统，得出系统可靠度置信下限。单机中若存在非成败型试验数据，可以先将其他型试验数据转换为成败型等效数据，然后再按"金字塔"方式进行系统综合。

9.5.3.1　串联系统的可靠性综合评定模式

（1）第一近似解

凡是上一级系统能取得成败型数据时，采用第一近似解

$$F = (n+1)\left[1 - \prod_{j=1}^{l} \frac{S_j}{n_j+1} \prod_{k=1}^{m} \left(\frac{\eta_k}{\eta_k+1}\right)^{zk}\right] - 1 \tag{9-20}$$

$$n = \frac{1 - \prod\limits_{j=1}^{l} \dfrac{S_j+1}{n_j+2} \prod\limits_{k=1}^{m} \left(\dfrac{\eta_k+1}{\eta_k+2}\right)^{zk}}{\prod\limits_{j=1}^{l} \dfrac{S_j+1}{n_j+2} \prod\limits_{k=1}^{m} \left(\dfrac{\eta_k+1}{\eta_k+2}\right)^{zk} - \prod\limits_{j=1}^{l} \dfrac{S_j}{n_j+1} \prod\limits_{k=1}^{m} \left(\dfrac{\eta_k}{\eta_k+1}\right)^{zk}} - 1 \tag{9-21}$$

$$zk = \begin{cases} r_k & \text{定数截尾} \\ r_k + 1 & \text{定时截尾} \end{cases}$$

可靠性下限 R_L 由下式解得

$$\sum_{x=0}^{F} \binom{n}{x} R_L^{n-x} (1-R_L)^x = 1 - \gamma \tag{9-22}$$

式中　n——系统综合等效任务数；

$\quad\quad F$——系统综合等效失败数；

n_j——第 j 个成败型单元任务数；

S_j——第 j 个成败型单元成功数；

η_k——第 k 个寿命指数型单元等效任务数；

r_k——第 k 个寿命指数型单元等效故障数；

l——成败型单元个数；

m——寿命指数型单元个数：

$\binom{n}{x}$——表示 $C_n^x = \dfrac{n!}{x!\,(n-x)!}$。

（2）第二近似解

凡是上一级系统能取得寿命型数据时，采用第二近似解。

$$\frac{\ln\left(\dfrac{\eta+1}{\eta}\right)}{\ln\left(\dfrac{\eta+2}{\eta+1}\right)} = C \qquad (9-23)$$

$$Z = \frac{A}{\ln\left(\dfrac{\eta+1}{\eta}\right)} - 1 \qquad (9-24)$$

$$A = \sum_{j=1}^{l}\ln\frac{n_j+1}{S_j} + \sum_{k=1}^{m}\ln\left(\frac{\eta_k+1}{\eta_k}\right)^{zk} \qquad (9-25)$$

$$\widetilde{R} = e^{-\chi^2(2(Z+1),\ \gamma)/2\eta} \qquad (9-26)$$

$$C = \frac{A}{\sum_{j=1}^{l}\ln\dfrac{n_j+2}{S_j+1} + \sum_{k=1}^{m}\ln\left(\dfrac{\eta_k+2}{\eta_k+1}\right)^{zk}} \qquad (9-27)$$

其中

$$zk = \begin{cases} r_k & \text{定数截尾} \\ r_k+1 & \text{定时截尾} \end{cases}$$

式中　Z——系统综合等效失败数。

9.5.3.2　并联系统的可靠性综合评定模式

（1）第一近似解

$$n = \frac{A-B}{B-A^2} - 1 \qquad (9-28)$$

$$F = (n+1)A - 1 \qquad (9-29)$$

$$\sum_{x=0}^{F}\binom{n}{x}(1-R_L)^x = 1-\gamma \qquad (9-30)$$

$$zk = \begin{cases} r_k & \text{定数截尾} \\ r_k+1 & \text{定时截尾} \end{cases}$$

其中

$$A = \prod_{j=1}^{l} \frac{F_j + 1}{n_j + 1} \prod_{k=1}^{m} \left(1 - \frac{\eta_k}{\eta_k + 1}\right)^{zk} \tag{9-31}$$

$$B = \prod_{j=1}^{l} \frac{(F_j + 1)(F_j + 2)}{(n_j + 1)(n_j + 2)} \prod_{k=1}^{m} \left[1 - 2\left(\frac{\eta_k}{\eta_k + 1}\right)^{zk} + \left(\frac{\eta_k}{\eta^k + 2}\right)^{zk}\right] \tag{9-32}$$

$$\sum_{x=0}^{F} \binom{n}{x} R_L^{n-x} (1 - R_L)^x = 1 - \gamma \tag{9-33}$$

（2）第二近似解

$$\frac{\ln\left(\frac{\eta+1}{\eta}\right)}{\ln\left(\frac{\eta+2}{\eta+1}\right)} = C' \quad Z = \frac{A'}{\ln\left(\frac{\eta+1}{\eta}\right)} - 1 \quad C' = \frac{A'}{B' - A'} \tag{9-34}$$

其中

$$A' = -\ln(1 - A), \ B' = -\ln(1 + B - 2A)$$

$$R_L = e^{-\chi^2[2(Z+1), \gamma]/2\eta} \tag{9-35}$$

$$A = \prod_{j=1}^{l} \frac{F_j + 1}{n_j + 1} \prod_{k=1}^{m} \left(1 - \frac{\eta_k}{\eta_k + 1}\right)^{zk} \tag{9-36}$$

$$B = \prod_{j=1}^{l} \frac{(F_j + 1)(F_j + 2)}{(n_j + 1)(n_j + 2)} \prod_{k=1}^{m} \left[1 - 2\left(\frac{\eta_k}{\eta_k + 1}\right)^{zk} + \left(\frac{\eta_k}{\eta^k + 2}\right)^{zk}\right] \tag{9-37}$$

9.3.3.3　其他型串联系统试验数据等效方法

按下述公式把其他型串联系统试验数据转换为成败型数据，然后再代入前面的综合公式参加评估

$$n_e = \frac{\prod_{i=1}^{h} \frac{1}{\hat{R}_i} - 1}{\sum_{i=1}^{h} \frac{\hat{D}(\hat{R}_i)}{\hat{R}_i^2}} \tag{9-38}$$

$$F_e = n_e \left(1 - \sum_{i=1}^{h} \hat{R}_i\right) \tag{9-39}$$

式中　n_e——其他型串联系统等效试验数；

　　　F_e——其他型串联系统等效失败数；

　　　h——其他型单元总数；

　　　R_i——其他型第 i 个单元可靠性点估计值；

　　　$\hat{D}(\hat{R}_i)$——R_i 方差的点估计值。

参 考 文 献

［1］ 廖少英. 液体火箭推进增压输送系统［M］. 北京:国防工业出版社,2007.

［2］ 李东. 长征火箭的现状及展望［J］. 科技导报,2006,24:57－63.

［3］ 龙乐豪,等. 总体设计(中)［M］. 北京:国防工业出版社,2001.

［4］ 张亮,姚娜,赵栋梁,张卫东,尚锐. 超临界氦增压与排放过程的压力温度特性［J］. 低温工程,2014,
(5):10－15.

［5］ 廖少英,顾仁年. 新一代运载火箭增压输送系统交叉输送技术研究［J］. 上海航天,2005(3).

［6］ 朱宁昌. 液体火箭发动机设计［M］. 北京:中国宇航出版社,2005.

［7］ 张贵田. 高压补燃液氧煤油发动机［M］. 北京:国防工业出版社,2005.

［8］ 李斌,张小平,马冬英. 我国新一代载人火箭液氧煤油发动机［J］. 载人航天,2014,20(5):427－431.

［9］ D. K. 休泽尔,等. 液体火箭发动机现代工程设计［M］,朱宁昌,等译. 北京:中国宇航出版社,2004.

［10］ 《世界航天运载大全》编委会. 世界航天运载器大全［M］. 北京:宇航出版社,1996.

［11］ 邹华生,等. 流体力学与传热［M］. 广州:华南理工大学出版社,2004.

［12］ Elliot Ring. Rocket Propellant and Pressurization Systems［M］. Prentice － Hall Inc. , Englewood
Cliffs, N. J. 1964.

［13］ Eckert, E. R. G. Survey on Heat Transfer at High Speeds［J］. WADC Tech. Report 54－70.

［14］ McAdams, W. H. Heat Transmission. New York:McGrow－Hill Book Company,1954.

［15］ 范瑞祥,田玉蓉,黄兵. 新一代运载火箭增压技术研究［J］. 火箭推进,2012(4):9－16.

［16］ 廖少英、赵金才. 航空－航天飞行器推进增压输送系统设计［M］. 北京:中国宇航出版社,2012.

［17］ Aaron Dinardi,Peter Capozzoli,Gwynne Shotwell. Low－cost Launch Opportunities Provided by the
Falcon Family of Launch Vehicles［J］. The Fourth Asian Space Conference 2008,2008,10.

［18］ Gabriel Dussollier. Ariane 5 main stage oxygen tank pressurization［R］. AIAA 93－1969.

［19］ 姚娜,李会萍,程光平,梁建国. 新一代运载火箭推进剂贮箱的冗余氦气增压系统［J］. 上海航天,
2014,31(2):42－46.

［20］ 田玉蓉,张福忠,等. 低温推进剂火箭发动机循环预冷方法研究［J］. 导弹与航天运载技术,2003,2:
7－15.

［21］ 孙礼杰,樊宏湍,刘增光,张亮. 低温推进剂火箭发动机预冷方案研究［J］. 上海航天,2012,29(4):41
－46.

［22］ V. S. Rachuk, N. S. Gomcharov. Design,Development and history of theoxygen/hydrogen engine RD－
0120［R］. AIAA－95－2540.

［23］ J. Hulka,J. S. Forde. Modification and verification testing of a Russian NK－33 rocket engine for reus-
able and restartable applications［R］. AIAA－98－3361.

［24］ 钟轶魁. 低温液体火箭发动机循环预冷模拟试验研究［D］. 浙江:浙江大学机械与能源工程学
院,2003.

［25］ J. C. Davisson, G. A. Mcharris. S－Ⅳ Brestart precooling experience［J］. Spacecraft, 1971,8(2):

99 – 104.

[26] C. Kisselevsky, H. Dederra. Ariane third stage engine system[R]. AIAA – 74 – 1182.

[27] P. Alliot, F. Lassoudiere. Development status of the VINCI engine of the ariane upper stage[R]. AIAA –2004 – 3530.

[28] K. Yanagawa, T. Fujita. Development of Lox/Lh2 engine LE – 5[R]. AIAA – 84 – 1223.

[29] 袁耀章. 长征三号甲运载火箭三级氢氧发动机系统[J]. 低温工程,1998(2):18 – 21.

[30] 张亮,林文胜,鲁雪生,顾安忠. 低温液体输送系统间歇泉现象机理分析与消除措施[J]. 低温与超导,2002,30(2):1 – 6.

[31] Mark F. Fisher. Propellant Mangement in Booster and Upper Stage Propulsion Systems[J]. NASA – TM – 112924.

[32] Mishima Kaichiro, Ishii Mamoru, 1984. Flow regime transition criteria for upward two – phase flow in vertical tubes[J]. Int. J. Heat Mass Transfer 27(3), 723 – 737.

[33] R. Moissis, P. Griffith, Entrance effect in two phase slug flow, Journal of Heat transfer[J], TRANS ASME. Series C,1962,84:29 – 39.

[34] Takemoto Takatoshi, Matsuzaki Mitsuo, et al, 1999. The coalescence mechanism of multiple slug bubbles[J]. Journal of Nuclear Science and Technology 36(8), 671 – 682.

[35] 张亮. 垂直输送管路中低温流体的间歇泉现象研究及自然循环分析[D]. 上海:上海交通大学博士学位论文,2004.

[36] Shemer L. , Barnea Dvora, 1987. Visulization of the instantaneous velocity profiles in gas – liquid slug flow[J], PhysicoChemical Hydrodynamics 8(3), 243 – 253

[37] Arthur A E , Elliotr, James A B, et al . Rocket propellant and pressurization systems [M]. 1964 by Prentice2Hall, Inc. Englewood Cliffs, N. J.

[38] Laintz D J, Phillips J M. Composite propulsion feedlines for cryogenic space vehicles [R]. By C. A. Hall Martin Marietta Corporation. Volume Final Report NASA – CR – 2121137.

[39] 张亮,林文胜,鲁雪生,顾安忠. 低温推进剂双管输送循环预冷系统试验研究[J]. 推进技术,2004,25(1):51 – 53.

[40] 张亮,林文胜,鲁雪生,顾安忠. 低温推进剂单管输送系统的循环预冷试验研究[J]. 推进技术,2004,25(3):282 – 285.

[41] F. S. Howard. Geysering inhibitor for vertical cryogenic transfer piping [J]. Advance in Cryogenic Engineering,1973,18:162 – 169.

[42] 廖少英. 人马座宇宙飞行器推进剂增压输送系统试验[M]. 上海:[出版者不祥],1977.

[43] K. Kishimato, Y. Koyari. Up – grading of the LE – 5 engine[R]. AIAA – 86 – 1568.

[44] 袁耀章. 长征三号甲运载火箭三级氢氧发动机系统[J]. 低温工程,1998(2):18 – 21.

[45] Martin Marietta Manned Space Systems. Cycle 0(CY1991)NLS trade studies and analysis report, book Ⅱ – part 2:propulsion[R]. NASA – CR – 184472.

[46] 鲁钟琪. 两相流与沸腾传热[M]. 北京,清华大学出版社,2002.

[47] Y. Taitel, D. Bornea, and A. E. Dukler. Modeling flow pattern transitions for steady upward gas – liquid flow in vertical tubes[J]. AIChE Journal. 1980,26(3):345 – 354.

[48] K. Mishima and M. Ishii. Flow regime transition criteria for upward two – phase flow in vertical tubes [J]. International Journal of Heat and Mass Transfer. 1984,27:723 – 737.

[49]　K. W. McQuillan and P. D. Whalley. Flow patterns in vertical two‑phase flow[J]. International Journal of Multiphase Flow. 1985,11:161-175.

[50]　Collier J G, Thome J R. convective boiling and condensation (3rd ed)[M]. Oxford: Claredon Press,1994.

[51]　陈国邦,包锐,黄永华. 低温工程技术·数据卷[M]. 北京:化学工业出版社,2006.

[52]　徐济鋆. 沸腾传热和气液两相流[M]. 北京:原子能出版社,2001.

[53]　李军,孙礼杰,张亮. 液氧煤油发动机预冷系统回流管绝热影响分析[J]. 低温与超导,2011,39(11): 22-27.

[54]　孙礼杰,李军,张亮. 液氧煤油火箭发动机排放预冷数值仿真[J]. 低温工程,2011(6):60-65.

[55]　D. K. 休泽尔,等. 液体火箭发动机现代工程设计[M]. 朱宁昌,等译. 中国宇航出版社,2004.

[56]　应用于运载火箭的低温静密封,可靠性工程手册(下),NASA TM-4322.

[57]　牛宝林. 密封材料在低温深冷环境中的应用[J]. 低温工程,1996(6).

[58]　王心清. 结构设计[M]. 北京:宇航出版社,1994.

[59]　导弹结构强度计算手册,P517-518.

[60]　张亮,林文胜,鲁雪生,顾安忠. 低温输送系统的 CO_2 冷凝真空绝热方案研究[J]. 低温与超导, 2003,31(4):50-52.

[61]　William H. Roudebush. An analysis of the problem of tank pressurization during outflow[R]. NASA TN D-2585,1965.

[62]　杨修东,尚存存,王文. 液氧贮箱自生增压过程中气枕状态分析[J]. 上海航天,2014,31(4):59-63.

[63]　赵栋梁,樊宏湍,张亮,孙礼杰,姚娜. 运载火箭贮箱增压气体出流形式分析[J]. 导弹与航天运载技术,2015,(4):49-52.

[64]　Fluent 6. 3 User's Guide. Fluent Inc. ,2006.

[65]　陶文铨. 数值传热学[M]. 西安:西安交通大学出版社,2002.

[66]　William H. Roudebush. An analysis of the problem of tank pressurization during outflow[R]. NASA TN D-2585,1965.

[67]　Fluent 6. 3 UDF Manual. Fluent Inc. ,2006.

[68]　黄兵. 液体火箭动力系统工作过程仿真系统展望[C]. 第一届液体火箭(导弹)动力系统仿真技术研讨会. 北京宇航系统工程研究所,2008.

[69]　刘靖东,等. 液体火箭增压输送系统多学科动力学研究[J]. 中国科学,2009,39(3):474-481.

[70]　LMS Imagine. Lab AMESim Rev 9. 0 User Manual. 2009.

[71]　王其政. 结构耦合动力学[M]. 北京:宇航出版社,1997.

[72]　Oppenheim B. W. ,Rubin S. ,Advanced POGO Stability Analysis for Liquid Rockets[R]. AIAA-92-2454-CP.

[73]　任辉,任革学,荣克林,等. 液体火箭 Pogo 振动蓄压器非线性仿真研究[J]. 强度与环境,2006,33 (3):1-6.

[74]　龙乐豪. 总体设计(上)[M]. 北京:宇航出版社,1987.

[75]　飞行器的 POGO(纵向耦合)振动专题集(上).

[76]　飞行器的 POGO(纵向耦合)振动专题集(下).

[77]　黄怀德. 振动工程(下)[M]. 北京:宇航出版社,1995.

[78]　邢理想,等. 液氧/煤油补燃火箭发动机氧路低频动特性分析[J]. 航空动力学报,2009.

［79］ 李斌,等. 液氧/煤油补燃发动机低频频率特性研究[J]. 航空动力学报,2009.

［80］ 格列克曼. 液体火箭发动机自动调节[M]. 顾明初,郁明桂,邱明煜,译. 北京:宇航出版社,1995.

［81］ L. E. Tomlinson. Liquid Rocket Pressure Regulators,Relief valves,Check valves,Bust disks,and Explosive valves[R]. NASA SP – 8080.

［82］ T. R. Spring. Liquid Rocket Valve Assemblies[R]. NASA SP – 8097.

［83］ 沈阳阀门研究所阀门设计编写组. 阀门设计[M]. 1976.

［84］ H. J. Ellis and T. R. Spring. Liquid Rocket Valve Components[R]. NASA SP – 8094.

［85］ 石玉鹏,鲁雪生. 减压器启动冲击解决方案[J]. 上海航天,2009(4).

［86］ 滕浩,石玉鹏,张亮,臧辉. 基于 AMESim 减压阀动态特性仿真与试验研究[J]. 上海航天,2015(1).

［87］ 运载器、上面级飞行器和航天器试验要求(卷 I 和卷 II)[S]. MIL – HDBK – 340A.

［88］ 罗达. 国外运载火箭的质量与可靠性[J]. 质量与可靠性,1999(4):42 – 43.

［89］ 周正伐. 可靠性工程基础[M]. 北京:中国宇航出版社,2009.

［90］ 崔景芝,等. 可靠性评估方法在运载火箭阀门中的应用[J]. 强度与环境,2011(3).

［91］ 张秦明,等. 大型运载火箭的健康管理技术应用分析与探讨[J]. 导弹与航天运载技术,2013(6):33 – 38.

［92］ Marvin Rausand. 系统可靠性理论:模型、统计方法及应用[M]. 郭强,等译. 北京:国防工业出版社,2011.